计算机前沿技术丛书

Quarkus

云原生微服务开发实战

成富 / 著

机械工业出版社

CHINA MACHINE PRESS

本书以一个完整的实战应用的开发过程作为主线，介绍如何以 Quarkus 为框架来开发微服务架构的云原生应用。书中介绍了微服务和云原生开发的各个方面，包括微服务的开发和测试以及在 Kubernetes 上的部署运行，还包括应用的可观察性、安全和服务调用的健壮性等非功能性需求。通过本书的介绍，读者可以了解一个真实的云原生应用的开发过程，并学会如何从头开始开发个人的应用程序。

本书适合从事 Quarkus 云原生微服务开发以及对云原生微服务感兴趣的 Java 开发人员阅读。

图书在版编目（CIP）数据

Quarkus 云原生微服务开发实战 / 成富著 . —北京：机械工业出版社，2021. 10

（计算机前沿技术丛书）

ISBN 978-7-111-68955-3

Ⅰ . ①Q…　Ⅱ . ①成…　Ⅲ . ①云计算　Ⅳ . ①TP393. 027

中国版本图书馆 CIP 数据核字（2021）第 166428 号

机械工业出版社（北京市百万庄大街 22 号　邮政编码 100037）
策划编辑：李培培　责任编辑：李培培
责任校对：徐红语　责任印制：常天培
北京机工印刷厂印刷
2021 年 9 月第 1 版第 1 次印刷
184mm×240mm · 19. 25 印张 · 382 千字
标准书号：ISBN 978-7-111-68955-3
定价：119. 00 元

电话服务　　　　　　　　网络服务
客服电话：010-88361066　机　工　官　网：www. cmpbook. com
　　　　　010-88379833　机　工　官　博：weibo. com/cmp1952
　　　　　010-68326294　金　书　网：www. golden-book. com
封底无防伪标均为盗版　机工教育服务网：www. cmpedu. com

前 言

PREFACE

微服务和云原生是当前较热门的技术概念。云原生微服务架构是微服务架构和云原生技术的结合。微服务作为一种架构风格,所解决的问题是复杂软件系统的架构与设计。云原生技术作为一种实现方式,所解决的问题是复杂软件系统的运行和维护。这两者相辅相成,是开发复杂软件系统的最佳选择之一。

本书以一个外卖点餐应用的后台服务作为实战示例,详细介绍了微服务架构的云原生应用的完整开发过程。开发微服务时使用的框架是 Java 平台上的 Quarkus。在 GraalVM 的支持下,Quarkus 应用可以打包成启动速度快、资源消耗少、体积小的原生可执行文件。这一点对于云原生应用来说至关重要。

第 1~4 章介绍云原生微服务相关的背景知识和 Quarkus 的核心概念。 第 1 章介绍云原生微服务和 Quarkus 的基本概念。 第 2 章介绍 Quarkus 应用的创建和代码的组织结构,并对 Quarkus 应用的开发流程,以及实战示例进行了介绍。 第 3 章介绍了 Quarkus 中依赖注入的实现方式,包括 Bean 的使用、拦截器和事件相关的内容。 第 4 章介绍 Quarkus 应用的配置管理,包括使用不同的配置源保存配置信息,以及如何在应用中读取配置项的值。

第 5~7 章介绍微服务的开发模式。每一章以实战应用的一个微服务作为示例,详细说明每种开发模式的实现细节。第 5 章介绍的微服务以关系型数据库作为存储,并发布 REST API。微服务之间使用同步的 API 调用。第 6 章介绍的微服务发布 gRPC API,微服务之间使用 Apache Kafka 进行异步消息传递。第 7 章介绍的微服务使用反应式编程开发,微服务之间使用反应式流进行交互。这 3 章的内容涵盖了大部分微服务的实现模式。

第 8~10 章主要介绍与微服务的部署和运维相关的内容,属于非功能性需求相关的部分。 第 8 章介绍了如何将云原生应用打包成容器镜像,并部署到 Kubernetes。 第 9 章介绍了如何产生可观察性相关的数据,包括性能指标数据、分布式追踪信息、日志和异常信息等。 第 10 章介绍了应用安全相关内容,包括用户管理、认证和授权,同时还介绍了如何保证服务调用的健壮性。 这 3 章介绍的内容虽然与具体的业务无关，但却是实际应用中必不可少的功能。

第 11 章介绍了 Quarkus 的一些附加功能，包括创建计划任务、创建命令行程序、使用字符串模板、发送邮件和基于 GraphQL 的 API 组合等。

限于篇幅，书中只对实战应用中的部分代码进行了介绍。完整的代码请参考代码仓库（http://github. com/alexcheng1982/happy-takeaway）。

由于本人水平有限，疏漏之处在所难免，恳请广大读者批评指正。

作　者

第 5 章　CHAPTER.5　同步调用方式——餐馆微服务　/　78

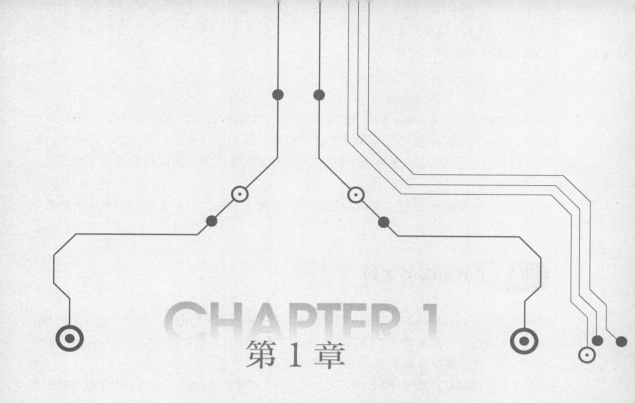

CHAPTER 1
第 1 章

云原生微服务概述

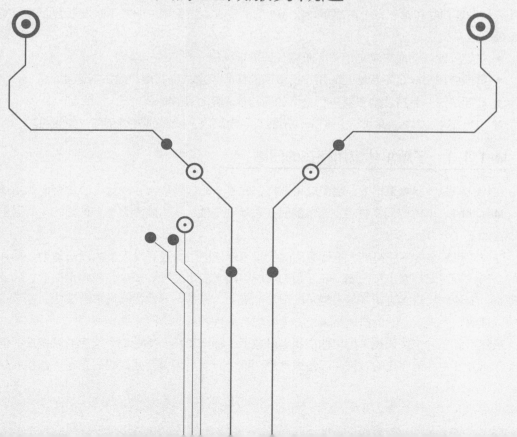

本书的主题是使用 Quarkus 框架开发微服务架构的云原生应用。在进入实战开发相关的内容之前，本章先对云原生和微服务架构相关的基本概念进行说明。通过本章的内容，读者可以了解到云原生微服务架构的适用范围，考虑是否应该在实际项目的开发中使用这一架构。

云原生微服务架构由云原生和微服务架构两个概念组成。下面首先对微服务架构进行介绍。

1.1　了解微服务架构

提到微服务（Microservice）架构，相信很多人都不陌生，它已经是当前开发社区中的热门词，与其相关的图书、技术文章、教程和资料也非常多。本小节会对微服务架构进行简要介绍。如果读者希望了解更多的内容，可以参考其他资料。

首先需要明确的是，微服务架构并不是解决全部问题的万能钥匙，它只适合于解决特定的问题。一般来说，微服务架构适合用于在线服务的后端实现中。

在线服务一般采用客户端-服务器的架构。服务器端以开放 API 的方式提供数据。网页客户端、移动客户端和第三方应用都是开放 API 的消费者。随着相关业务不断发展，服务器端的开发面临诸多挑战。

- 需要开发新功能来满足用户不断增长的需求，提升产品的竞争力。
- 扩展应用来满足不断增长的用户所带来的访问请求，提高用户的访问速度。
- 需要快速并且持续地更新应用来添加新功能和修复错误。

对于以上这些挑战，单体应用的架构不能有效地解决，或多或少都存在一些问题。

▶▶ 1.1.1　了解单体应用存在的问题

在传统的服务器端架构中，整个应用被打包成单一的部署单元，也就是通常所说的单体应用（Monolith）。单体应用在应对上述挑战时存在着局限性，不太能满足业务的需求，其局限性体现在如下几个方面。

随着应用复杂度不断提高，单体应用的代码逻辑超出了普通开发人员的理解能力。单体应用的全部代码逻辑都整合在一起。在开始的时候，由于应用的功能较少，代码量较少，因此容易理解。随着应用持续更新，越来越多的新功能被加入进来，导致代码量不断膨胀，以至于越发难以理解。尤其对团队的新成员来说，理解现有的代码是一个巨大的挑战。

虽然可以通过组件化技术把单体应用划分成多个单元，从而降低每个单元的复杂度。但是在实际的开发中，组件化的效果并不是很理想。这一方面是因为公共代码的存在。这些共享的代码被多个组件使用，使得这些组件之间产生了紧密的耦合。另外一方面是由于软件开发过程中的一些不规范行为造成组件之间的接口划分不够清晰。开发人员经常会在一些组件之间引入不必要的依赖，所产生的结果是造成了组件之间错综复杂的依赖关系。比如，接口在组件化中起着非常重要的作用。在引用其他组件的代码时，应该引用的是接口，而不是具体的实现。然而在实现中，很可能不小心引用了具体的实现。组件化的这些问题都可以通过良好的软件工程实践来解决，但也对开发团队的管理和技术水平提出了更高的要求。

代码复杂度的提高带来的问题是开发速度变慢。开发人员需要更多的时间来理解和评估所做的改动会对已有代码造成的影响，尤其是公共代码的修改会对很多组件造成影响。一个看似很小的改动，可能会造成灾难性的后果。如果没有足够的自动化测试的保证，对代码进行重构也会变得更加困难，进而降低开发人员持续改进代码的积极性。新功能的添加也变得更困难。随着代码量的增加，本地环境上的开发和调试变得更加耗时。在代码修改之后，编译和重启应用的时间过长，使得开发人员的宝贵时间被浪费在无意义的等待上，降低了开发效率。

由于开发速度变慢，应用的新功能和错误修复的上线速度也会被拖慢。在每次代码提交之后，持续集成服务需要构建整个应用，并运行全部的测试用例。应用的代码越复杂，所需要的构建时间就越长。在线服务都要求能够及时响应用户的需求，以最快的速度添加新功能和修复问题。这就意味着每次部署应用的时间间隔要尽可能地短。单体应用要满足这个需求的难度很大。

单体应用的可靠性也相对比较差。整个应用在运行时只有一个进程。不同的组件在运行时没有必要的隔离。任何一个组件中出现的问题，都可能导致整个应用的崩溃。单个组件在运行时可能占用大量的 CPU 和内存资源，导致其他组件由于资源不足而无法正常工作。一旦出现问题之后，只能重启整个应用。由于单体应用的启动时间一般比较长，会导致无法及时恢复服务。

单体应用无法高效扩展。当生产环境上部署的应用的处理能力不能满足业务的需求时，需要进行扩展。扩展分成垂直扩展和水平扩展。垂直扩展指的是增加单个应用实例所能使用的资源，包括 CPU、内存、磁盘和网络带宽等；水平扩展指的是增加应用实例的数量。由于垂直扩展存在资源上限，仅使用垂直扩展无法满足在线服务的需求，需要与水平扩展相结合。单体应用在进行水平扩展时，只能以应用为单位来进行，无法有效地分配资源。

单体应用通常只使用单一的技术栈，包括编程语言、开发框架、第三方库、数据库和消息中间件等。这就要求所有的开发人员都掌握相同的技术栈的相关知识。在实际的开发中，由于需要解决问题的类型不同，不同的业务功能有其最适合的技术栈。强制使用单一的技术栈的做法会影响开发的效率。对于一个单体应用来说，一旦选定了技术栈，要对它进行更新是一件非常困难的事情。在进行更新时，开发团队可能需要暂停新功能的开发和错误修复，以方便进行代码迁移。在实际的开发中，受限于业务上时间进度的压力，开发团队不太可能有这样的机会，而只能渐进式地进行修改。所产生的效果是应用的技术栈不断地老化，积压了大量的技术负债，带来了更多的问题。

▶▶1.1.2 微服务架构概述

为了解决单体应用的这些问题，应用的架构需要进行调整。单体应用的这些问题的根源在于过高的复杂度。降低复杂度最基本的做法是使用分治法（Divide and Conquer），也就是把应用划分成若干个独立的单元，再把这些单元组合起来。这种分治法的思想就是微服务架构的理论基础。

在介绍微服务架构之前，首先要介绍的是更早之前出现并流行的面向服务的架构（Service-Oriented Architecture，SOA）。SOA 的特点是把软件系统划分成多个功能单元。不同的单元之间使用通信协议在网络上进行交互。每个单元被称为服务。SOA 中的服务通常代表一个业务活动。服务的实现本身是自包含的，并且可以独立部署和更新。软件系统通过服务之间的交互来实现不同的业务逻辑。由于架构上的优越性，SOA 在出现之后得到了广泛的流行。遗憾的是，早期的 SOA 实现包含了太多基于 XML 的规范，使得 SOA 的实现过于复杂和低效。SOA 从2009 年之后就不再流行了。

微服务架构被认为是 SOA 架构风格的一种变体。微服务架构中的服务与 SOA 中的服务有着相同的含义，不同之处在于"微"。微服务的"微"体现在两个方面：第一个方面是微服务中服务的粒度相对较小，通常只针对特定的应用场景，实现复杂度和相关的代码量都较小；第二个方面是微服务中的服务之间使用轻量级的通信协议，抛弃了基于 XML 的复杂规范，使得服务之间的交互既简洁又高效。

对于微服务架构，目前并没有一个统一的定义。不同的人对它有不同的理解，也产生了不同的描述方式。一般来说，微服务架构风格把应用划分成若干个服务。每个服务有自己独立的进程。服务之间通过轻量级传输机制进行交互。这个表述中涵盖了微服务架构的一些重要特征。事实上，我们关注更多的并不是微服务架构的定义，而是它所具备的特征。这些特征可以帮助我们确定是否应该选用微服务架构。下面是微服务架构的一些重要特征。

微服务架构使用服务作为基本的单元。每个服务运行在独立的进程中，只能通过服务开放的 API 来进行访问。服务使用 API 规范来描述其对外的公开接口。服务的内部实现对外并不可见。服务交互时使用的是类似 REST 或 gRPC 这样的轻量级通信方式。每个服务可以独立部署和更新。在图 1-1 中，外部访问者通过 API 网关来访问不同微服务提供的 API。微服务之间以不同的通信协议来交互，包括 REST 和 gRPC。

从项目管理的方面来说，微服务架构的开发团队围绕业务场景来组织。每个服务与特定的业务功能相对应。单个服务的开发团队的规模较小，包含了开发、测试和运维相关的全部人员。每个服务的团队可以自主选择最适合的技术栈。开发团队不但负责开发和测试，还需要对服务进行维护。较小的开发团队意味着更少的沟通成本和更高的开发效率。

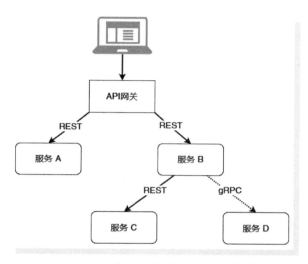

● 图 1-1　微服务架构中的服务调用

在数据存储方面，微服务架构中的服务一般有自己专用的数据存储。开发团队可以根据服务的需求来选择最适合的存储方式。关系型数据库和 NoSQL 数据库都可以使用。相对于传统的关系型数据库，NoSQL 数据库可以极大地降低特定类型服务的存储实现的难度。比如，与社交网络相关的数据，使用 Neo4J 这样的图形数据库，可以在对象模型和存储模型之间进行直接的映射，不仅实现简单，而且性能更好。

使用了微服务架构之后，应用以服务为单元进行扩展。更小的扩展单元意味着更强的灵活性，以及对资源更合理的分配。对于一个应用来说，不同的业务功能所要处理的负载存在很大的差异。每个微服务在运行时的实例数量也各不相同，并且可以随着负载的变化而动态调整。

在图 1-2 中，外部的边框是进程的边界，不同的形状表示不同的单元。图 1-2 上方表示的是单体应用，所有单元在同一个进程的边界内。在进行扩展时，单体应用只能整体扩展。右侧是扩展之后的状态。每一个立方体表示一台主机。单体应用的扩展方式是整体的复制。一般的做法是每台主机上部署一个独立的应用。

图 1-2 下方表示的是微服务架构的应用。不同的形状表示不同的微服务，这些微服务都在

各自的进程边界内。在进行扩展时，每个微服务的实例数量不尽相同，根据负载来确定。同一主机上可以运行不同微服务的进程。

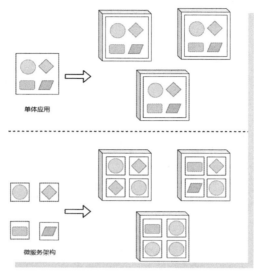

● 图 1-2　微服务架构的扩展方式

微服务架构的目标是解决在线服务开发中所面临的挑战。微服务架构虽然解决了单体应用的扩展性问题，但是也带来了新的问题。应用自身的复杂度并没有消失，而是以新的形式出现。把应用划分成多个服务之后，单个服务的开发复杂度降低了，而复杂度则被转移到了服务之间的交互上。使用微服务架构之后，应用变成了一个分布式系统。服务之间通过进程间的通信方式来交互。当希望调用一个微服务的 API 时，首先需要通过服务发现机制找到该 API 的实际访问地址，再根据通信协议的要求来发送请求给目标服务的某个实例。被调用的微服务有可能处于离线状态，或者因为负载过大而延迟过高。这就要求调用方能够处理可能出现的不同错误情况，确保系统的健壮性。

服务之间交互的另外一种形式体现在数据上。每个服务可能使用不同的数据存储方式，并且只保存当前服务相关的数据。服务之间的数据需要保证一致性。在单体应用中，由于通常使用的是单一的关系型数据存储，可以使用数据库事务的 ACID 特性来保证数据的一致性。在微服务架构中，由于可能涉及多个类型不同的数据库，一般的选择是保证数据的最终一致性。最终一致性允许在某个时间点上出现数据不一致的情况。保证数据的一致性是微服务设计和实现中的重要一环。

微服务架构的另外一个复杂性来自于系统运维，包括服务的构建、部署和监控。每个微服务需要被独立进行部署，包括微服务自身和所依赖的支撑服务。由于微服务团队可以自主选择技术栈，所使用的支撑服务的类型也各不相同。所有这些服务和第三方应用都需要进行相应的安装、配置和更新。对于大量的安装配置工作，自动化是必然的选择。持续集成和持续部署是实现微服务架构时不可或缺的一部分。

▶▶ 1.1.3 云原生与微服务架构

在介绍了微服务架构的基本概念之后，下一步需要考虑的是如何实现微服务架构。微服务架构与生俱来的复杂度是开发每个微服务架构的应用时绕不开的难题。在实现微服务架构时，当然希望把全部的精力集中在实现有价值的业务逻辑上，而不是处理微服务架构自身的问题。这就意味着需要选择能够帮助应对这些复杂性挑战的平台和工具。对这些复杂性应对能力的高低，也成为挑选平台和工具的衡量标准。

在 Java 平台上，目前最流行的选择是 Spring Cloud。Spring Cloud 是多个开源项目组成的开发套件，用来实现分布式系统中的常见模式，如配置管理、服务发现和熔断器等。Spring Cloud 可以用来实现微服务架构的应用。Spring Cloud 的优势在于提供了一个抽象框架，可以避免供应商锁定的问题。对于同一个模式，可以自由地切换底层的实现方式，比如 Netflix 或阿里巴巴的实现。Spring Cloud 使用 Spring 框架开发。对于一直工作在 Spring 框架上的团队来说，Spring Cloud 是一个不错的选择。

相对于 Spring Cloud 来说，基于 Kubernetes 的云原生（Cloud Native）技术是一个更好的选择。顾名思义，云原生技术的概念由云和原生两个部分组成。"云"指的是云平台，负责管理计算资源；"原生"指的是应用专门面向云平台进行设计与实现，与云平台进行深度绑定，从而充分利用云平台提供的功能。

在软件开发中，原生通常代表着高效和难以迁移。原生应用针对特定平台而设计，可以充分利用底层平台的特性，因此运行起来非常高效。也因为这个原因，原生应用与特定平台存在紧密的耦合，很难迁移到其他平台。云原生应用同样具有这两个特征。

云原生微服务架构是云原生技术和微服务架构的结合。微服务作为一种架构风格，所解决的问题是复杂软件系统的架构与设计。云原生技术作为一种实现方式，所解决的问题是复杂软件系统的运行和维护。这两者所要解决的问题相辅相成。微服务架构可以选择不同的实现方式，如 Spring Cloud 或私有实现，并不一定非要使用云原生技术。同样的，云原生技术可以用来实现不同架构的应用，包括微服务架构的应用或是单体应用。

云原生技术和微服务架构是非常适合的组合。这其中的原因在于，云原生技术可以有效地解决微服务架构所带来的实现上的复杂度。微服务架构难以落地的一个突出原因是它过于复杂，对开发团队的组织管理方式、技术水平和运维能力都提出了极高的要求。一直以来只有少数技术实力雄厚的大企业会采用微服务架构。云原生技术可以弥补微服务架构的这一个短板，极大地降低微服务架构实现的复杂度；使得广大的中小企业也可以在实践中应用微服务架构。

▶▶ 1.1.4 云原生的发展趋势

云原生技术从出现以来，一直在快速地发展。总体来说，云原生技术的发展有如下几个方面的趋势。

云原生技术的第一个发展趋势是标准化和规范化。云原生技术的基础是容器化和容器编排技术，最常用的技术是 Docker 和 Kubernetes。随着云原生技术的发展，在 CNCF⊖ 和 Linux 基金会等组织的促进下，云原生技术的标准化和规范化工作正在不断地推进，其目的是促进技术的发展和避免供应商锁定的问题。这对于整个云原生技术生态系统的健康发展至关重要。目前已有的标准和规范包括开放容器倡议（Open Container Initiative）提出的容器镜像规范和运行时规范，以及 CNCF 中的一些项目。

云原生技术的第二个发展趋势是平台化，以服务网格（Service Mesh）技术为代表。这一趋势的出发点是增强云平台的能力，从而降低开发和运维的复杂度。流量控制、身份认证和访问控制、性能指标数据收集、分布式服务追踪和集中式日志管理等功能都可以由底层平台来提供，这极大地降低了中小企业在运行和维护云原生应用时的复杂度。从另外一个方面来说，这也促进了相关的开源软件和商业解决方案的发展。不仅有 Istio 和 Linkerd 这样流行的开源服务网格实现，也有越来越多的公司提供商用的支持。这为不同技术水平的企业提供了多样的选择。

云原生技术的第三个发展趋势是应用管理技术的进步，以操作员（Operator）模式⊜为代表。在 Kubernetes 平台上部署和更新应用时，传统的基于资源声明 YAML 文件的做法，已经逐步被 Helm 所替代。操作员模式在 Helm 的基础上更进一步，以更高效、自动化和可扩展的方式对应用部署进行管理。CNCF 中的孵化项目 Operator Framework 是创建 Operator 的框架。OperatorHub 则是社区共享 Operator 实现的平台。

云原生技术的第四个发展趋势是开源实现的流行，以 CNCF 的开源项目为代表。云原生技术所涉及的技术点众多。每一个技术点都需要相应的实现。CNCF 组织了很多开源项目，覆盖众多的技术点。CNCF 的项目通常作为相关技术点的推荐实现。CNCF 中的流行项目包括 Helm、Jaeger、Envoy、etcd、Kubernetes、Prometheus、gRPC、Fluentd 和 Harbor 等。

最后一个发展趋势与云原生应用的开发相关。社区中出现了越来越多的微服务开发框架，

⊖ CNCF 的全称是 Cloud Native Computing Foundation，负责维护很多云原生相关的项目。

⊜ 更多内容参见 https：//kubernetes.io/zh/docs/concepts/extend-kubernetes/operator/。

不同的编程语言都有相应的开源实现。以 Java 平台为例，Eclipse 基金会的 MicroProfile 提出了微服务开发的规范，而 Quarkus、Micronaut 和 Helidon 都是新兴的微服务开发框架。这些框架对微服务开发进行了针对性的优化，尽可能地降低应用的资源消耗，并提升启动速度。通过 GraalVM 的支持，可以创建出启动速度快、耗费资源更少、体积小的 Java 微服务的原生可执行文件。可以预期的是，所有的 Java 微服务框架都会提供 GraalVM 的支持。

1.2 了解容器化技术

微服务架构的应用在本质上是一个分布式系统。分布式系统相关的技术早在微服务架构出现之前就已经存在并应用在生产环境中。在部署和运行分布式系统时，一个最基础的问题是如何准备和管理计算资源。

从发展的角度来说，对计算资源的管理方式经过了图 1-3 中给出的发展过程。

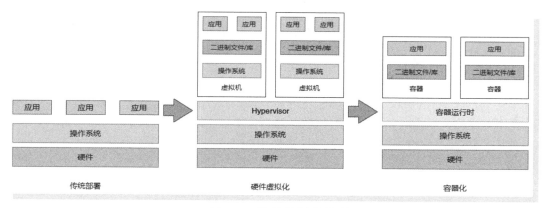

● 图 1-3 计算资源的管理

在早期的时候，应用直接安装在操作系统中。在进行扩展时，需要首先准备新的物理机器，接着安装操作系统，最后再安装应用。这种方式的问题在于多个应用共享物理资源，一个应用可能占用过多的资源，从而影响其他应用的性能。如果单个应用独占一台主机，则无法充分地利用资源。除了应用之外，操作系统自身也占用了大量的资源。这种方式进行扩展时的速度很慢，只能从物理机器开始，无法快速地响应业务的需求。

硬件虚拟化技术的出现提供了新的解决方案。硬件虚拟化指的是对计算机的虚拟化。虚拟化对用户隐藏了计算平台的物理特征，提供一个抽象的计算平台。控制虚拟化的程序称为 Hypervisor。Hypervisor 负责创建和运行虚拟机。在虚拟机之上可以安装不同类型的操作系统，包括 Windows、Linux 和 macOS。所有的虚拟机实例共享虚拟化的硬件资源。

硬件虚拟化使得我们可以更充分地利用硬件资源。在创建集群时，用少数的大型服务器替换掉数量较多的小型服务器。在这些服务器上运行 Hypervisor，并根据需要创建和运行虚拟机。虚拟机上运行操作系统，而应用运行在操作系统上。在创建虚拟机时可以限制虚拟机的 CPU、内存和硬盘等资源。硬件虚拟化可以更好地支持应用的扩展。Hypervisor 可以从镜像文件中快速创建出虚拟机实例。当应用运行时出现错误时，只需要创建新的虚拟机实例替换掉出错的实例即可，使得故障可以快速恢复。一种常见的部署方式是创建出应用对应的虚拟机镜像文件，作为应用部署的基础。

硬件虚拟化的不足之处在于只能以操作系统为单位来进行扩展。操作系统本身也需要占用资源。当虚拟机的数量增加时，很多资源实际上都被虚拟机中的操作系统占用。操作系统级别的虚拟化（也就是容器化）可以在隔离的容器中运行程序。容器中运行的程序只能访问操作系统的部分资源，包括 CPU、内存、文件系统和网络等。目前流行的容器化实现包括 Docker、CRI-O 和 containerd 等⊖。

在众多容器化技术中，Docker 是最流行的技术之一。Docker 采用客户端-服务器的架构。服务器端是 Docker 后台程序，负责构建、运行和分发容器；Docker 客户端通过 API 与 Docker 后台程序交互。

Docker 中两个最重要的概念是镜像（Image）和容器（Container）。镜像是创建容器的只读模板。镜像可以从注册中心下载，也可以是创建的自定义镜像。Docker Hub 是默认的镜像注册中心，包含了非常多可用的镜像。企业内部也可以搭建自己私有的注册中心。镜像虽然是不可变的，但是可以在已有的镜像上进行定制，得到新的镜像。这也是通常创建镜像的方式。容器是镜像的可运行实例。从镜像中创建出来的容器可以被启动、暂停、停止和删除。

限于篇幅，本节不对 Docker 的具体实现进行介绍，感兴趣的读者请参考其他的资料。

1.3 了解容器编排技术

容器化技术的出现，为微服务架构应用的部署提供了更加简单可靠的解决方案。每个容器在运行时通常只有一个进程。每个容器的功能相对独立。在使用容器来运行应用时，一般都需要多个容器来协同工作。最典型的例子是使用数据库的应用。数据库服务器和应用分别运行在各自独立的容器中，两者之间存在依赖关系。应用的容器在运行时需要访问数据库的容器。在管理多个相互关联的容器时需要用到容器编排技术。

⊖ Kubernetes 可以使用任何符合 Container Runtime Interface 规范的容器运行时。

▶▶1.3.1　使用 Docker 进行简单的编排

最简单的容器编排实现是使用 Docker。首先创建一个自定义的网络。不同的容器可以通过该网络来交互。下面的命令创建了名为 my-app 的网络。

```
docker network create my-app
```

接着使用 docker run 命令来启动 PostgreSQL 容器。在启动时，通过参数 --network 来指定上一个命令中创建的网络名称。

```
docker run --name db -e POSTGRES_PASSWORD = mypassword --network my-app -d postgres:13.1
```

最后启动应用的容器。启动时的环境变量 DB_HOST 表示数据库服务器的地址，它的值 db 来自 PostgreSQL 容器的名称。同一个网络上的容器可以使用容器名称来作为访问的主机名。

```
docker run --name app -e DB_HOST = db -e DB_PORT = 5432 -e DB_USER = postgres -e DB_PASSWORD = mypassword -e DB_NAME = postgres -p 10080:8080 --network my-app -d app:1.0.0
```

直接使用 Docker 命令的劣势在于 docker run 命令一般都很长，没办法有效管理。另外，启动 PostgreSQL 容器时的环境变量 POSTGRES_PASSWORD 的值与启动应用容器时的环境变量 DB_PASSWORD 的值必须是相同的。这两个值在命令中重复出现，会导致修改起来比较麻烦。

▶▶1.3.2　使用 Docker Compose 进行编排

Docker Compose 是 Docker 提供的容器管理工具。相对于其他编排工具，Docker Compose 使用简单，适合于本地开发使用。Docker Compose 可以同时启动多个容器，并定义容器之间的关联关系。

还是同样的使用数据库应用的例子。Docker Compose 可以同时启动两个容器，并定义其中的关联。Docker Compose 使用 YAML 文件来描述需要启动的服务。下面代码中的 docker-compose.yaml 文件用来启动应用和 PostgreSQL 服务器。在 services 中定义了两个服务。

- 服务 db 使用 PostgreSQL 的镜像，并在 environment 中声明了所需的环境变量。
- 服务 app 使用应用的镜像，ports 的作用是暴露端口。

服务 app 也有同样的环境变量，其中 DB_HOST 的值是 db，是 PostgreSQL 服务的名称。这是因为 Docker Compose 使用服务名称作为容器的主机名。两个容器出现在同一个网络中，因此服务 app 可以访问到 PostgreSQL 服务器。服务 app 的 depends_on 声明了服务 app 对 db 的依赖关系。这样可以保证正确的容器启动顺序。

```
version: '3'

services:
  db:
    image: postgres:13.1
    environment:
      POSTGRES PASSWORD: mypassword
  app:
    image: app:1.0.0
    environment:
      DB HOST: db
      DB PORT: 5432
      DB USER: postgres
      DB PASSWORD: mypassword
      DB NAME: postgres
    ports:
      - 10080:8080
    depends on:
      - db
```

使用 docker-compose up 命令可以运行 docker-compose.yaml 文件描述的全部容器。

Docker Compose 虽然可以解决很大一部分容器编排的问题，但是在功能上存在一定的局限性。Docker Compose 一般在开发和测试中使用，生产环境上则需要使用更加成熟的容器编排技术。

▶▶ 1.3.3　Kubernetes 介绍

Kubernetes 是一个可移植和可扩展的开源平台，用来管理容器化的工作负载和服务，可以促进声明式的配置和自动化。Google 在 2014 年开源了 Kubernetes 项目，目前是容器编排领域事实上的标准。绝大多数云平台都提供了 Kubernetes 的支持。

Kubernetes 集群中有两类资源，分别是协调集群工作的控制平面（Control Plane），以及实际运行应用的工作节点（Worker Node）。Kubernetes 集群由很多不同的组件组成，这些组件运行在不同的集群节点上。节点可以是物理机器或虚拟主机。这些组件可以分成两类，分别是控制平面组件和工作节点组件。图 1-4 给出了 Kubernetes 集群的示意图。

表 1-1 给出了 Kubernetes 的核心组件的说明。所有这些组件都在图 1-4 中出现。每个组件都说明了其作用。

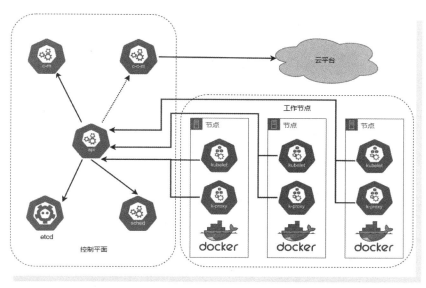

● 图 1-4　Kubernetes 集群

表 1-1　Kubernetes 核心组件说明

组 件 名	图中名称	名　　称	说　　明
kube-apiserver	api	API 服务器	Kubernetes 控制平面对外的 API 接口
etcd	etcd	存储服务	保存集群数据的键值对存储服务
kube-scheduler	sched	调度器	调度 Pod 在节点上执行
kube-controller-manager	c-m	控制器管理	运行控制器进程
cloud-controller-manager	c-c-m	云控制器管理	运行云平台相关的控制器进程
kubelet	kubelet	kubelet	每个节点上运行的程序，负责运行 Pod 中的容器
kube-proxy	k-proxy	代理	每个节点上运行的网络代理，负责实现 Kubernetes 中的服务
容器运行时	docker	容器运行时	负责运行容器，Kubernetes 支持 Docker、containerd 和 CRI-O 等

除了这些核心组件之外，还可以安装一些附加组件来提供额外的功能。表 1-2 给出了一些常用的附加组件。

表 1-2　Kubernetes 的附加组件

组 件 名	说　　明
DNS	DNS 服务器
Web 界面	集群管理界面

（续）

组 件 名	说 明
容器资源监控	记录容器运行的性能指标数据，并提供界面来查看数据
集群日志管理	提供中心管理的日志存储，以及相应的查询和浏览界面

在实际的集群中，控制平面和工作节点通常部署在不同的机器上。包含控制平面组件的机器称为集群的主控节点（Master），包含工作节点组件的机器称为工作节点（Worker）。生产环境的集群中应该至少有 1 个主控节点和 3 个工作节点。

Kubernetes 提供了开放 API 来对集群进行管理。与 Kubernetes 集群交互最常用的方式是使用 Kubernetes 自带的命令行工具 kubectl。当需要在应用中访问 Kubernetes 时，可以使用不同编程语言的客户端库。

Kubernetes 使用声明式的资源管理。作为使用者，只需要声明资源的期望状态。Kubernetes 会确保资源的最终状态与期望的状态保持一致。Kubernetes 定义了很多种资源，代表不同的实体。只需要按照资源的规范要求编写描述文件，并通过 kubectl 工具应用到 Kubernetes 集群上即可。一般使用 YAML 格式来描述资源。

以在 Kubernetes 上部署应用为例，对应的资源类型是 Deployment。在 Deployment 的声明中可以指定部署应用的容器镜像和运行时的配置，还可以指定实例的期望数量。当某个实例出现错误而终止时，Kubernetes 会启动新的实例，确保总实例的数量符合 Deployment 资源中声明的预期值。

1.4 Quarkus 介绍

在使用 Java 平台开发微服务时，可以选择的框架有很多种。Spring 和 Spring Boot 是目前主流的 Java 应用开发框架，同样可以用在微服务开发中。Spring 5.3 中增加了对 GraalVM 的支持，弥补了 Spring 框架的一个很大的短板，使得 Spring 框架更加适用于开发云原生应用。

不过 Spring 也存在一些局限性。作为一个通用的 Java 应用开发框架，在使用 Spring 开发微服务时的一个突出问题是它过于复杂。这主要是因为 Spring 框架有很长的历史，所包含的内容非常多。这些限制使得 Spring 开发云原生应用的性能不是很理想。除了 Spring 之外，社区中出现了一些新的云原生开发框架，包括本书要介绍的 Quarkus、Helidon 和 Micronaut 等。这些新框架的特点是专门针对云原生而设计，可以解决 Spring 的问题。

在介绍具体的开发框架之前，首先介绍 Eclipse 基金会提出的 MicroProfile 规范。

❶ MicroProfile 规范介绍

作为 Eclipse 基金会下的孵化项目，MicroProfile 规范的目标是优化企业 Java 应用开发来适应微服务架构。微服务架构有一些常见的问题需要解决。MicroProfile 的目标是提供一套通用的 API 和功能集来满足微服务开发的需求。从作用上来说，MicroProfile 与 Spring Cloud 存在一定的相似性，不过 MicroProfile 只关注规范和开放 API，并不关心具体的实现。MicroProfile 也会用到 Jakarta EE 相关的规范，侧重于企业级 Java 应用的开发。

MicroProfile 规范由一系列子规范组成。MicroProfile 规范有自己的版本号，其中的子规范有各自的版本号。表 1-3 列出了 MicroProfile 4.0 中包含的子规范及其版本号。

表 1-3　MicroProfile 规范的组成

名　　称	版　　本	说　　明
CDI	2.0	上下文和依赖注入
Config	2.0	配置管理
JAX-RS	2.1	REST API
JSON-B	1.0	JSON 对象绑定
JSON-P	1.1	JSON 处理
Health	3.0	应用健康状态
Metrics	3.0	性能指标数据
Open-API	2.0	OpenAPI 规范支持
Open Tracing	2.0	分布式追踪支持
Rest Client	2.0	REST 服务客户端
Fault Tolerance	3.0	服务调用的健壮性
JWT RBAC	1.2	基于 JWT 的认证和授权管理

由于 MicroProfile 只提供了规范和 API 接口，相关的具体实现由社区来提供。对于同一个规范，可能有不同的实现可供选择。SmallRye 项目提供了很多 MicroProfile 规范的实现。

❷ GraalVM 介绍及其意义

介绍 Quarkus 时就必须要提到 GraalVM，这是 Quarkus 能够提升性能的基础。GraalVM 是 Oracle 开发的高性能的多语言运行时。除了 Java 和其他 JVM 语言（如 Kotlin、Groovy 和 Scala 等）之外，GraalVM 还提供了对 JavaScript、Python、Ruby、R、C/C++ 和 Rust 等的支持。如果应用在实现中使用了多种编程语言，在运行环境上仅需要安装 GraalVM 即可，而不再需要同时安装多个语言的运行时。这可以简化应用的部署和运维。GraalVM 还支持应用在不同语言之间的互操作。比如，一个 NodeJS 开发的 API 可以调用 Java 标准库中的方法，反之亦然。

GraalVM 的另外一个重要功能是创建原生可执行文件。Java 平台的一个重要卖点是编写一次，到处运行。Java 源代码被编译成平台无关的字节代码，再由虚拟机在不同的平台上运行。

虚拟机屏蔽了底层平台的差异性。对于一个打包好的 JAR 文件，不管是在 Windows、Linux 还是 macOS 上运行，所产生的效果是相同的。Java 的这个特点简化了 Java 应用的部署和运维，但是也不可避免地影响了 Java 应用的性能。随着虚拟机的不断优化，这种对性能的影响在不断减少，但是性能的损失是客观存在的。

在运行 Java 应用时需要 Java 虚拟机的支持。即便是最简单的输出"Hello World"的 Java 应用也需要一个完整的 Java 虚拟机才能运行。在部署 Java 应用时，必须首先确保目标环境提供了兼容的 Java 虚拟机。当以容器镜像来部署时，虚拟机本身会占据镜像的大部分空间。应用自身的 JAR 文件可能只有几十 MB，而虚拟机自身的文件在解压之后有数百 MB。这就意味着大量的存储空间被消耗在应用无关的地方。Java 9 中引入了模块系统，对 JDK 也进行了模块化。应用可以使用 jlink 创建自定义 JDK，仅包含应用所需的 JDK 模块。通过这种方式可以减少 JDK 的尺寸，但是仍然无法从根本上解决这个问题。

GraalVM 提供的原生镜像（Native Image）功能可以把 Java 代码预先编译（Ahead-Of-Time，AOT）成独立的可执行文件。该可执行文件包括了应用本身的代码、所依赖的第三方库和 JDK 本身。该执行文件并不运行在 Java 虚拟机之上，而是名为 Substrate 的虚拟机。与运行在传统的 Java 虚拟机上相比，原生可执行文件在运行时的启动速度更快，所耗费的内存资源更少。

GraalVM 生成的原生可执行文件与底层平台相关，不能在当前平台之外的其他平台上运行。对云原生应用来说，这并不是一个问题。云原生应用的设计目标是在容器中运行，所运行的底层平台是固定的。

❸ Quarkus 项目介绍

Quarkus 是 Kubernetes 原生的 Java 应用开发框架，并对 OpenJDK HotSpot 虚拟机和 GraalVM 进行了优化。Quarkus 的开发由 Red Hat 提供支持。

Quarkus 的设计哲学是容器优先，对在容器中运行进行了针对性的优化。在容器中运行时，Quarkus 应用的启动速度非常快，运行时所消耗的资源也更少。

Quarkus 同时支持传统的命令式和反应式非阻塞两种编程模式。对开发人员来说，命令式编程更加熟悉，容易理解和掌握；反应式编程虽然较难理解，但是可以提供更好的性能。

Quarkus 框架的内核很小，大部分工作都由不同的扩展来完成。应用可以根据需要来选择要启用的扩展。这就保证了 Quarkus 应用所包含的第三方依赖尽量最少。

Quarkus 框架构建在已有的规范和流行框架的基础上，降低了学习的难度。Quarkus 中使用的第三方框架包括 Eclipse Vert.x、RESTEasy、JPA、Hibernate、MicroProfile 规范及其实现库和 SmallRye Messaging 等。

❹ Quarkus 提升 Java 应用性能

Quarkus 使用多种方式来提升 Java 微服务的性能。Quarkus 在构建时会进行尽可能多的处理，提升应用的启动速度。构建之后的应用中只包含运行时真正需要的类，减少了应用的尺寸。Quarkus 也尽可能地减少反射的使用。在创建原生可执行文件时，Quarkus 会在构建阶段进行预启动，并把部分代码的运行结果直接记录在可执行文件中。当应用运行时，框架的启动代码已经被执行过了，可以进一步提升启动速度。

一般的应用在启动时需要进行很多初始化的工作，包括读取和解析配置文件，扫描 CLASSPATH 中找到的类上的注解，生成额外的类的字节代码，创建动态代理等。这些操作都会耗费一定的时间，越复杂的应用所需要的时间越长。只有完成这些初始化工作之后，应用才能执行自身的业务逻辑。当运行在 Kubernetes 上时，这意味着需要等待较长的时间才能让容器进入可用的状态。这对于故障恢复和水平扩展都很不利。

在目前的应用开发框架中，一个流行的趋势是优化开发人员的开发体验，而把大部分的工作交由框架来完成。开发人员通常只需要使用框架提供的注解就可以进行开发。比如在进行数据库访问时，只需要定义某个实体类对应的仓库接口即可，具体实现由框架在运行时提供。在简化开发的同时，也增加了应用启动时的工作量，使得启动速度更慢。

在应用运行时，有些代码只会在启动时运行一次，仅作为应用初始化的辅助。典型的例子是 XML 类型的配置文件的解析。解析 XML 文件需要相应的第三方库的支持，而解析操作只在启动时执行一次。在完成解析之后，XML 相关的库就不再需要，但是会一直存在于运行的应用中。这会造成不必要的内存浪费。

由于启动时需要执行初始化的工作，在整个应用的运行过程中，对于资源的消耗是不平均的。对于一些相对简单的应用来说，在刚启动的时间段之内，应用会需要较多的 CPU 和内存资源来进行初始化。等初始化完成之后，应用所消耗的资源会降低很多。尤其是微服务的应用，每个微服务在没有收到请求时，所占用的资源非常少。

这种资源的消耗模式会对 Kubernetes 上的部署带来一些挑战。当运行在 Kubernetes 上时，推荐的实践是为 Pod 中的容器指定请求的资源和资源的上限。一个应用在正常运行时可能仅需要 128MB 的内存，但是在启动时需要的内存可能是 256MB。为了让应用可以正常启动，内存的上限必须设置为 256MB，而不是实际的 128MB。这实际上造成了资源的浪费。

这个问题也可能会影响 Kubernetes 的自动水平扩展。如果自动水平扩展使用 CPU 的利用率作为触发条件，在容器启动时，由于 CPU 的利用率会很高，超过自动水平扩展设置的阈值，导致 Kubernetes 自动创建新的 Pod。在前一个容器完成启动之后，CPU 的利用率会直线下降。由自动水平扩展所创建的 Pod 又会被销毁。

使用传统框架的 Java 应用分成构建和运行两个阶段。构建阶段的目标是把 Java 源代码转换成可执行的字节代码。构建阶段会执行的动作包括编译源代码，调用注解处理器和生成字节代码等。运行阶段则是以 Java 虚拟机来运行应用，在完成框架的初始化之后，执行应用的代码。

Quarkus 在构建时添加了一个额外的阶段，称之为增强阶段，用来进行附加的处理。Quarkus 应用的构建和启动一共分成三个阶段，分别是增强、静态初始化和运行时初始化。

1）在增强阶段，Quarkus 的扩展会加载并扫描应用的字节代码和配置。这些扩展会根据收集到应用的元数据来进行预先的处理。处理的结果会直接记录在字节代码中，作为应用的一部分。比如，Hibernate 会对添加了注解@Entity 的实体类进行处理来改写其字节代码。Quarkus 的 Hibernate 扩展在增强阶段就完成了对实体类的处理，在运行时可以直接使用。

2）静态初始化阶段负责执行一些额外的动作。这个阶段主要是针对原生可执行程序的构建。在构建原生可执行程序时，静态初始化的代码会在一个正常的 JVM 中运行，所产生的对象会被直接序列化到可执行文件中。如果不创建原生可执行文件，静态初始化阶段和运行时初始化阶段并没有区别，只是首先运行而已。

3）运行时初始化阶段的代码在应用的主方法中运行。

增强阶段所需的依赖并不需要出现在应用运行时。以前面提到的读取 XML 配置文件为例，当 Quarkus 扩展读取配置文件并解析之后，所生成的字节代码被记录在应用中。XML 解析相关的库不会出现在应用中。

实际上，Quarkus 的扩展由两个模块组成，分别是运行时模块和部署模块。运行时模块提供了 Quarkus 应用在运行时使用的 API，作为应用的依赖；部署模块在 Quarkus 应用构建时进行处理，并不是应用的依赖，而是由 Quarkus 在构建时自动添加。这两种模块的划分，可以更好地区分构建和运行时所需的依赖。

通过一个简单的数字对比可以看出 Quarkus 对应用的性能提升。使用 Quarkus 和 GraalVM 的简单 REST 应用的启动时间仅为 16ms，占用内存仅 12MB。如果使用传统的基于 Java 虚拟机实现，应用的启动时间需要 4.3s，占用内存为 136MB。

CHAPTER 2
第 2 章

Quarkus开发入门

在介绍了云原生微服务相关的基础知识之后，本章开始进入到 Quarkus 实战开发的部分。在进行具体的开发之前，本章介绍 Quarkus 相关的开发准备工作。本书对 Quarkus 的介绍基于 2.0.2 版本⊖。

2.1 创建新的项目

Quarkus 应用开发的第一步是创建新的项目。Quarkus 提供了两种不同的方式来创建 Quarkus 应用。在创建 Quarkus 应用之前，需要确保本地开发环境做好了相应的准备。

❶ 开发环境准备

在开发 Quarkus 应用之前，首先需要准备本地开发环境。

本地开发环境上需要安装 JDK 11。可以使用任意的 JDK 发行版本，推荐使用 AdoptOpenJDK。为了构建原生可执行文件，还需要安装最新的 GraalVM 的 JDK 11 版本。由于 GraalVM 中已经包含了 OpenJDK，在安装了 GraalVM 之后就不再需要单独安装 OpenJDK，直接指向 GraalVM 中的 OpenJDK 即可。

在编写 Java 代码时通常都使用 IDE。可以根据自己的使用习惯选择最熟悉的 IDE，包括 IntelliJ IDEA、Eclipse 或 VS Code。这三个 IDE 都有官方的 Quarkus 插件，可以帮助简化 Quarkus 开发。推荐使用 IntelliJ IDEA 社区版，不仅免费而且功能强大。

在构建工具上，可以使用 Apache Maven 或 Gradle 来构建 Quarkus 应用。目前 Quarkus 对 Gradle 的支持仍然是试验性的，可能存在一些问题。因此推荐使用 Maven 作为构建工具。Quarkus 需要 Maven 3.8.1 及以上版本。Quarkus 在创建应用的骨架代码时会自动添加 Maven Wrapper 的支持，可以通过 Wrapper 来运行 Maven，并不要求在本地安装独立的 Maven。

本地开发环境还需要安装 Docker 来运行应用所需要的支撑服务。为了部署应用到 Kubernetes，还需要一个可用的 Kubernetes 集群，可以在本机上安装 minikube，也可以使用云平台上管理的 Kubernetes 集群。

在准备好开发环境之后，就可以开始创建新的 Quarkus 项目。下面介绍创建新的 Quarkus 项目的方式。

❷ 在线创建新项目

第一种方式是通过 code.quarkus.io 网站进行在线创建。这个网站的作用类似于 Spring 提供

⊖ 本书内容基于 Quarkus 的 2.0 版本。与 1.13 版本相比 Quarkus 2.0 的最大改动是升级到了 Vert.x 4 和 MicroProfile 4，属于底层库的升级。本书的绝大部分内容对于 1.13 版本也是适用的。

的 start.spring.io 网站。图 2-1 是该网站的截图。在该页面中需要提供所创建 Quarkus 应用的 Ma-
ven 坐标（Coordinate），包括 groupId、artifactId 和 version。在构建工具的选项中，可以选择 Ma-
ven 或 Gradle。最重要的配置是选择应用需要使用的 Quarkus 扩展。在页面上列出了全部可用的
Quarkus 扩展。每个扩展有相应的介绍，可以帮助了解扩展的基本功能。应用根据自身的需要
来选择要添加的扩展。完成扩展的选择之后，单击"Generate your application"按钮就可以下
载应用的基本代码到本机。

● 图 2-1　在线创建 Quarkus 应用

❸ 使用 Maven 插件创建新项目

第二种方式是通过 Maven 来创建应用。Quarkus 的 Maven 插件提供了创建 Quarkus 应用的支
持，只需要使用该插件的 create 命令即可，如下面的代码所示。在该命令中，io.quarkus：
quarkus-maven-plugin:2.0.2.Final 是 Maven 插件的坐标，通过 -D 传递的 3 个参数 project-
GroupId、projectArtifactId 和 projectVersion 用来配置所创建的 Maven 项目的坐标。如果希望在创
建时添加扩展，可以使用-Dextensions 参数指定扩展的名称列表。

```
mvn io.quarkus:quarkus-maven-plugin:2.0.2.Final:create \
    -DprojectGroupId = io.vividcode \
    -DprojectArtifactId = quarkus-example \
    -DprojectVersion =1.0.0-SNAPSHOT
```

当上述命令运行完成之后，在当前目录中会产生一个名称与 projectArtifactId 的值相同的子
目录，该目录中包含了自动生成的 Quarkus 应用的基础代码。

通过上述两种方式创建的项目可以直接导入到 IDE 中。除了上述两种方式之外，也可以直
接使用 IDE 创建新的 Maven 项目或模块，再手动添加 Quarkus 相关的依赖。

④ 代码组织结构介绍

通过 Maven 插件的 create 命令创建的 Quarkus 应用是一个简单地使用 JSON 格式的 REST 服务，使用了扩展 resteasy 和 resteasy-jackson。下面介绍一下这个应用的代码组织结构。

该应用是一个标准的 Maven 项目，使用了通用的 Maven 项目的目录结构。该项目使用 Maven Wrapper 来运行 Maven。在构建项目时，应该优先使用 mvnw 命令。

整个应用中最重要的部分在 POM 文件。POM 文件的 < properties > 中定义了很多配置属性，主要用来指定不同依赖的版本号。其中最重要的是配置属性 quarkus.platform.version 和 quarkus-plugin.version，分别指定了 Quarkus 自身和 Maven 插件的版本。这两个配置属性的值需要保持一致。当希望升级 Quarkus 时，只需要修改这两个配置属性即可。

```xml
< properties >
  < compiler-plugin.version >3.8.1 </compiler-plugin.version >
  < maven.compiler.parameters >true </maven.compiler.parameters >
  < maven.compiler.source >11 </maven.compiler.source >
  < maven.compiler.target >11 </maven.compiler.target >
  < project.build.sourceEncoding >UTF-8
    </project.build.sourceEncoding >
  < project.reporting.outputEncoding >UTF-8
    </project.reporting.outputEncoding >
  < quarkus-plugin.version >2.0.2.Final </quarkus-plugin.version >
  < quarkus.platform.artifact-id >quarkus-universe-bom
    </quarkus.platform.artifact-id >
  < quarkus.platform.group-id >io.quarkus
    </quarkus.platform.group-id >
  < quarkus.platform.version >2.0.2.Final
    </quarkus.platform.version >
  < surefire-plugin.version >2.22.1 </surefire-plugin.version >
</properties >
```

在下面的代码中，POM 文件的 < dependencyManagement > 中，导入了 Quarkus 平台的 BOM 文件来提供 Quarkus 扩展的版本号。在声明 Quarkus 扩展的依赖时，只需要指定 groupId 和 artifactId 即可，并不需要提供版本号。这样可以确保 Quarkus 的不同扩展之间保持兼容。

Quarkus 的生态系统中有很多的扩展，包括 Quarkus 团队维护的核心扩展和社区贡献的其他扩展。如果某些扩展使用了同一个依赖的不同版本，在一同使用时可能出现问题。Quarkus 平台是一个扩展的集合。该集合中的扩展可以一同使用而不会产生冲突。每个 Quarkus 平台都有对应的 Maven 工件来提供 BOM 文件，用来声明全部扩展及其第三方依赖的版本。

```xml
< dependencyManagement >
  < dependencies >
    < dependency >
```

```
<groupId>${quarkus.platform.group-id}</groupId>
<artifactId>${quarkus.platform.artifact-id}</artifactId>
<version>${quarkus.platform.version}</version>
<type>pom</type>
<scope>import</scope>
</dependency>
</dependencies>
</dependencyManagement>
```

在 Maven 项目中启用了 Quarkus 插件，如下面的代码所示。Quarkus 插件在构建时会执行三个目标，分别是 build、generate-code 和 generate-code-tests。目标 generate-code 和 generate-code-tests 分别生成代码和测试代码。有些扩展会在构建时生成代码，比如 gRPC 扩展会从 protobuf 文件中生成 Java 代码。目标 build 用来构建 Quarkus 应用，在 package 阶段执行。

```
<plugin>
  <groupId>io.quarkus</groupId>
  <artifactId>quarkus-maven-plugin</artifactId>
  <version>${quarkus-plugin.version}</version>
  <extensions>true</extensions>
  <executions>
    <execution>
      <goals>
        <goal>build</goal>
        <goal>generate-code</goal>
        <goal>generate-code-tests</goal>
      </goals>
    </execution>
  </executions>
</plugin>
```

运行 ./mvnw package 命令可以把 Quarkus 应用打包成 JAR 文件。在目录 target 中会生成一个 JAR 文件，不过该 JAR 文件只包含应用本身的类文件和资源文件，无法直接运行。可以执行的 JAR 文件是目录 target/quarkus-app 下的 quarkus-run.jar 文件。使用下面的命令可以运行应用。

```
java -jar target/quarkus-app/quarkus-run.jar
```

2.2 通用的应用开发流程

在创建了 Quarkus 应用之后，开发人员进行实际的代码编写工作。在开发过程中，Quarkus 的开发模式可以极大地提升开发的效率。除此之外，Maven 插件还提供了其他的命令来执行额外的操作。

▶▶ 2.2.1 使用开发模式

运行 Maven 插件的 dev 命令可以在开发模式下启动 Quarkus 应用，如下面的代码所示。这也是 Quarkus 应用的基本开发模式。

```
./mvnw compile quarkus:dev
```

在开发模式下，Quarkus 启用了代码的自动热部署。当 Java 源代码或资源文件发生了修改之后，只需要刷新页面或重新访问服务，Quarkus 会在后台编译 Java 代码，然后重新部署应用，再使用部署之后的应用来处理请求。这种热部署的方式为开发人员提供了良好的开发体验，不再需要手动地重启服务器来测试改动之后的代码。如果代码编译或重新部署时产生了错误，错误信息会出现在控制台，也会显示在页面中。由于需要进行热部署，在代码修改之后的第一个访问请求的处理时间会较长。

默认情况下，开发模式下的 Quarkus 应用运行在 localhost 上，只允许在本机访问。如果希望在其他主机上也能访问，可以使用系统属性 debugHost 来设置，如下面的代码所示。

```
./mvnw compile quarkus:dev -DdebugHost = 0.0.0.0
```

在开发模式下，Quarkus 还提供了 Web 界面来获取应用的内部信息，并可以对应用进行修改。该 Web 界面的默认访问地址是 http://localhost:8080/q/dev/。图 2-2 展示了 Quarkus 开发界面的截图。该开发界面是可扩展的，不同的扩展都可以提供相关的界面。该界面的实际展示内容取决于应用所添加的扩展。

● 图 2-2　Quarkus 的开发界面

▶▶ 2.2.2 调试应用

在开发模式下，Quarkus 应用默认启用了 Java 远程调试支持，并在端口 5005 运行。在

IntelliJ IDEA 中，只需要创建一个远程调试的调试配置，并连接到端口 5005 即可。

如果在一台机器上同时运行多个 Quarkus 应用，需要为每个应用分别指定调试服务的端口号，否则只有第一个启动的应用可以被调试。Quarkus 应用的调试行为可以通过系统属性 debug 来调整。该属性的可选值如表 2-1 所示。

表 2-1　系统属性 debug 的可选值

值	说　明
false	表示禁用调试模式
true	启用调试模式，并使用端口 5005
client	应用以客户端模式启动，并尝试连接到 localhost：5005
{port}	启动调试模式，并使用指定的端口

下面的命令使用 5006 作为调试端口。

```
./mvnw compile quarkus:dev -Ddebug = 5006
```

如果要调试的代码运行在应用的启动阶段，最好的做法是以暂停模式启动应用。在暂停模式下，应用的启动会被暂停，直到有客户端连接到调试服务器。这样可以保证不会错过任何添加的调试断点。

通过系统属性 suspend 可以设置是否启用暂停模式。当该值为 y 或 true 时，启用暂停模式；当值为 n 或 false 时，禁用暂停模式。下面的命令以暂停模式在 5006 端口进行调试。

```
./mvnw compile quarkus:dev -Ddebug = 5006 -Dsuspend = y
```

▶▶ 2.2.3　实用的插件命令

Quarkus 的 Maven 插件提供了很多实用的命令。除了之前介绍的 create、dev 和 build 之外，下面介绍其他的命令。

❶ 查看全部扩展

除了在 code.quarkus.io 网站查看全部的扩展之外，还可以使用下面的命令列出全部可用的扩展。对于每个扩展，会列出它的名称和标识符。

```
./mvnw quarkus:list-extensions
```

如果想查看扩展的更多信息，可以添加参数 -Dquarkus.extension.format = full。在运行下面的命令时，会输出扩展的描述信息。

```
./mvnw quarkus:list-extensions -Dquarkus.extension.format = full
```

❷ 添加和删除扩展

Quarkus 应用可以随时添加和删除所用的扩展。Maven 插件的命令 add-extension 和 add-extensions 可以添加新的扩展。在添加时需要指定扩展的标识符。可以从 list-extensions 命令的输出中查看扩展的标识符。下面的命令展示了添加扩展的用法。

```
./mvnw quarkus:add-extension -Dextension = rest-client
./mvnw quarkus:add-extensions
    -Dextensions = "rest-client,rest-client-jackson"
```

与 add-extension 和 add-extensions 命令相对应的 remove-extension 和 remove-extensions 命令用来删除扩展，同样需要提供扩展的标识符。下面的命令展示了删除扩展的用法。

```
./mvnw quarkus:remove-extension -Dextension = rest-client
./mvnw quarkus:remove-extensions
    -Dextensions = "rest-client,rest-client-jackson"
```

除了使用 Maven 插件的命令之外，也可以直接在 POM 文件中添加和删除扩展相关的依赖声明。比如，只需要在 POM 文件中添加下面代码中给出的依赖声明就可以启用扩展 grpc。上面介绍的 Maven 插件的命令实际上也是在修改 POM 文件。

```
<dependency>
  <groupId>io.quarkus</groupId>
  <artifactId>quarkus-grpc</artifactId>
</dependency>
```

Quarkus 框架提供的标准扩展的 Maven 工件的 groupId 是 io.quarkus，而 artifactId 都以 quarkus- 作为前缀。在后续的章节中介绍扩展的名称时，都会忽略该前缀。

❸ 列出可用的平台

可以使用下面的命令列出全部可用的平台。

```
./mvnw quarkus:list-platforms
```

上述命令的执行结果如下所示。目前有两个可用的 Quarkus 平台。第一个 quarkus-universe-bom 是绝大多数应用使用的平台；第二个 quarkus-bom 只包含了 Quarkus 的核心扩展。

```
io.quarkus:quarkus-universe-bom::pom:2.0.2.Final
io.quarkus:quarkus-bom::pom:2.0.2.Final
```

2.3 源代码组织

对于微服务架构的云原生应用来说，由于多个独立的微服务的存在，源代码仓库的管理方式可以有不同的策略。在选择源代码仓库的策略时，需要权衡两个因素。

第一个因素是微服务代码的独立性。如果每个微服务有各自完全独立的源代码仓库，可以实现最大程度的隔离。在进行持续集成和部署时，只需要处理微服务自身的代码，因此构建和部署的速度会更快。开发人员也只需要关注微服务自身的代码，更容易理解。

另外一个因素是如何处理微服务之间的共享代码。不同微服务之间不可避免地会存在一些需要共享的代码，比如，实用工具类和公共的实体模型等。有些共享代码可能仅在部分微服务中共用，比如，微服务 A 对外开放 API，使用该 API 的微服务 B 可以直接使用 A 中定义的 API 模型中的对象来发送请求和处理响应。

一般来说，一共有如下三种方案可供选择。

❶ 单一源代码仓库

第一种方案是使用单一的源代码仓库管理所有微服务的全部代码。以 Maven 来说，所有的共享代码和微服务都作为一个 Maven 项目的子模块。在这种方案中，代码共享的方式非常简单，只需要在微服务的模块中添加对其他模块的 Maven 依赖即可。当所做的修改涉及多个微服务时，可以在一个代码提交中包含对所有相关的微服务所做的修改。这保证了构建版本的稳定性，很容易追踪不同构建版本之间的代码变化。这种方案的优势在于简单易懂，适合于较小或中等规模的微服务架构的应用。本书的实战应用采用这种方案。

这种方案的不足之处在于任何代码的提交都会触发整个应用的构建流程。在大部分情况下，一个代码提交只会影响单个微服务，但是会触发整个应用的持续集成和部署流程，使得其他没有被修改的微服务也会被构建和部署。由于需要构建整个代码仓库并运行自动化测试，整个流程的运行时间会较长。

在组织项目中模块的结构时，可以采用扁平化结构或层次结构。扁平化结构把所有模块组织在一个层次，如下面的目录结构所示，其中的前缀 lib 表示共享库，service 表示微服务。

```
app-1
├── lib-common-a
├── lib-common-b
├── service-a-api
├── service-a-impl
├── service-b-api
└── service-b-impl
```

层次结构把不同的模块按照类型组织在一起。在下面的目录结构中，目录 lib 下是共享的模块，目录 service 下是不同的微服务各自的子目录。

```
app-2
├── lib
│   ├── common-a
```

```
|     └── common-b
└── service
    ├── a
    |   └── api
    |   └── impl
    └── b
        └── api
        └── impl
```

❷ 独立源代码仓库

第二种方案是共享代码和每个微服务使用各自独立的源代码仓库。以 Maven 来说，每个源代码仓库都有对应的 Maven 项目。每个项目有独立的构建和部署流程。构建的工件被发布到私有的 Maven 仓库。不同项目之间通过 Maven 仓库来共享代码。单个微服务依赖的是构建完成的共享代码的 JAR 文件。

这种方案的优势在于每个微服务可以独立构建和部署，从而提升了构建和部署的速度。如果一个改动只涉及单个微服务，那么只有该微服务需要被重新构建和部署，不会影响其他微服务。这种方案的不足之处在于共享代码的管理变得更加复杂。在修改了共享代码之后，需要等待该项目的构建完成并发布到 Maven 仓库，才能在引用它的其他项目中看到这个改动。如果一个改动涉及多个微服务，这个改动需要在不同的源代码仓库上进行多次代码提交来共同完成。这使得追踪代码改动的历史记录变得比较困难。

❸ 使用 Git 子模块

第三种方案是前两种方案的一种折中方案。这种方案与第二种方案有很大的相似之处。共享代码和微服务有各自独立的源代码仓库。不同之处在于共享代码以 Git 子模块（Submodule）的形式添加到使用它的微服务的 Git 仓库中。在微服务构建时，共享代码以源代码的形式参与到构建过程之中，直接成为微服务产生的 JAR 包的一部分，不再需要使用 Maven 仓库来共享。

这种方案的好处是避免了通过 Maven 仓库来共享代码，不过也增加了代码管理的复杂度。根据 Git 子模块的使用方式，对于当前微服务项目的每个 Git 子模块，在 Git 仓库中都有一个文件来包含子模块的提交号（commit id），类似于一个指针。当希望更新微服务使用的子模块的代码时，需要修改对应的文件来指向子模块中新的代码提交。这会在当前微服务的 Git 仓库中产生一个新的代码提交，触发新的构建过程。

图 2-3 展示了 Git 子模块的用法。图片右侧是共享代码的 Git 仓库，其中的每个圆圈表示一个代码提交。图片左侧是微服务的 Git 仓库，其中的白色圆圈表示正常的代码提交，而灰色圆圈表示的代码提交的作用是修改所引用的共享代码的提交号。

当单个微服务的代码变得复杂时，第二和第三种方案的优势会更明显。第三种方案由于需要使用 Git 子模块，管理起来会比较麻烦。如果能够避免在微服务之间共享代码，那么每个微服务的代码仓库可以完全独立，彼此互不影响。微服务之间一般共享的是开放 API 的接口对象。如果不希望共享代码，可以应用领域驱动设计的思想，在消费开放 API 的微服务上添加防腐化层。

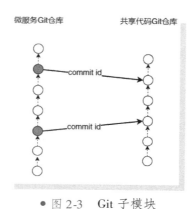

● 图 2-3　Git 子模块

2.4　实战应用介绍

作为一本 Quarkus 开发实战图书，实战项目是必不可少的一部分。为了帮助读者更好地掌握相关的知识，实战项目应该是真实、完备和易懂的。本书选择了外卖订餐应用作为案例。所开发的示例是一个类似美团和饿了么的外卖服务，称为快乐外卖。

下面对实战应用中的重要用户场景进行介绍。

餐馆管理负责维护餐馆相关的信息。餐馆的基本信息包括餐馆的名称、描述和地理位置信息。每个餐馆可以有多个菜单，而每个菜单则与多个菜单项进行关联。菜单和菜单项之间是多对多的关系。菜单项的信息包括名称、描述、图片和价格。每个餐馆在同一时间只能有一个活动的菜单。当用户在浏览餐馆时，所查看的是活动菜单中的菜单项。用户可以根据不同的条件来搜索餐馆，包括餐馆的地理位置和菜单内容的全文检索。

订单管理负责维护订单相关的信息。订单的基本信息包括用户 ID、餐馆 ID、订单中的菜单项及数量，以及订单的状态。当用户提交了新的订单之后，订单的状态会根据系统中产生的事件来产生变化。

送货服务负责管理订单的派送。当餐馆通知外卖订单已经完成之后，系统会在餐馆附近的特定范围之内，搜索当前可用的骑手。对于找到的可用骑手，系统会发送通知给骑手。当骑手接收到新的订单派送创建的通知之后，可以选择接受派送。在骑手发出接受派送的请求之后，系统会从所有愿意接受派送的骑手中选择一个来接受派送任务。选择骑手的算法可以有很多。简单的选择算法是采用先到先得的策略，谁先接受派送任务，谁就被选中；复杂的算法可以设定一个等待的时间段，选中在这个时间段内应答的骑手中距离最近的骑手。被选中的骑手获取到订单的相关信息，完成派送。在派送过程中，系统会随时追踪骑手的位置，方便用户查看状态。

骑手管理负责维护骑手相关的信息。骑手的基本信息包括骑手的姓名、Email 地址、联系电话等。典型的场景包括骑手注册和骑手信息更新。每个骑手可以处于不同的状态。

- 未开始运营的骑手处于离线状态。
- 已经运营且没有接单的骑手处于可用状态。
- 已经运营且已经在进行派送的骑手处于不可用状态。

用户管理负责维护用户相关的信息。用户的基本信息包括用户的姓名、Email 地址、联系电话等。典型场景包括用户注册和用户信息更新。除了用户的基本信息之外，用户还可以添加常用的地址，如家庭住址和工作单位地址等。这些地址可以帮助用户快速下订单。用户还可以把经常下单的餐馆加入收藏中，方便快速访问。

实战应用中会有很多场景需要用到地址，包括餐馆的地址和派送的地址。在指定地址时，用户通过输入地址关键字的方式来查询。这就需要根据用户的输入进行地址查询，并返回对应的地理位置坐标。通常使用已有的地址数据库或利用第三方提供的相关服务。

在实际的外卖服务中，顾客需要使用第三方支付服务，如支付宝和微信，来完成订单的费用支付。以实战应用来说，如何与这些第三方支付服务集成，并不是需要关注的重点，因为这通常是外卖 App 需要完成的功能。对于实战应用的后台服务来说，只需要知道支付的结果即可。

2.5 微服务的设计

在微服务架构应用的设计和实现中，如果要找出最重要的一个任务，那必定是微服务划分。微服务架构的核心是多个互相协作的微服务组成的分布式系统。只有在完成微服务的划分之后，才能明确每个微服务的职责，以及确定微服务之间的交互方式。然后再进行每个微服务的 API 设计，最后才是每个微服务具体的实现、测试和部署。

在微服务实现的过程中，如果发现之前对微服务的划分有不合理的地方，导致有些功能需要被迁移到其他微服务，那么相关微服务的 API 和实现都需要进行修改。这会对开发进度造成重大影响。

微服务划分的好坏直接影响整个应用的可维护性。如果划分的微服务的粒度过大，随着微服务的发展，它们的复杂度可能等同于传统的单体应用；如果划分的微服务的粒度过小，数量过多的微服务不但增大了运维的成本，也会影响系统性能，增加开发的复杂度。

在划分微服务时可以采用不同的策略。最简单的策略是从自身积累的经验出发，按照对应用的理解来进行划分。设计微服务的前提之一是对需要解决问题的领域有足够的了解。只有满足这个前提下，才能正确地划分微服务。如果读者和读者的团队面对的是一个全新领域中的项目开发，并没有相关的经验，那么不建议一开始就使用微服务架构。由于不熟悉相关的领域，一开始的微服务划分很可能并不合适，导致功能在不同的微服务之间迁移，还可能需要重新切分与合并微服务。所有这些对微服务的修改，都会产生不必要的时间开销，影响开发的进度。

对于初创企业或是新的项目来说，也不建议一开始就采用微服务架构。这些项目都要求尽快地上线。如果采用微服务架构，会花费大量的时间来处理微服务架构所带来的复杂度，影响项目的开发进度。

当开始新的项目时，最好的选择是从单体应用开始。当单体应用的复杂度增加到某个程度时，再考虑迁移到微服务架构。在这个时候，开发团队已经累积了足够多的经验，并对领域有了足够的了解。只需要从已有的单体应用开始，把其中的组件转换成微服务即可。在迁移的过中，原有的单体应用可以继续运行，以确保服务不中断。

这也是推荐的使用微服务架构的方式。微服务架构并不是软件开发中的"银弹"或是万灵药，盲目使用微服务架构很可能造成项目的失败。在社区中已经有过很多这样的例子。以开源的服务网格实现 Istio 为例，早期的 Istio 由多个微服务组成，造成了部署和运维的困难。在后来的版本更新中，Istio 把这些微服务整合成了单个可执行文件，大大简化了部署和运维的工作量。

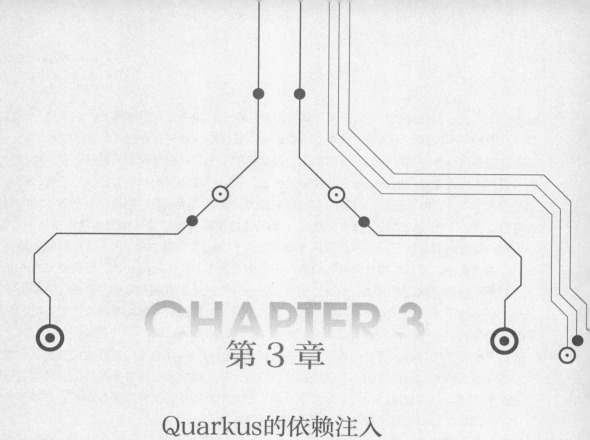

CHAPTER 3
第 3 章

Quarkus的依赖注入

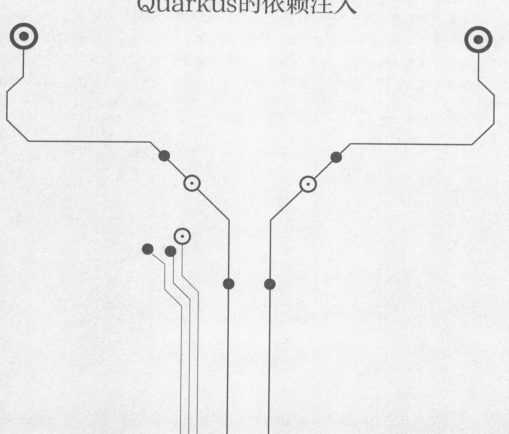

使用过 Spring 框架的读者对于依赖注入（Dependency Injection）的概念应该并不陌生。大部分 Java 开发人员都已经习惯了这种使用对象的模式。Quarkus 也提供了对依赖注入的支持，只不过使用的是 CDI（Contexts and Dependency Injection）规范。

在一般的 Java 应用中，对象的创建由应用自身的代码来负责管理。应用同时还需要负责管理对象在不同代码中的传递。一个对象可能依赖其他的很多对象，这就意味着需要把一个对象的引用在不同的代码调用中进行传递。这造成了对象引用管理的混乱，也促进了依赖注入的流行。

Quarkus 应用中的大部分对象实例都不是由应用代码直接创建的，而是由容器负责创建并管理。当需要使用某种类型的对象时，由容器提供相应的对象实例，这种方式称为依赖注入。应用代码虽然不负责对象实例的创建，但是可以通过 Java 注解或配置等方式来声明使用对象实例的策略。容器的存在简化了对象实例的管理。除了依赖注入之外，容器还提供了对象的生命周期回调方法和拦截器等功能。

Quarkus 的 CDI 支持由扩展 arc 提供。该扩展的实现基于 CDI 2.0 规范，但是并不是一个完全兼容的实现。该扩展实现了 CDI 规范中的大部分重要的内容，还添加了一些 Quarkus 独有的功能。

3.1 CDI 中的 Bean 及其作用域

CDI 中最基本的概念是 Bean。Bean 是创建上下文对象的模板，这些对象称为 Bean 的上下文对象实例。这里的上下文就是 CDI 名称中提到的 Context，上下文是 CDI 规范中很重要的一个概念。CDI 容器所管理的对象实例都与特定的上下文相关联。

CDI 的 Bean 可以包含如下的属性。

- Bean 类型的集合。
- 修饰符的集合。
- 作用域。
- 可选的 Bean 名称。
- 拦截器绑定的集合。
- Bean 的实现。
- Bean 是否作为替代。

在上述属性中，Bean 的实现由开发人员以 Java 代码来编写。其他属性则以注解的形式出现在 Bean 类型上。如果没有显式的注解声明，Bean 的属性会使用容器提供的默认值。

最常见的 Bean 是 Java 类。使用 Java 类的构造器可以创建出 Bean 的对象实例。一个 Bean

可以有多个类型。对于一个 Java 类来说，它的 Bean 类型包括它自身、它所有的父类以及它实现的全部接口的类型。比如下面代码中的 UserServiceImpl 类，它的 Bean 类型包括 UserService-Impl、AbstractService 和 UserService。

```
public class UserServiceImpl extends AbstractService
    implements UserService {

}
```

对于一个 Bean 类型，可能有多个不同的 Bean 实现该类型。最常见的例子是 Java 接口的 Bean 类型。每个接口的实现类都可以作为该 Bean 类型的实现。

所有的 Bean 都有且仅有一个作用域（Scope）。作用域决定了 Bean 的对象实例的生命周期。CDI 规范中定义了一些常用的作用域。应用也可以创建自定义的作用域。

作用域分成普通作用域和伪作用域（Pseudo Scope）两类。绝大部分作用域是普通作用域。作用域类型以注解类型来表示。CDI 规范中定义了几个内置的作用域，相应的注解类型在 javax.enterprise.context 包中。表 3-1 列出了 Quarkus 支持的内置作用域。

表 3-1 Quarkus 的内置作用域

注　　解	说　　明
@ApplicationScope	整个应用只有一个 Bean 实例，并在所有的依赖注入点共享
@RequestScope	与当前的 HTTP 请求绑定。每个请求都有与之相关的实例
@SessionScope	与当前的 HTTP 会话绑定。每个会话都有与之相关的实例
@Singleton	与@ApplicationScope 相似，但是不使用客户端代理对象

下面代码中的 UserService 使用了@ApplicationScope 作为作用域。一般来说，应用的服务层 Bean 都使用@ApplicationScope 或@Singleton 作为作用域。因为这些 Bean 并没有内部的状态，可以安全地在不同组件之间共享。只有在 REST API 层，才可能用到@RequestScope 和@Session-Scope 作用域。

```
@ApplicationScoped
public class UserService {

  public List < User > list () {
    return List.of(new User(1L, "alex", "alex@example.com"));
  }
}
```

除了普通作用域之外的都称为伪作用域。@Dependent 是 CDI 规范中定义的伪作用域。对于@Dependent 作用域中的 Bean，每个依赖注入点的对象实例都是不同的。

3.2 使用依赖注入

当在代码中需要引用 CDI Bean 的对象实例时，最简单的做法是使用注解@javax.inject.In-ject 来声明依赖注入点。注入点所引用的对象实例由 CDI 容器在运行时自动提供。

▶▶ 3.2.1 了解不同的依赖注入方式

CDI 规范一共支持三种注入依赖的方式，分别是构造器、字段和初始化方法。每个使用注解@Inject 的位置都被称为依赖注入点。

❶ 构造器注入

对于添加了注解@Inject 的构造器，在创建新的实例时，构造器的实际参数对象由容器来提供。在下面的代码中，OrderService 类的构造器的 OrderRepository 类型的参数由容器提供。

```
@ApplicationScoped
public class OrderService {

  @Inject
  public OrderService(OrderRepository orderRepository) {
    // 省略代码
  }
}
```

值得一提的是，Quarkus 的 CDI 实现对构造器注入进行了简化。构造器上的注解@Inject 不是必需的。

❷ 字段注入

类中的字段也可以添加注解@Inject。下面代码的 OrderService 类中字段 orderRepository 的值由容器提供。

```
@ApplicationScoped
public class OrderService {

  @Inject
  OrderRepository orderRepository;
}
```

❸ 方法注入

如果方法上添加了注解@Inject，该方法会在实例创建之后被调用。调用时的实际参数对象由容器来提供。下面代码中的 OrderService 的 init 方法使用了注解@Inject。

```
@ApplicationScoped
public class OrderService {

  @Inject
  public void init(OrderRepository orderRepository) {
    orderRepository.listAll();
  }
}
```

从功能上来说，方法注入的作用类似于@PostConstruct，可以在对象实例创建之后执行一些初始化逻辑。

▶▶ 3.2.2 注入@Dependent 作用域的 Bean

对于@Dependent 作用域的 Bean，容器在每个注入点都会创建新的实例。@Dependent 作用域与 Spring 中的 prototype 作用域的作用是相同的。

下面代码中的 Token 的作用域是@Dependent。Token 的每个对象实例都有唯一的标识符。

```
@Dependent
public class Token {

  private final String id;

  public Token() {
    this.id = UUID.randomUUID().toString();
  }

  public String getId() {
    return this.id;
  }
}
```

下面代码中的 TokenProvider 中声明了两个使用 Token 类型的注入点，对应于两个不同的 Token 对象实例。

```
@ApplicationScoped
public class TokenProvider {
    @Inject
    Token token1;

    @Inject
    Token token2;
```

```
public List < Token > getTokens() {
    return List.of(token1, token2);
}
}
```

▶▶ 3.2.3 获取注入点的元数据

在有些情况下，创建对象实例时需要引用当前注入点的相关信息。最常见的例子是创建记录日志的 Logger 对象。Logger 对象一般使用所在类的名称来作为自己的名称。为了访问当前注入点的信息，需要用到接口 javax.enterprise.inject.spi.InjectionPoint。该接口的主要方法如表 3-2 所示。

表 3-2　InjectionPoint 接口的主要方法

方　　法	说　　明
Bean< ? > getBean( )	返回的 Bean 对象表示当前注入点所在的 Bean
Type getType( )	返回注入点的对象类型
Set <Annotation > getQualifiers( )	返回注入点的修饰符
Member getMember( )	返回注入点所对应的类的成员，可以是 Field、Method 或 Constructor 对象

下面代码中的方法 createLogger 用来创建 Logger 对象⊖。作为参数的 InjectionPoint 接口的实例对象由容器在运行时提供。InjectionPoint 接口的 getMember 方法返回注入点所对应的类的成员，再使用 getDeclaringClass 方法得到类成员所在的类。所获取到的 Class 对象被传递给 Logger.getLogger 方法。

```
public class LoggerConfiguration {

  @Produces
  @Dependent
  public Logger createLogger(InjectionPoint injectionPoint) {
    return Logger.getLogger(injectionPoint.getMember()
            .getDeclaringClass());
  }
}
```

下面代码中的 OrderService 类中以字段的形式注入了 Logger 类型的对象实例。

```
@ApplicationScoped
public class OrderService {

  @Inject
```

⊖　Quarkus 已经提供了对 Logger 对象的自动注入支持，并不需要手动创建，详见 9.4.1 节。

```
    Logger logger;

    @PostConstruct
    void init() {
      this.logger.info("Order service created.");
    }
}
```

3.3　Bean 的使用

根据 CDI Bean 规范，代码中可以有不同的方式来使用 Bean。下面对 Bean 相关的使用机制进行介绍。

▶▶ 3.3.1　使用修饰符区分相同类型的 Bean

对于每个注解@Inject 声明的注入点，容器负责提供与之匹配的对象实例。在进行匹配时，容器需要考虑注入点的 Bean 类型和修饰符。可以被注入的 Bean 需要同时满足两个条件，首先是 Bean 具有注入点的类型，其次是 Bean 具有注入点全部的修饰符。

当容器在解析注入点时，会出现两种错误的情况。第一种错误是找不到满足条件的 Bean，另外一种错误是存在多个 Bean 满足条件。对于第二种错误，可以使用修饰符来做进一步的区分。

每个 Bean 都有一个内置的修饰符@Any。如果 Bean 除了@Named 和@Any 之外没有其他修饰符，那么这个 Bean 具有另外一个修饰符@Default。如果一个注入点没有声明修饰符，那么等同于使用了@Default。

下面代码中的 DbUserRepository 接口有两个实现类，分别是 LocalDbUserRepository 和 RemoteUserDbRepository。

```
    public interface DbUserRepository {

      List<User> loadAll();

    }
```

下面代码中 UserService 的对象实例需要注入类型为 DbUserRepository 的 Bean 的对象实例。LocalDbUserRepository 和 RemoteUserDbRepository 两个 Bean 都满足注入点的类型要求。由于注入点没有声明修饰符，注入点的实际修饰符是@Default。两个 Bean 都同时满足注入点的类型和修饰符要求，容器无法进行选择，会在运行时产生错误。

```
@ApplicationScoped
public class UserService {

  @Inject
  DbUserRepository repository;

  public List
    return this.repository.loadAll();
  }
}
```

为了解决这个问题，可以创建自定义的修饰符。自定义的修饰符是新的注解类型，并使用元注解@Qualifier 来标注。下面代码中的注解@Local 是自定义的修饰符。

```
@Qualifier
@Retention(RUNTIME)
@Target({METHOD, FIELD, PARAMETER, TYPE})
public @interface Local {

}
```

把修饰符@Local 添加到 LocalDbUserRepository 类上之后，LocalDbUserRepository 无法满足 UserService 中的注入点的条件。因为 LocalDbUserRepository 的修饰符变成了@Local，而注入点的修饰符仍然是默认的@Default。容器会使用 RemoteUserDbRepository 的对象实例来作为依赖注入的选择。

如果希望使用 LocalDbUserRepository，则需要在注入点添加@Local 修饰符，如下面的代码所示。

```
@ApplicationScoped
public class LocalUserService {

  @Inject
  @Local
  DbUserRepository repository;
}
```

除了创建自定义的修饰符注解之外，另外一种更简单的区分类型相同的不同 Bean 的方式是使用注解@Named。@Named 是一种特殊的修饰符，可以为 Bean 添加名称。

下面代码中的 LocalDbUserRepository 类上添加了注解@Named（"local"），指定了 Bean 的名称 local。LocalUserService 的注入点使用同样的注解来进行选择。

```
@ApplicationScoped
@Named("local")
```

```
public class LocalDbUserRepository implements DbUserRepository {

}

@ApplicationScoped
public class LocalUserService {

  @Inject
  @Named("local")
  DbUserRepository repository;

}
```

@Named 的好处是使用简单，不需要创建新的注解。不足之处在于@Named 使用字符串来进行区分，并不是类型安全的，在修改名称时容易出错。推荐的做法是使用类型安全的自定义修饰符。

▶▶ 3.3.2 使用生产方法和字段创建 Bean

之前介绍的 Bean 实例都是通过构造器的方式由容器来创建。有些情况下，Bean 实例的创建方式会比较复杂，比如实例的类型在运行时才能确定，或者实例创建时需要额外的初始化逻辑。对于这样的情况，可以使用生产方法。生产方法使用注解@Produces。容器负责调用生产方法来创建对象实例。

在下面的代码中，persistenceService 是创建 PersistenceService 类型的对象实例的生产方法。生产方法上同样可以使用 CDI 注解来声明所创建对象的作用域和修饰符等。

```
public class PersistenceConfiguration {

  @Produces
  @ApplicationScoped
  public PersistenceService persistenceService() {
    return System.getProperty("demo") == null
        ? new FileBasedPersistenceService()
        : new InMemoryPersistenceService();
  }
}
```

生产方法的每个参数都是注入点，不需要显式地添加注解@Inject。在下面的代码中，在调用生产方法 readSecretKey 时，容器会提供类型为 SecretKeyDecoder 的参数 decoder 的对象实例。

```
public class SecretKeyConfiguration {
```

```
@Produces
@ApplicationScoped
public SecretKey readSecretKey(SecretKeyDecoder decoder) {
    String key = System.getProperty("secretKey", "");
    return new SecretKey(decoder.decode(key));
}
}
```

除了生产方法之外，还可以使用生产字段来声明对象实例。下面代码中的字段 admin 声明一个类型为 User 的对象。

```
public class UserConfiguration {

@Produces
@ApplicationScoped
@Named("admin")
User admin = new User(0L, "admin", "admin@example.com");
}
```

Quarkus 的 CDI 实现对生产方法的声明进行了简化。如果生产方法上添加了声明作用域的注解，那么可以省略注解@Produces。

与生产方法和字段对应的是销毁方法。如果生产方法或字段创建的对象实例需要添加自定义的销毁逻辑，可以添加对应的销毁方法。

下面代码中的 SharedResource 表示共享的资源，其 close 方法用来释放资源。

```
public class SharedResource implements AutoCloseable {

@Override
public void close() {
    System.out.println("Close");
}
}
```

在下面的代码中，create 方法是创建 SharedResource 类型的对象实例的生产方法，对应的作用域是@RequestScoped。而 close 方法是 create 对应的销毁方法。销毁方法只能有一个参数，该参数的类型是生产方法创建的实例的类型，并且添加注解@Disposes。

```
public class SharedResourceConfiguration {

@Produces
@RequestScoped
public SharedResource create() {
    return new SharedResource();
}
}
```

```
  public void close(@Disposes SharedResource resource) {
    resource.close();
  }
}
```

对于一个新的请求，create 方法会被调用来创建 SharedResource 类型的对象实例。当该请求结束时，close 方法会被调用来销毁之前创建的 SharedResource 对象实例。

▶▶ 3.3.3　使用默认 Bean 和替代 Bean

默认 Bean 在作用上类似于 Spring Boot 提供的自动配置功能。默认 Bean 为特定的 Bean 类型提供了默认实现。当容器在解析特定 Bean 类型时，如果找不到其他自定义的 Bean 实现，会使用默认 Bean 的实现。默认 Bean 在框架的使用场景比较多。框架可以对很多类型的 Bean 提供默认实现，并允许应用的代码根据需要进行替换。

下面代码中的接口 ErrorHandler 表示对错误的处理逻辑。

```
public interface ErrorHandler {

  void handle(Throwable throwable);
}
```

下面代码中的 ConsoleErrorHandler 是 ErrorHandler 的实现，负责输出错误信息到控制台。ConsoleErrorHandler 上的注解@DefaultBean 声明了它是一个默认 Bean。如果没有其他的 ErrorHandler 的实现，那么 ConsoleErrorHandler 会作为 Bean 类型 ErrorHandler 的实现。

```
@ApplicationScoped
@DefaultBean
public class ConsoleErrorHandler implements ErrorHandler {

  @Override
  public void handle(Throwable throwable) {
    throwable.printStackTrace();
  }
}
```

如果添加了下面代码中给出的另外一个 ErrorHandler 的实现 LoggingErrorHandler，那么默认 Bean 会被忽略，而实际使用的是 LoggingErrorHandler 类的对象实例。

```
@ApplicationScoped
public class LoggingErrorHandler implements ErrorHandler {

  @Inject
```

```
    Logger logger;

    @Override
    public void handle(Throwable throwable) {
      this.logger.error(throwable.getMessage(), throwable);
    }
  }
```

替代 Bean 是添加了注解@javax.enterprise.inject.Alternative 的特殊 Bean。替代 Bean 的特殊之处在于容器不会自动地把它们作为查找和依赖注入的候选，而是需要显式地选择。选择的方式是使用注解@Priority 来添加优先级。

下面代码中的 MockUserService 是 UserService 类型的替代 Bean。@Priority（1）表明了替代 Bean 的优先级。

```
@ApplicationScoped
@Alternative
@Priority(1)
public class MockUserService implements UserService {

  @Override
  public List < User > list() {
    return List.of(new User(1L, "mock", "mock@ example.com",
                    false));
  }
}
```

在容器解析 Bean 的过程中，如果出现了多个匹配的 Bean 实现，非替代 Bean 的实现首先被移出考虑的范围，然后在替代 Bean 中选择优先级最高的作为匹配的 Bean。在上面的例子中，Bean 类型 UserService 有两个实现，正常的实现 DefaultUserService 和作为替代 Bean 的 MockUserService。容器在解析 UserService 类型时，发现了两个满足条件的 Bean。非替代 Bean 的 DefaultUserService 首先被排除，只留下一个替代 Bean，因此被选中作为 Bean 实现。

替代 Bean 的一个重要作用是在测试中替代正常的 Bean。在第 5 章介绍单元测试时会进行详细介绍。

▶▶3.3.4　在代码中选择 Bean 实例

有些情况下，使用注解@Inject 并不能满足依赖注入的需求。比如，Bean 的类型或修饰符在运行时才能确定，或者需要遍历某个 Bean 类型的全部实现。在这种情况下，可以注入 javax.enterprise.inject.Instance 类型的对象。Instance 提供了 select 方法来根据子类型或修饰符来进行选择。

下面代码中的 TextTransformService 接口用来对字符串进行转换，其中定义了两个操作，分别是把字符串转换成大写形式和小写形式。枚举类型 Action 表示操作类型。

```
public interface TextTransformService {

  String transform(String input);

  enum Action {
    TO_UPPERCASE,
    TO_LOWERCASE
  }
}
```

与两个操作对应的是两个 TextTransformService 接口的实现。下面代码中的 UpperCaseTransformService 是转换为大写形式的实现类。

```
@ApplicationScoped
public class UpperCaseTransformService
        implements TextTransformService {

  @Override
  public String transform(String input) {
    return input.toUpperCase();
  }
}
```

下面代码中的 TextTransformResource 是一个进行字符串转换的 REST API 的实现。注入的 Instance 对象代表所有类型为 TextTransformService 的 Bean。在 textTransform 方法中，根据请求中的操作名称来确定 TextTransformService 的具体实现类的名称。使用 Instance.select 方法选择子类型之后，再使用 get 方法得到实际的对象实例，最后调用 transform 方法完成转换。

```
@Path("transform")
public class TextTransformResource {

  @Inject
  Instance <TextTransformService> textTransformService;

  @POST
  @Produces(MediaType.TEXT_PLAIN)
  @Consumes(MediaType.APPLICATION_JSON)
  public String textTransform(TextTransformRequest request) {
    Class <? extends TextTransformService > service = null;
    switch (request.getAction()) {
      case TO_LOWERCASE:
```

```
        service = LowerCaseTransformService.class;
        break;
      case TO_UPPERCASE:
        service = UpperCaseTransformService.class;
        break;
    }
    return this.textTransformService.select(service)
            .get().transform(request.getInput());
  }
}
```

由于 Instance 接口继承自 Iterable，可以通过遍历的方式来查看全部的 Bean 实现。对于上面的字符串转换的例子，可以换一种实现方式。在 TextTransformService 接口中新增的 getAction 方法返回对应的操作。通过 Instance 的 stream 方法可以得到包含全部 TextTransformService 实例的 Stream 对象，再根据请求中的操作来过滤流中的实例，最后使用找到的 TextTransformService 对象实例来完成转换，如下面的代码所示。

```
@Path("transform2")
public class TextTransformResource2 {

  @Inject
  Instance <TextTransformService> textTransformService;

  @POST
  @Produces(MediaType.TEXT_PLAIN)
  @Consumes(MediaType.APPLICATION_JSON)
  public Response textTransform(TextTransformRequest request) {
    return this.textTransformService.stream()
        .filter(service -> Objects.equals(service.getAction(),
            request.getAction()))
        .findFirst()
        .map(service -> service.transform(request.getInput()))
        .map(result -> Response.ok(result).build())
        .orElseGet(() ->
            Response.status(Status.BAD_REQUEST).build());
  }
}
```

在进行依赖注入时，被注入的对象和注入的目标都需要由 CDI 容器来创建。如果使用 CDI Bean 的对象不由容器来管理，那么可以直接从容器中获取。类 javax. enterprise. inject. spi. CDI 的 current 方法可以获取到当前的 CDI 容器。CDI 继承自 Instance，可以使用 select 方法来选择特定类型的 Bean。在下面的代码中，OrderFactory 类上没有作用域相关的声明，不由容器来创建。

OrderFactory 直接访问 CDI 容器来获取 OrderService 的对象实例。

```
public class OrderFactory {

  public void createOrder() {
    OrderService orderService =CDI.current()
        .select(OrderService.class).get();
    orderService.createOrder();
  }
}
```

3.4 使用拦截器实现横切的业务逻辑

拦截器的作用是实现与业务逻辑无关的横切功能。拦截器在框架中得到了广泛的使用。框架提供注解给应用代码来使用。框架在运行时拦截注解所标记的方法，再进行相应的处理。比如，注解@Transactional 提供了声明式的事务处理。事务的提交和回滚由框架的拦截器负责实现。

在使用拦截器之前，首先要定义一个拦截器绑定类型。绑定类型的作用是把拦截器的实现和拦截器的使用绑定起来。

下面代码中的注解@HandleError 是一个拦截器绑定类型。@HandleError 上的元注解@InterceptorBinding 声明了这是一个拦截器绑定类型。

```
@InterceptorBinding
@Target({TYPE, METHOD})
@Retention(RUNTIME)
public @interface HandleError {

}
```

下面代码中的 ErrorHandlingInterceptor 是拦截器的实现。注解@HandleError 声明了该拦截器实现所绑定的类型，@Interceptor 声明了这是一个拦截器的实现，@Priority 用来声明拦截器的优先级。

方法 execute 上的注解@AroundInvoke 表明了该方法用来拦截其他方法的执行。该方法只有一个 InvocationContext 类型的参数，表示方法执行时的上下文。InvocationContext 的 proceed 方法表示继续执行被拦截的方法，并获得返回值。方法 execute 的逻辑是用 try-catch 捕获执行中的错误，并记录到日志中。

```
@HandleError
@Interceptor
```

```
@Priority(Interceptor.Priority.APPLICATION + 1)
public class ErrorHandlingInterceptor {

  @Inject
  Logger logger;

  @AroundInvoke
  Object execute(InvocationContext context) {
    try {
      return context.proceed();
    } catch (Exception e) {
      this.logger.warn(e.getMessage(), e);
      return null;
    }
  }
}
```

下面代码中的 TestErrorService 添加了拦截器绑定类型@HandleError，因此 throwError 方法在执行时会被 ErrorHandlingInterceptor 拦截，从而记录下相关的日志。

```
@ApplicationScoped
@HandleError
public class TestErrorService {

  public void throwError() {
    throw new IllegalArgumentException("some error");
  }
}
```

除了@AroundInvoke 之外，还可以使用@AroundConstruct 来拦截构造器。下面代码中的 ConstructionTracker 是与注解@TrackingConstruction 绑定的拦截器的实现。在 construct 方法的实现中，只有在 InvocationContext 的 proceed 方法执行完成之后，才可以通过 getTarget 方法得到新创建的对象实例。

```
@TrackingConstruction
@Interceptor
@Priority(Interceptor.Priority.APPLICATION + 1)
public class ConstructionTracker {

  @Inject
  Logger logger;

  @AroundConstruct
  void construct(InvocationContext context) throws Exception {
```

```
      context.proceed();
      this.logger.infov("new object created {0}",
        context.getTarget());
  }
}
```

在每个方法或构造器上，可能存在多个进行处理的拦截器。当存在多个拦截器时，它们按照优先级的顺序组成一个链条来依次执行。优先级的数字越小的拦截器，在执行链条中的位置就越靠前。Interceptor. Priority 类中定义了一些优先级的常量。对于应用中创建的拦截器来说，优先级的范围应该在 Priority. APPLICATION 和 Priority. LIBRARY_AFTER 之间。如果两个拦截器的优先级相同，那么它们在执行链条中的位置是不确定的。

拦截器链条中的拦截器按照顺序依次执行。InvocationContext 的 proceed 方法的作用是调用链条中的下一个拦截器。对方法拦截器来说，链条中的最后一个拦截器会调用实际的业务方法；对构造器拦截器来说，链条中的最后一个拦截器会调用实际的构造器来创建对象。

InvocationContext 还提供了一些方法来访问上下文相关的信息，如表 3-3 所示。

表 3-3　InvocationContext 接口的主要方法

方　　法	说　　明
Object getTarget( )	返回被拦截的目标对象
Method getMethod( )	返回被拦截的方法
Constructor <? > getConstructor( )	返回被拦截的构造器
Object[ ]getParameters( )	返回调用方法或构造器时的参数
void setParameters(Object[ ] params)	设置调用方法或构造器时的参数
Map < String, Object > getContextData( )	拦截器链条中的不同拦截器之间可以共享的上下文数据

下面代码中的 ToUpperCaseInterceptor 拦截器展示了 getParameters 的用法。对于被拦截的方法中类型为 String 的参数，将其值转换为大写形式，再传递给实际的方法。

```
@ToUpperCase
@Interceptor
@Priority(Interceptor.Priority.APPLICATION + 1)
public class ToUpperCaseInterceptor {

  @AroundInvoke
  Object execute(InvocationContext context) throws Exception {
    Object[] parameters = context.getParameters();
    for (int i = 0; i < parameters.length; i + +) {
      Object parameter = parameters[i];
      if (parameter instanceof String) {
```

```
        parameters[i] = ((String) parameter).toUpperCase();
      }
    }
    return context.proceed();
  }
}
```

拦截器还可以改变方法的返回值。下面代码中的 NullValueInterceptor 拦截器不会调用实际的目标方法，还是简单地返回 null。

```
@NullValue
@Interceptor
@Priority(Interceptor.Priority.PLATFORM_BEFORE)
public class NullValueInterceptor {

  @AroundInvoke
  Object execute(InvocationContext context) {
    return null;
  }
}
```

如果处理链条中的拦截器之间存在一定的依赖关系，可以使用 InvocationContext 的 getContextData 方法返回的 Map <String, Object> 对象来传递数据。

下面代码中的 PreProcessInterceptor 拦截器在上下文对象中添加了新的值。

```
@PreProcess
@Interceptor
@Priority(Interceptor.Priority.APPLICATION + 10)
public class PreProcessInterceptor {

  @AroundInvoke
  Object execute(InvocationContext context) throws Exception {
    context.getContextData().put("processed", true);
    return context.proceed();
  }
}
```

下面代码中的 PostProcessorInterceptor 拦截器使用了 PreProcessInterceptor 在处理时设置的值。由于 PostProcessorInterceptor 拦截器的优先级数值大于 PreProcessInterceptor，可以确保 PostProcessorInterceptor 处于执行链条的后方位置。

```
@PostProcess
@Interceptor
@Priority(Interceptor.Priority.APPLICATION + 100)
public class PostProcessorInterceptor {
```

```
@AroundInvoke
Object execute(InvocationContext context) throws Exception {
  if (context.getContextData().get("processed") == true) {
    // 省略代码
  }
  return context.proceed();
}
}
```

拦截器经常与 stereotype 一同使用。某些 Bean 类型通常具备一些共同的特征，表现在这些 Bean 上会出现同样的 CDI 注解。为了避免重复地添加 CDI 注解，可以创建 stereotype。在 stereotype 上可以添加默认的作用域和拦截器绑定。CDI 中的 stereotype 是声明了元注解@Stereotype 的注解类型。

下面代码中的 WithErrorHandler 类是 stereotype 的示例。该 stereotype 上添加了默认的作用域@ApplicationScoped 和拦截器绑定@HandleError。

```
@ApplicationScoped
@HandleError
@Stereotype
@Target(TYPE)
@Retention(RUNTIME)
public @interface WithErrorHandler {

}
```

下面代码中的使用了注解@WithErrorHandler，相当于同时添加了注解@ApplicationScoped 和@HandleError。

```
@WithErrorHandler
public class TestErrorService {

  public void throwError() {
    throw new IllegalArgumentException("some error");
  }
}
```

Stereotype 除了减少不必要的代码重复之外，也方便了以后的更新。如果希望对特定类型的 Bean 进行修改，只需要修改对应的 stereotype 的声明即可，而不需要修改使用该 stereotype 的 Bean。

3.5 使用事件进行消息传递

当需要在相对独立的多个组件之间传递数据时，可以使用事件来降低组件之间的耦合。

CDI 中的事件由两个部分组成：第一部分是事件对象，作为事件的载荷，在事件的生产者和消费者之间传递；第二部分是事件的修饰符，用来限制事件的匹配范围。

任何具体的 Java 类的对象实例都可以作为事件对象。事件对象的所有父类和实现的接口都是事件的类型。这一点与 Bean 的类型是相似的。

▶▶ 3.5.1　同步的事件发布和处理

同步的事件发布方式很简单。只需要以依赖注入的方式声明一个 javax.enterprise.event.Event 类型的对象，再使用 fire 方法来发布事件对象即可。在下面的代码中，Event 对象所发布的事件类型是 ProjectEvent 接口。ProjectService 的 createProject 方法会发布 ProjectCreatedEvent 类型的事件。

```java
@ApplicationScoped
public class ProjectService {

  @Inject
  Event<ProjectEvent> event;

  public void createProject() {
    this.event.fire(new ProjectCreatedEvent("123"));
  }
}
```

处理事件的方式也很简单，只需要在事件处理方法的参数上添加注解 @javax.enterprise.event.Observes 即可。下面代码中的 ProjectAuditLogger 方法处理全部的 ProjectEvent 事件。注解@Observes 添加在 log 方法的参数 event 上。这个参数的类型是期望处理的事件类型。

```java
@ApplicationScoped
public class ProjectAuditLogger {

  @Inject
  Logger logger;

  public void log(@Observes ProjectEvent event) {
    this.logger.infov("Project event : {0}", event);
  }
}
```

上面的代码使用同步的方式来发布和处理事件。在同步方式下，所有的同步监听器会在当前线程中调用。事件的发布者需要等待全部的同步监听器都完成对该事件的处理。当 Event 的 fire 方法返回时，对事件的同步处理已经完成。

▶▶ 3.5.2　异步的事件发布和处理

除了同步方式之外，也可以使用异步的方式来发布和处理事件。在异步方式中，Event 的 fireAsync 方法以异步的方式来发布事件。调用 fireAsync 方法的代码在事件发布之后就直接返回，并不等待事件处理完成。通过 fireAsync 方法返回的 CompletionStage 对象可以追踪事件的处理结果。

处理异步事件需要使用异步监听器。使用注解@ObservesAsync 来声明异步监听器，其用法与@Observes 相同。异步监听器对事件的处理在其他线程中进行。

下面代码中的 ProductService 使用 Event 的 fireAsync 方法来发布异步事件。对于返回的 CompletionStage 对象，如果任何一个异步监听器在处理时出现错误，CompletionStage 对象会以 java.util.concurrent.CompletionException 异常来完成，表示事件处理失败。CompletionException 会以被抑制的异常（Suppressed Exception）方式来记录下产生的全部错误。如果所有的异步监听器都成功完成，CompletionStage 对象会以事件对象作为成功完成的值。

```java
@ApplicationScoped
public class ProductService {

  @Inject
  Event<ProductEvent> event;

  @Inject
  Logger logger;

  public void createProject() {
    ProductUpdatedEvent event = new ProductUpdatedEvent("123");
    this.event.fireAsync(event).handleAsync((e, error) -> {
      if (error != null) {
        this.logger.warnv(error, "Failed to send event {0}", e);
      } else {
        this.logger.infov("Event {0} processed successfully", e);
      }
      return null;
    });
  }
}
```

下面代码中给出了异步监听器的使用示例。

```java
@ApplicationScoped
public class ProductAuditLogger {
```

```
@Inject
Logger logger;

public void log(@ObservesAsync ProductEvent event) {
  this.logger.infov("Product event : {0}", event);
}

}
```

注解@Observes 和@ObservesAsync 所标注的参数的类型决定了监听器方法所处理的事件类型。以 ProjectEvent 接口及其实现类为例，如果参数类型为 ProjectEvent，那么该方法可以处理全部的 ProjectEvent 事件，包括子类型；如果参数类型为 ProjectCreatedEvent，那么该方法只能处理 ProjectCreatedEvent 事件。

▶▶ 3.5.3   使用修饰符来区分事件

除了用监听器方法的参数类型作为过滤条件之外，还可以使用修饰符来进行区分。这一点与 Bean 类型也是相同的。在下面的代码中，ProjectService 注入了两个 Event 对象，其中 adminEvent 上添加了修饰符@Admin。在 fireEvent 方法，如果 ProjectEvent 事件由管理员所触发，相关的事件会被发布到 adminEvent 对象中，而不是 event 对象。

```
@ApplicationScoped
public class ProjectService {

  @Inject
  Event< ProjectEvent> event;

  @Inject
  @Admin
  Event<ProjectEvent> adminEvent;

  public void fireEvent(ProjectEvent projectEvent) {
    if (projectEvent.getUser().isAdmin()) {
      this.adminEvent.fire(projectEvent);
    } else {
      this.event.fire(projectEvent);
    }
  }
}
```

下面代码中的 logAdminAll 方法在参数 event 上添加了修饰符@Admin，只处理同样使用了修饰符@Admin 的 adminEvent 所发布的事件。

```
@ApplicationScoped
public class ProjectAuditLogger {

 @Inject
 Logger logger;

 public void logAdminAll(@Observes @Admin ProjectEvent event) {
   this.logger.infov("Admin project event : {0}", event);
 }

}
```

在使用修饰符区分不同类型的事件时，需要定义多个添加了不同修饰符的 Event 对象，实现起来比较烦琐。另外一种做法是使用 Event 接口的 select 方法来限定发布事件的范围。该方法可以根据事件类型和修饰符来进行限定。

下面的代码只定义了一个 Event 对象。AdminQualifier 类的作用是表示修饰符@Admin。在 fireEvent 方法中，select 方法限定了发布的事件中包含了修饰符@Admin。只需要一个 Event 对象就可以发送不同修饰符的事件对象。

```
@ApplicationScoped
public class ProjectService {

 @Inject
 Event<ProjectEvent> event;

 static class AdminQualifier extends AnnotationLiteral < Admin >
     implements Admin {

 }

 public void fireEvent(ProjectEvent projectEvent) {
   if (projectEvent.getUser().isAdmin()) {
     this.event.select(new AdminQualifier()).fire(projectEvent);
   } else {
     this.event.fire(projectEvent);
   }
 }
}
```

▶▶ 3.5.4 获取事件的元数据

事件监听器方法可以添加 EventMetadata 类型的参数来获取所接收到的事件的元数据。

EventMetadata 的实例由容器在运行时提供。下面的代码给出了 EventMetadata 的使用示例。

```
@ApplicationScoped
public class ProjectAuditLogger {

  @Inject
  Logger logger;

  public void logAll(@Observes ProjectEvent event,
        EventMetadata eventMetadata) {
    this.logger.infov("Project event : {0}", event);
    if (Objects.equals(eventMetadata.getType(),
        ProjectDeletedEvent.class)) {
      this.logger.infov("Project {0} deleted",
        ((ProjectDeletedEvent) event).getId());
    }
  }

}
```

EventMetadata 接口的方法如表 3-4 所示。

表 3-4　EventMetadata 接口的方法

方　　法	说　　明
Type getType( )	返回事件对象的运行时类型
Set<Annotation> getQualifiers( )	返回事件的修饰符
InjectionPoint getInjectionPoint( )	返回事件对象发布时的注入点

需要注意的是，在 Quarkus 目前的实现中，getInjectionPoint 方法并没有实现，总是返回 null。

有两种与应用启动和停止相关的特殊事件，分别是 io.quarkus.runtime 包中的 StartupEvent 和 ShutdownEvent。如果需要在应用启动之后或是停止之前进行一些处理，可以分别添加这两种事件的处理器。

在下面的代码中，当应用启动或停止时，都会记录相关的日志。

```
@ApplicationScoped
public class Application {

  @Inject
  Logger logger;
```

```
void onStartup(@Observes StartupEvent event) {
  this.logger.info("Started");
}

void onShutdown(@Observes ShutdownEvent ev) {
  this.logger.info("Stopping");
}
}
```

3.6 Quarkus 的 CDI 实现

Quarkus 的 CDI 实现与 CDI 标准存在一些差异。该实现采用了简单的 Bean 发现策略。所有能被发现的 Bean 都必须显式地添加 CDI 相关的注解，包括作用域相关的注解、拦截器注解和 stereotype 注解。没有添加注解的 Bean 不会被发现，也无法在依赖注入中使用。

▶▶ 3.6.1 共享代码中 Bean 的发现

在 Quarkus 应用开发中，共享的代码一般会保存在独立的模块之中，方便其他模块来引用。默认情况下，这些共享的模块中包含的 CDI Bean 并不会被发现。为了发现这些 Bean，共享模块需要做一些改动，可选的做法如下。

- 在目录 src/main/resources 下添加一个文件 beans.xml。该文件只是作为占位符，内容可以为空。
- 生成 Jandex 索引文件。

推荐的做法是使用 Jandex 来生成索引文件。生成 Jandex 索引需要在 Maven 项目中添加 Jandex 的 Maven 插件，如下面的代码所示。

```
<plugin>
 <groupId>org.jboss.jandex</groupId>
 <artifactId>jandex-maven-plugin</artifactId>
 <version>1.0.8</version>
 <executions>
   <execution>
     <id>make-index</id>
     <goals>
       <goal>jandex</goal>
     </goals>
   </execution>
 </executions>
</plugin>
```

Maven 构建完成之后，会在该模块中生成文件 META-INF/jandex.idx。Quarkus 的 CDI 实现会根据该索引文件来发现 Bean。

上述两种发现 Bean 的做法都要求对被依赖的模块做出修改。如果无法修改所依赖的模块，可以在应用中使用配置项 quarkus.index-dependency 来指定需要索引的 Maven 依赖的坐标。每个被索引的 Maven 依赖都需要指定一个名称，以及该依赖的 groupId 和 artifactId，如下面的代码所示。配置项 classifier 是可选的。

```
quarkus.index-dependency.<name>.group-id =
quarkus.index-dependency.<name>.artifact-id =
quarkus.index-dependency.<name>.classifier =
```

有些依赖中可能包含了不希望使用的 CDI Bean，可以把这些 Bean 排除在 Bean 发现的范围之外。在进行排除时，可以指定 Bean 类型的全名、包名或简单名称。对应的配置项名称是 quarkus.arc.exclude-types。表 3-5 给出了类型声明的示例。

表 3-5　Bean 类型的声明

声　　明	说　　明
com.example.app.TestBean	匹配 Bean 类型的全名
com.example.app.*	匹配包名为 com.example.app 的全部 Bean 类型
com.example.**	匹配包名 com.example 之下的全部 Bean 类型，包括子包名
TestBean	匹配类的简单名称

下面的代码给出了配置项的用法。

```
quarkus.arc.exclude-types = com.example.TestBean,com.example.test.*,IgnoredService
```

另外一种做法是直接排除整个依赖。对应的配置项是 quarkus.arc.exclude-dependency。声明依赖的方式与配置项 quarkus.index-dependency 相同，需要指定名称以及 Maven 依赖的 groupId 和 artifactId。该配置项的使用示例如下所示。

```
quarkus.arc.exclude-dependency.test-service.group-id = com.example.myapp
quarkus.arc.exclude-dependency.test-service.artifact-id = test-service
```

▶▶ 3.6.2　Bean 的特殊处理

在 Quarkus 应用中使用依赖注入时，注入点相关的类成员的可见性不应该是私有的。虽然这不符合一般的面向对象设计的做法，但可以创建出尺寸更小的原生可执行文件。Quarkus 使用 GraalVM 来创建原生可执行文件。GraalVM 在反射 API 的使用上有限制，所有与反射相关的类成员都需要显式地注册，这会造成产生的可执行文件的尺寸更大。

在不使用私有成员的情况下，推荐使用包可见（Package Private）作为成员的可见性，包括注入点的字段、构建器和方法、事件处理器方法、生产方法和字段、销毁方法和拦截器方法。

为了尽可能地减少应用的尺寸，Quarkus 在构建过程中会移除掉未被使用的 Bean。如果一个声明的 Bean 没有在任何地方被引用，这个 Bean 不会出现在构建之后的应用中。如果希望保留某些未被引用的 Bean 类型，可以在 Bean 上添加注解 @io.quarkus.arc.Unremovable，或在应用中使用配置项 quarkus.arc.unremovable-types 来指定 Bean 类型。该配置项的语法与 quarkus.arc.exclude-types 相同。

CDI 中 Bean 的对象实例都是延迟创建的。对于普通作用域的 Bean，只有在注入的对象实例上的方法被调用时，才会开始创建实际的 Bean 实例。这是因为注入的只是客户端代理，并不是 Bean 实例自身。对于伪作用域的 Bean，在依赖注入时就会创建实例。

如果希望在应用启动时就创建 Bean 的对象实例，最简单的做法是添加注解 @io.quarkus.runtime.Startup。该注解的作用相当于在 Bean 上添加了 StartupEvent 事件的监听器，会触发 Bean 的创建。

Quarkus 的开发界面可以查看 CDI 相关的信息，如图 3-1 所示。这些信息包括全部的 Bean、全部的事件监听器、所发布的全部事件、方法的调用栈以及被移除的 Bean。在开发中遇到问题时，可以查看相关的信息来帮助查找问题。一个最常见的问题是 Bean 被 Quarkus 自动移除，导致相关的功能没有生效。这时可以查看被移除的 Bean 的界面，再对需要保留的 Bean 添加注解@Unremovable。

● 图 3-1　开发界面的 CDI 信息

除了图形化界面之外，也可以使用 REST API 来获取相关的信息。比如，路径 /q/arc/removed-beans 可以获取到被移除的 Bean 的信息。

▶▶3.6.3　客户端代理的使用

对于普通作用域的 Bean 类型，在注入点获取到的对象引用其实并不是真正的对象实例，而是一个客户端代理对象。该客户端代理会把方法调用转发给实际的对象实例。客户端代理的作用是帮助 CDI 容器实现相关的管理功能，其中一个很重要的作用是解决循环依赖的问题。

下面代码中的 ServiceA 和 ServiceB 是两个@ApplicationScoped 作用域中的 Bean 类型。ServiceA 在构造时需要 ServiceB 的实例，而 ServiceB 在构造时需要 ServiceA 的实例，这就形成了一个循环依赖。如果不使用客户端代理，这种循环依赖无法打破，容器也就无法创建出 ServiceA

和 ServiceB 的对象实例。在使用了客户端代理之后，ServiceA 实际上依赖的是 ServiceB 的代理对象，ServiceB 则依赖 ServiceA 的代理对象，而这两个代理对象之间并没有依赖关系。这就打破了两者之间的循环依赖。

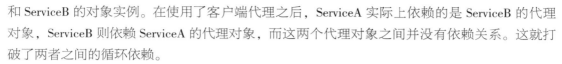

```
@ApplicationScoped
public class ServiceA {

    ServiceA(ServiceB serviceB) {
    }

    public void actionA() {

    }
}


@ApplicationScoped
public class ServiceB {

    ServiceB(ServiceA serviceA) {
    }
}
```

客户端代理由 Quarkus 在构建时自动生成类文件的字节代码。所生成的类继承自原始的 Bean 类型。ServiceA 对应的客户端代理类的名称是 ServiceA_ClientProxy，客户端代理使用继承的方式来创建，类 ServiceA_ClientProxy 继承自 ServiceA。

对于声明为 final 的 Bean 类型和方法，Quarkus 的 CDI 实现可以对 Bean 类型进行转换来支持代理的创建。配置项 quarkus.arc.transform-unproxyable-classes 可以配置是否启用该功能，默认值是 true。

使用伪作用域@Dependent 和@Singleton 的 Bean 类型的对象实例不会使用客户端代理。有些 Bean 的实现并不支持以代理的方式来使用。对于这样的 Bean，可以用@Singleton 替代@ApplicationScoped。

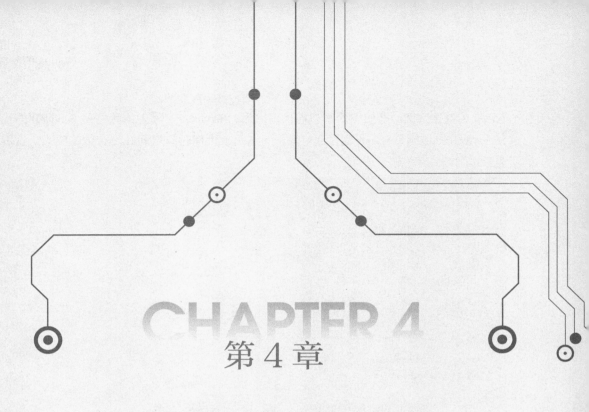

CHAPTER 4
第 4 章

Quarkus微服务的配置

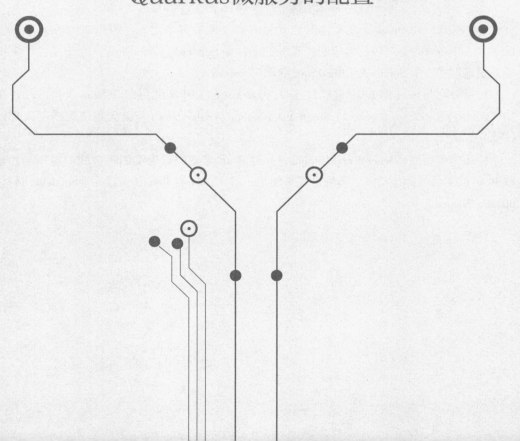

配置指的是应用中与部署环境相关的内容。配置外部化指的是把配置从应用中抽离出来，允许从应用外部进行修改，而不需要修改应用的代码。

对于微服务架构的云原生应用来说，配置外部化是必然的选择。每个微服务有各自依赖的第三方支撑服务。这些服务的连接信息与环境相关，并且只能在安装时获取。每个微服务在运行时也可能需要使用其他微服务 API 的访问地址。这些信息也只能在部署之后获取。这些信息的存在使得配置不能作为应用的不可变镜像的一部分，而需要在运行时动态获取。

除了这些与其他服务相关的配置之外，应用还可以提供一些辅助的配置。比如，可以根据不同的环境调整日志的输出级别，还可以调整与性能相关的参数，如线程池大小、请求超时时间和最大的并发数等。这些配置都有默认值，直接保存在应用的镜像中，并允许在运行时通过配置进行覆写。

不同的框架对应用进行配置的方式存在一些差异性，不过基本的思路是相似的。配置项的默认值以文件的形式保存在应用中。常见的配置文件格式有属性文件、YAML 和 XML 等。运行时，框架可以从不同的来源中读取配置项的覆盖值。常见的运行时配置来源包括 Java 系统属性和环境变量。

为了减少不必要的重复开发和增强不同库在配置上的互操作性，MicroProfile Config 规范定义了一个易用且灵活的系统来对应用进行配置，同时允许通过服务提供者接口（Service Provider Interface，SPI）来对配置机制进行扩展。当第三方库需要进行配置时，可以直接使用 MicroProfile Config 规范提供的标准 API。当应用使用这些第三方库时，就可以通过同样的方式来进行配置。

Quarkus 使用 MicroProfile Config 规范作为配置的 API。该规范只是定义了使用配置的 API，而相应的实现由 SmallRye 提供。Quarkus 的扩展都可以使用同样的方式来进行配置。

应用的配置项以类似 Java 包名的形式来组织。属于同一组件的配置项具有相同的前缀。配置项使用英文句点来分隔不同的组成部分。每个组成部分的名称应该使用 kebab 格式，也就是短横线分隔，并且全部使用小写。比如，类似 com.mycompany.myapp.test-value 这样的配置项名称。所有的配置项都需要遵循同样的命名规则。

4.1 使用配置源

配置源是配置项的来源。Quarkus 应用中可以使用多个配置源。每个配置源都有优先级。优先级数值较大的配置源中配置项的值会覆盖优先级数值较小的配置源中的同名配置项。来自多个配置源中的全部配置项，在按照优先级顺序合并之后，得到最终的应用使用的配置项的集合。

▶▶4.1.1 Quarkus 提供的默认配置源

Quarkus 默认提供了三种类型的配置源，分别是配置文件、Java 系统属性和环境变量。

❶ 配置文件

配置文件默认使用 Java 属性文件的格式。这种配置源会搜索不同路径上的属性文件，并把其中的内容作为配置项的来源。搜索时查找的属性文件的路径和优先级如表 4-1 所示。

表 4-1 属性文件的搜索路径和优先级

搜 索 路 径	优 先 级
CLASSPATH 上的 application.properties 文件	250
CLASSPATH 上的 META-INF/microproperties-config.properties 文件	100
工作目录下的 config/application.properties 文件	260

❷ 系统属性

Java 系统属性配置源使用 System.getProperties 方法返回的属性值作为配置项。该配置源的默认优先级是 400。

❸ 环境变量

环境变量类型的配置源有两种。第一种来源是 System.getenv 方法返回的值，默认优先级是 300；第二种来源是.env 文件，默认优先级是 295。.env 文件以名值对的形式来声明环境变量。下面的代码给出了.env 文件的示例。

```
DB_HOST = localhost
DB_USER = postgres
DB_PASSWORD = postgres
```

对于.env 文件，如果设置了系统属性 user.dir，会在 user.dir 指定的目录下查找.env 文件；否则，会在当前工作目录下查找.env 文件。

在开发模式下，一般的做法是在项目的根目录下创建一个.env 文件来保存环境变量的值。该文件不会被提交到源代码仓库中。

由于不同操作系统对于环境变量的名称有不同的要求，对于一个配置项的名称，MicroProfile 规范要求依次查找三个不同的环境变量来获取对应的值，如下所示。

1）配置项的名称。

2）把配置项名称中除了英文字母、数字和下画线之外的字符全部替换成下画线，经过这样的转换之后得到的值。

3）把上一步的结果转换成大写格式。

如果配置项的名称是 myapp.config-value，首先会查找名称为 myapp.config-value 的环境变量；如果找不到，会尝试查找名称为 myapp_config_value 的环境变量；如果仍然找不到，会再查找名称为 MYAPP_CONFIG_VALUE 的环境变量。

对于配置源的优先级，除了上述提到的默认优先级之外，还可以通过特殊的配置项 config_ordinal 来指定优先级。下面代码给出了属性文件的示例，其中的属性 config_ordinal 指定了该配置源的优先级为 100。

```
config_ordinal = 100
host = localhost
port = 8080
```

▶▶ 4.1.2   使用 YAML 格式的配置文件

除了默认的 Java 属性文件之外，还可以使用 YAML 格式的配置文件。YAML 的树形结构更适合于表达层次结构的配置项。启用 YAML 配置文件的支持需要添加扩展 config-yaml。启用了该扩展之后，表 4-1 中的配置源会被自动添加，只不过查找的文件的扩展名改成了 yaml 或 yml。

下面代码是 YAML 配置文件的示例。与属性文件相比，YAML 文件可以省略配置项的前缀，表达更加简洁。

```
myapp:
  db:
    url: localhost
    port: 5432
    username: postgres
    password: postgres
```

有些配置项的名称是另外一个配置项名称的前缀。比如，给定两个配置项 myapp.feature1 和 myapp.feature1.value1，myapp.feature1 的值是 boolean 类型，表示是否启用 feature1 代表的功能，而 myapp.feature1.value1 则是 feature1 的具体配置项。对于这种类型的配置项，使用属性文件很容易描述，如下面的代码所示。

```
myapp.feature1 = true
myapp.feature1.value1 = test
```

如果使用 YAML 文件，则需要使用 ~ 设置前缀自身的值，如下面的代码所示。

```
myapp:
  feature1:
    ~ : true
    value1: test
```

▶▶ 4.1.3　创建自定义的配置源

如果 Quarkus 默认提供的配置源不能满足需求，应用可以创建自定义的配置源。自定义的配置源需要实现 org.eclipse.microprofile.config.spi.ConfigSource 接口。ConfigSource 接口的定义比较简单，包含的方法如表 4-2 所示。

表 4-2　ConfigSource 接口的方法

方　法	说　明
Map＜String, String＞ getProperties()	以 Map 的形式返回配置源的全部配置项
Set＜String＞ getPropertyNames()	返回可以访问的配置项的名称
int getOrdinal()	返回优先级
String getValue(String propertyName)	返回配置项名称对应的值
String getName()	返回配置源的名称

下面代码中的 RandomConfigSource 是自定义配置源的示例。该配置源中的配置项的值是不同类型的随机值。

```java
public class RandomConfigSource implements ConfigSource {

    private final Map<String, String> values = Map.of(
        "id", this.uuid(),
        "int", this.randomInt(),
        "double", this.randomDouble()
    );

    @Override
    public Map<String, String> getProperties() {
      return this.values;
    }

    @Override
    public Set<String> getPropertyNames() {
        return Set.of("id", "int", "double");
    }

    @Override
    public int getOrdinal() {
        return 50;
    }
```

```
@Override
public String getValue(String propertyName) {
  return this.values.get(propertyName);
}

@Override
public String getName() {
  return "random";
}

private String uuid() {
  return UUID.randomUUID().toString();
}

private String randomInt() {
  return Integer.toString(
      ThreadLocalRandom.current().nextInt());
}

private String randomDouble() {
  return Double.toString(
      ThreadLocalRandom.current().nextDouble());
}
}
```

自定义配置源使用 Java 的服务发现机制来加载。为了注册自定义的配置源，需要添加路径为 META-INF/services/org.eclipse.microprofile.config.spi.ConfigSource 的文件，文件的内容是 RandomConfigSource 类的全名。如果有多个 ConfigSource 的实现，则文件中的每一行都是实现类的全名。

如果需要同时提供多个配置源，可以实现 org.eclipse.microprofile.config.spi.ConfigSourceProvider 接口。ConfigSourceProvider 接口的声明如下所示，只有一个 getConfigSources 方法来返回提供的 ConfigSource 对象的集合。

```
public interface ConfigSourceProvider {

  Iterable < ConfigSource >
      getConfigSources(ClassLoader forClassLoader);
}
```

下面代码中的 RandomConfigSourceProvider 用来提供 RandomConfigSource 类型的配置源。

```
public class RandomConfigSourceProvider
    implements ConfigSourceProvider {
```

```
@Override
public Iterable<ConfigSource> getConfigSources(
        ClassLoader forClassLoader) {
  return List.of(new RandomConfigSource());
 }
}
```

ConfigSourceProvider 的实现同样使用 Java 的服务发现机制来提供。所对应的文件名称是 META-INF/services/org.eclipse.microprofile.config.spi.ConfigSourceProvider。

▶▶4.1.4 生成 Quarkus 框架的配置文件

Quarkus 框架自身及其扩展使用同样的方式进行配置。所有 Quarkus 相关的配置使用 quarkus 作为前缀。每个 Quarkus 扩展都提供了各自的配置项，使用不同的前缀。为了更好地了解这些配置项，可以使用下面的命令生成包含了全部可用配置项的属性文件。

```
./mvnw quarkus:generate-config
```

该属性文件的生成路径是 src/main/resources/application.properties.example。该文件中的每个配置项都有相应的描述和默认值。全部的配置项都处于被注释的状态。当需要修改 Quarkus 或扩展的配置时，从 application.properties.example 找到相应的配置项，复制到 application.properties 文件中即可。

另外一种做法是使用生成的配置文件作为应用的 application.properties 文件，如下面的代码所示。这种做法的好处是不需要复制配置项，不足之处在于 application.properties 文件的内容过多，另外也不支持 YAML 格式的配置文件。

```
./mvnw quarkus:generate-config -Dfile = application.properties
```

Quarkus 的配置项分成构建时和运行时两类。为了提高性能，Quarkus 会在构建时进行很多处理，需要读取相关的配置项。当构建完成之后，这些构建时属性的值无法被修改，只能重新构建新的 JAR 文件或容器镜像。运行时配置可以在运行时动态修改。

以数据库访问为例，数据库驱动的 Java 类的配置项 quarkus.datasource.jdbc.driver 是构建时属性，而 JDBC URL 的配置项 quarkus.datasource.jdbc.url 是运行时属性。

▶▶4.1.5 使用外部配置源

在 Quarkus 应用中，配置项的默认值保存在应用中，并允许在运行时通过系统属性或环境变量来进行修改。这种方式的不足在于对配置项的修改比较烦琐，不利用维护和管理。另外一种做法是使用外部的配置服务来保存配置的值。Quarkus 提供了对 Spring Cloud Config、HashiCorp

Vault 和 Consul 的支持。本节以 Consul 来进行说明。

支持 Consul 需要添加扩展 consul-config。与 Consul 的集成可以通过配置来完成，并不需要编写代码。下面的代码给出了 Consul 相关的配置示例，配置项的前缀是 quarkus.consul-config。配置项 agent 表示 Consul 代理的连接信息，prefix 表示在 Consul 中查找值时的公共前缀。

可以使用两种不同的方式来保存配置值。第一种方式是 Consul 中的键对应的值是单个配置项的实际值；第二种方式是 Consul 中的键对应的值是属性文件。这两种方式使用不同的配置项来指定 Consul 中的键，前者使用的是 raw-value-keys，后者使用的是 properties-value-keys。

在下面的代码中，raw-value-keys 中的 demo/message 所对应的 Consul 中的键是 config/demo/message，在引用时的配置项名称是 demo.message；properties-value-keys 中的 props 所对应的 Consul 中的键是 config/props，在引用时的配置项名称来自属性文件。配置项 prefix 的值是 config，该值会作为 Consul 中对应键的前缀。

```
quarkus:
  consul-config:
    enabled: true
    agent:
      host-port: localhost:8500
    prefix: config
    raw-value-keys:
      - demo/message
    properties-value-keys:
      - props
```

4.2 获取配置项的值

当在不同的配置源中设置了配置项的值之后，下一步是在应用中获取和使用配置项的值。在应用中主要有两种不同的方式来获取配置项的值。

❶ 通过依赖注入获取配置项

最简单地使用配置项的方式是使用注解@org.eclipse.microprofile.config.inject.ConfigProperty 来标注字段，以依赖注入的方式获取配置项的值。

下面的代码给出了@ConfigProperty 的基本用法。在 MicroProfile Config 规范中，@ConfigProperty 必须与@Inject 一同使用，但是 Quarkus 的实现进行了简化，注解@Inject 可以省略。

```
@ConfigProperty(name = "myapp.sample")
String value;
```

@ConfigProperty 的属性 defaultValue 可以指定配置项的默认值，如下面的代码所示。如果从所有的配置源中都找不到配置项的值，实际使用的是默认值。

```
@ConfigProperty(name = "myapp.sample", defaultValue = "test")
String value;
```

② 通过 API 手动获取配置项

另外一种获取配置项的方式是使用 API 来动态获取。类 org.eclipse.microprofile.config.Config-Provider 的 getConfig 方法的返回值是 Config 接口的对象，可以获取全部的配置项。Config 接口的方法如表 4-3 所示。

表 4-3　Config 接口的方法

方　　法	说　　明
<T> T getValue(String propertyName, Class <T> propertyType)	返回配置项所对应的指定类型的值
<T> Optional <T> getOptionalValue(String propertyName, Class <T> propertyType)	返回配置项所对应的指定类型的可选值
Iterable <String> getPropertyNames( )	返回所有的配置项的名称
Iterable <ConfigSource> getConfigSources( )	返回所有的配置源

下面的代码展示了 Config 接口的用法。

```
public String fromConfig() {
  Config config = ConfigProvider.getConfig();
  return config.getValue("myapp.sample", String.class);
}
```

❸ 配置项的表达式

配置项的值中可以使用表达式来引用其他配置项的值，从而避免代码重复。表达式的基本形式是 ${propertyName}，其中 propertyName 是配置项的名称。

下面代码给出了使用表达式的示例，前缀 myapp. external-service 下的配置 order-api 和 user-api 都引用了配置项 address。只需要修改 address 的值就可以改变 order-api 和 user-api 的值。

```
myapp.external-service.address=http://external-service/api/v1
myapp.external-service.order-api=${myapp.external-service.address}/orders
myapp.external-service.user-api=${myapp.external-service.address}/users
```

除了基本的表达式格式 ${propertyName} 之外，还可以使用下面几种复杂的语法。

- ${expression:value}：表达式中冒号之后的部分是默认值。
- ${myapp. db. ${type}}：在一个表达式中内嵌其他的表达式。解析时从最内层的表达式开始，以递归的方式向外进行。
- ${myapp. prop1} ${myapp. prop2}：使用多个表达式。

在表达式中可以直接引用环境变量。在下面的属性文件中，配置项 myapp.external-service
.address 的值引用环境变量 EXTERNAL_SERVICE，并提供了默认值 test-server。

```
myapp.external-service.address = http://${EXTERNAL_SERVICE:test-server}/api/v1
```

4.3 使用类型安全的配置类

使用@ConfigProperty 获取配置项的方式虽然简单，但是存在一些维护上的问题。如果同一
个配置项在多个地方被引用，相应的注解@ConfigProperty 会在多个地方重复出现。当希望修改
配置项的名称时，必须以字符串匹配的方式来查找所有引用的地方，不利于代码重构。在多个
地方使用配置项的名称也容易因为拼写错误而造成难以发现的问题。

推荐的做法是把相关的配置项组织在一个 Java 类中。与配置项相关的依赖注入代码只出现
在这一个类中。其他类直接引用这个类。配置类中管理的配置项都具有相同的名称前缀。配置
类可以使用不同的方式来绑定配置项的实际值。

▶▶4.3.1 绑定配置类中的字段

下面代码是 application.properties 文件的部分内容。所有与数据库连接相关的配置项都以
myapp.db 作为名称前缀。

```
myapp.db.url = localhost
myapp.db.port = 5432
myapp.db.username = postgres
myapp.db.password = postgres
```

下面代码中的 DBConfiguration 类用来与数据库相关的配置项进行绑定。注解@io.smallrye.
config.ConfigMapping⊖声明了这是一个配置类。属性 prefix 则声明了相关配置项的名称前缀。
DBConfiguration 类中只包含 public 的字段。每一个字段都会与指定的名称前缀下的同名配置项
进行绑定。比如，url 字段绑定的是配置项 myapp.db.url。每个字段并不需要添加注解@Config-
Property。字段可以添加初始值来作为配置项的默认值。比如，port 字段的默认值是 5432。

```
@ConfigMapping(prefix = "myapp.db")
public class DBConfiguration {

  public String url;
  public int port = 5432;
  public String username;
```

⊖ Quarkus 1.13 中推荐使用的是注解@ConfigProperties。

```
    public String password;
}
```

在使用时，只需要注入 DBConfiguration 类的实例即可，如下面的代码所示。由于引用的是类型安全的配置类及其字段，可以利用编译器来进行类型检查，也可以充分利用 IDE 提供的重构功能。

```
@Inject
DBConfiguration dbConfiguration;
```

如果配置项的名称存在嵌套的层次结构，则需要使用配置接口。配置接口中可以定义嵌套类接口进行对应。下面代码中的配置接口 ErrorConfiguration 使用嵌套接口来对应嵌套的配置项。配置接口的细节在下一节中介绍

```
@ConfigMapping(prefix = "myapp.error")
public interface ErrorConfiguration {

  String logLevel();
  RetryConfig retry();

  interface RetryConfig {

    int interval();
    int max();
  }
}
```

与 ErrorConfiguration 对应的配置文件如下所示。整个配置接口的前缀是 myapp.error，名为 retry 的字段的类型是内部类 RetryConfig。在配置文件中，前缀为 myapp.error.retry 的配置项被绑定到 RetryConfig 中的同名字段。

```
myapp.error.log-level = ERROR
myapp.error.retry.interval = 500
myapp.error.retry.max = 3
```

▶▶ 4.3.2 绑定配置接口中的方法

上一节只展示了最简单的情况，要求配置类的字段名称和对应的配置项的名称相同。如果这两者的名称不一致，需要使用注解@WithName 来声明配置项的名称。这个时候不能如配置类 DBConfiguration 一样使用 public 字段，而是应该使用接口。

下面代码中的接口 MessagingConfiguration 同样添加了注解@ConfigMapping。接口中的每个方法都对应一个绑定的配置项。默认的配置项的名称从方法名称推断而来。如果方法名称遵循

JavaBean 的规范，那么按照 JavaBean 规范来得到的字段的名称作为配置项的名称。比如，方法 isRetry 的名称遵循 JavaBean 规范，因此默认的配置项名称是 retry。如果方法名称不遵循 Jav-aBean 规范，那么直接使用方法名称。比如，方法 timeout 不使用 JavaBean 规范，因此默认的配置项名称是 timeout。如果希望使用不同的配置项名称，可以在方法上添加注解@WithName。如果希望添加默认值，可以在方法上添加注解@WithDefault。下面代码中的 timeout 方法使用了自定义的配置项名称和默认值。

```java
@ConfigMapping(
    prefix = "myapp.messaging",
    namingStrategy = NamingStrategy.KEBAB_CASE
)
public interface MessagingConfiguration {

  String topicName();

  @WithName("timeout - in - seconds")
  @WithDefault("5")
  int timeout();

  @WithDefault("true")
  boolean isRetry();
}
```

MessagingConfiguration 接口上的注解@ConfigMapping 声明了属性 namingStrategy，用来处理当方法名称中包含大小写字符时，所对应的配置项名称的映射方式。可以使用三种不同的映射方式：VERBATIM 表示不做转换；KEBAB_CASE 表示转换成 kebab 形式，也就是以短横线分隔的多个部分；SNAKE_CASE 表示转换成 snake 形式，也就是以下画线分隔的多个部分。以方法名称 topicName 为例，映射方式 VERBATIM 对应的值为 topicName，KEBAB_CASE 对应的值为 topic-name，SNAKE_CASE 对应的值是 topic_name。

▶▶ 4.3.3　验证配置项的值

一个常见的需求是对配置项的值进行验证。在添加了扩展 hibernate-validator 之后，对于添加了注解@ConfigMapping 的配置类，可以使用 Java 验证 API 的注解来声明字段的值需要满足的条件。

下面代码的 DBConfiguration 类中，port 的最大值为 65535，password 必须有至少 8 个字符。如果配置项的值不满足要求，会直接抛出验证错误。

```java
@ConfigMapping(prefix = "myapp.db")
public class DBConfiguration {
```

```
public String url;
@Max(65535)
public int port = 5432;
public String username;
@Size(min = 8)
public String password;
}
```

需要注意的是，使用了注解@ConfigMapping 的配置类中的内部类不支持验证。

4.4 通过配置 Profile 区分不同的环境

有些应用的配置项的值与环境相关。比如，数据库的连接信息在开发、测试和生产环境上有对应的不同的值。当应用切换运行环境时，需要同时修改多个配置项的值。配置 Profile 的作用是把与环境相关的配置项的值组织在一起。在运行时只需要切换 Profile 就可以用 Profile 中包含的配置项的值进行覆写。

Quarkus 默认提供了三个 Profile，分别是 dev、test 和 prod。通过 quarkus：dev 命令运行的开发模式使用的是 dev；运行测试时使用的是 test；其余情况下使用的是 prod。应用也可以创建自定义的 Profile。使用系统属性 quarkus.profile 或环境变量 QUARKUS_PROFILE 来切换 Profile。

对于一个配置项来说，如果要设置它在某个 Profile 的值，只需要在配置项名称前面加上"%｛Profile 名称｝"的前缀即可。比如，配置项 myapp.db.url 在 dev 上对应的配置项名称是 %dev.myapp.db.url。

下面代码中的属性文件声明了属性值 myapp.db.url 在不同 Profile 中的值。只有当前 Profile 中对应的配置项的值才会被使用。如果应用以 Maven 命令 quarkus：dev 的方式运行，启用的 Profile 是 dev，因此使用的是配置项 %dev.myapp.db.url。在运行单元测试时，使用的配置项是%test.myapp.db.url。如果没有与当前 Profile 相关的配置项，则查找不带 Profile 名称前缀的配置项。

```
myapp.db.url = postgres
%dev.myapp.db.url = localhost
%test.myapp.db.url = test-postgres
%staging.myapp.db.url = staging-postgres
```

上面的属性文件中使用了自定义的 Profile 名称 staging。这样的自定义 Profile 不需要事先声明，直接使用即可。下面的命令运行 Quarkus 应用时使用的 Profile 是 staging。

```
java -jar -Dquarkus.profile = staging
  target/quarkus-app/quarkus-run.jar
```

在.env 文件中，同样可以添加特定 Profile 相关的环境变量，命名的方式是以_{PROFILE}_ 作为开头。比如_DEV_MYAPP_DB_URL 是配置项 myapp.db.url 在 dev 下的值，等同于 %dev.myapp.db.url。

配置 Profile 除了可以影响运行时启用的配置项的值之外，还可以启用不同的 CDI Bean。这里需要用到 Quarkus 提供的注解@io.quarkus.arc.profile.IfBuildProfile 和@io.quarkus.arc.profile.UnlessBuildProfile。注解@IfBuildProfile 可以添加在 Bean 类型、生产方法或生产字段上，声明该 CDI Bean 会启用的 Profile 名称。注解@UnlessBuildProfile 与@IfBuildProfile 刚好相反，声明 CDI Bean 不启用的 Profile 名称。在下面的代码中，LoggingErrorHandler 只会在 dev 中启用。

```
@ApplicationScoped
@IfBuildProfile("dev")
public class LoggingErrorHandler implements ErrorHandler {

  @Inject
  Logger logger;

  @Override
  public void handleError(Throwable cause) {
    this.logger.warn(cause.getMessage(), cause);
  }
}
```

除了使用 Profile 来启用 CDI Bean 之外，还可以使用构建时的配置项来启用。对应的注解是@io.quarkus.arc.properties.IfBuildProperty 和 @io.quarkus.arc.properties.UnlessBuildProperty。在下面的代码中，注解@IfBuildProperty 的属性 name 表示配置项的名称，stringValue 表示启用 Bean 时配置项的值。

```
@IfBuildProperty(name = "app.error.logging", stringValue = "true")
```

在默认情况下，如果指定的配置项不存在，Bean 不会被启用。如果希望在配置项不存在时启用 Bean，应该把属性 enableIfMissing 的值设置为 true。

4.5 配置项的类型转换

从配置源中读取的值都是 String 类型。配置类中的字段类型则并不限制为 String 类型。这就需要进行类型转换。MicroProfile Config 规范中定义了 org.eclipse.microprofile.config.spi.Converter 接口来表示转换器。Converter 接口的声明如下所示。由于只需要进行单向的读取操作，Converter 接口中只定义了从 String 类型到任意类型的转换。

```
public interface Converter<T> extends Serializable {
  T convert(String value);
}
```

符合 MicroProfile Config 规范的实现必须提供对常见类型的内置转换器。这些常见类型如表 4-4 所示。

表 4-4　内置的类型转换器

类　型	说　明
Boolean 和 boolean	把 true、yes、y、on 和 1 转换成 true，否则转换成 false
Integer 和 int	使用 Integer.parseInt 方法进行转换
Long 和 long	使用 Long.parseLong 方法进行转换
Float 和 float	使用 Float.parseFloat 方法进行转换
Double 和 double	使用 Double.parseDouble 方法进行转换
java.lang.Class	使用 Class.forName 方法和线程上下文类加载器进行转换

DBConfiguration 类中的字段 port 的类型是 int，由内置的转换器负责转换。除了规范要求的内置转换器之外，不同的实现可能添加更多的实用转换器。Quarkus 使用的 SmallRye Config 库和 Quarkus 自身也提供了一些转换器的实现。

如果已有的转换器不能满足要求，可以添加自定义的转换器，只需要实现 Converter 接口即可。下面代码中的 PathConverter 转换器⊖把配置项的值转换成 Path 对象。

```
public class PathConverter implements Converter<Path> {

  @Override
  public Path convert(String value) {
    return Paths.get(value);
  }
}
```

自定义的转换器实现需要进行注册。最简单的做法是使用 Java 的服务发现机制。添加路径为 META-INF/services/org.eclipse.microprofile.config.spi.Converter 的文件，并在文件中添加转换器实现的 Java 类的全名。

⊖ Quarkus 已经提供了内置的 Path 类型转换器，这里只是作为示例来说明。

在 Converter 接口的实现类上可以添加注解 @Priority 来声明转换器的优先级。默认的优先级是 100，所有内置转换器的优先级都是 1，Quarkus 提供的转换器的优先级是 200。对于一个目标类型，如果有多个满足条件的转换器实现，优先级数值最高的会被使用。

如果找不到特定类型对应的转换器，会尝试进行隐式的转换。具体的做法是在目标类型的 Java 类中查找特定的方法，如果找到相应的方法，就调用这些方法进行转换。隐式转换会依次查找类中的如下方法。

1）public static T of（String）。

2）public static T valueOf（String）。

3）public static T parse（CharSequence）。

4）使用单个 String 类型参数的构造器。

如果目标类型是数组或 List 类型，对应配置项的值会按照逗号分隔的方式先转换成多个值，再对单个值进行类型转换。转换之后的值作为数组或 List 的元素。

下面代码中的配置类 ServiceConfiguration 使用了 int[ ] 和 List <Path> 类型的字段，其中数组类型会使用内置的 int 类型转换器，而 List <Path> 会使用自定义的 Path 转换器。

```
@ConfigProperties(prefix = "myapp.service")
public class ServiceConfiguration {

  public int[] allowedPorts;
  public List<Path> searchPaths;
}
```

与 ServiceConfiguration 相应的属性文件如下所示。

```
myapp.service.allowed-ports=80,443
myapp.service.search-paths=/opt/data,/etc/data
```

对于添加了注解@ConfigMapping 的配置接口中的字段，可以使用注解@WithConverter 来指定转换该字段值的 Converter 接口的实现类。当需要对配置项的字段进行规范化处理时，可以使用转换器来完成。

4.6 Kubernetes 上的 Quarkus 应用配置

当 Quarkus 应用在 Kubernetes 上运行时，除了容器镜像中包含的配置项的默认值之外，可以有几种不同的方式来传递配置项的覆写值。

❶ 使用环境变量

最简单的方式是使用环境变量。Kubernetes 的容器资源中可以使用 env 来指定环境变量的值。对于配置项，只需要把名称中除了英文字母、数字或下画线之外的字符全部替换成下画线，再转换成大写即可。比如，配置项 app.message 对应的环境变量名称是 APP_MESSAGE。

下面的代码给出了与环境变量相关的 Kubernetes 资源声明的部分内容。

```
env:
  - name: APP_MESSAGE
    value: "K8s message"
```

❷ 使用系统属性

第二种传递配置项的方式是使用 Java 的系统属性。有些第三方框架并不支持从环境变量中读取配置值，而是必须使用系统属性。如果 Quarkus 应用以 JVM 模式打包成容器镜像，那么可以使用环境变量 JAVA_OPTIONS 来设置系统属性。JVM 模式的 Quarkus 应用使用 run-java.sh 脚本来运行，读取环境变量 JAVA_OPTIONS 是该脚本提供的功能。

下面的代码给出了使用 JAVA_OPTIONS 的 Kubernetes 资源声明的部分内容。除了 app.message 之外的另外两个系统属性是 Quarkus 的容器镜像默认添加的。在修改 JAVA_OPTIONS 的值时需要保留这两个属性值。

```
env:
  - name: JAVA_OPTIONS
    value: |
      -Dquarkus.http.host = 0.0.0.0
      -Djava.util.logging.manager = org.jboss.logmanager.LogManager
      -Dapp.message = K8s
```

如果 Quarkus 应用以原生可执行文件模式打包成容器镜像，那么无法通过环境变量 JAVA_OPTIONS 来设置系统属性，而需要修改原生可执行文件的启动方式。Kubernetes 的容器资源可以使用属性 command 来改变原生可执行文件的启动方式。

下面的代码给出了相关的 Kubernetes 资源声明的部分内容。在 command 表示的启动命令中，添加了设置系统属性的参数。

```
image: test/k8s-config:1.0.0-SNAPSHOT
command:
  - ./application
  - --Dquarkus.http.host = 0.0.0.0
  - --Dapp.message = from-cmd
```

❸ 使用 ConfigMap 和 Secret

当需要修改的配置项很多时，使用环境变量或系统属性都会比较难管理。可以使用 Quarkus 的扩展 kubernetes-config 从 Kubernetes 的 ConfigMap 和 Secret 中读取配置。ConfigMap 或 Secret 中的数据分成两类：第一类是直接的名值对，第二类是名称为 application.properties、 application.yaml 或 application.yml 的条目，其对应的值是配置文件的内容，作为配置项的实际来源。

下面的命令创建了一个名为 test-config 的 ConfigMap，并且添加了配置项 app.message。

```
kubectl create configmap test-config
    --from-literal = app.message = from-config
```

通过下面的配置项来启用该功能。配置项 config-maps 是一个列表，包含 ConfigMap 的名称。

```
quarkus:
  kubernetes-config:
    enabled: true
    config-maps:
      - test-config
```

Secret 的使用方式与 ConfigMap 相同，对应的配置项名称是 quarkus.kubernetes-config.secrets，表示 Secret 名称的列表。

该扩展的实现中添加了新的配置源。从优先级的角度来说，从 ConfigMap 创建的配置源的优先级范围是 270～284，而 Secret 对应的配置源的优先级范围是 285～299。对于配置项 config-maps 和 secrets 中指定的多个 ConfigMap 或 Secret，按照在列表中的出现顺序，从低到高依次指定优先级。

默认情况下，如果指定了读取配置的 ConfigMap 或 Secret 的名称，而对应的 ConfigMap 或 Secret 在 Kubernetes 集群中不存在，应用会无法启动。通过把配置项 quarkus.kubernetes-config.fail-on-missing-config 的值设置为 false 可以改变这一行为。

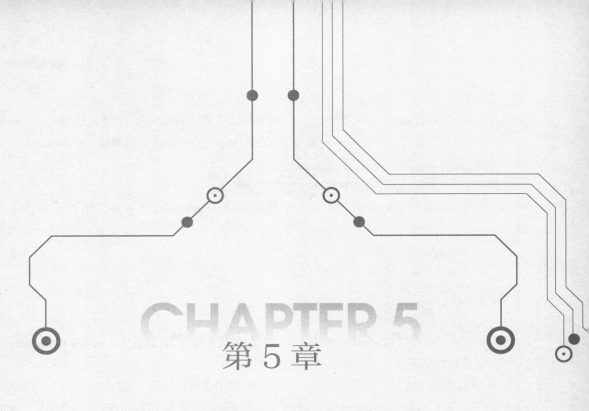

第 5 章

同步调用方式——餐馆微服务

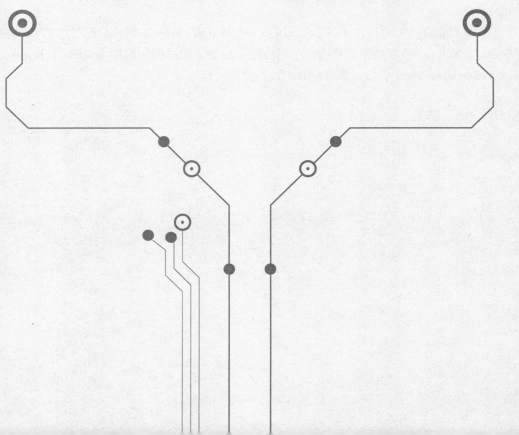

从本章开始进入实战项目的开发。本章介绍的是餐馆微服务实战相关的内容。

在第 2 章中对餐馆微服务的用户场景做了简要的介绍。餐馆微服务是一个数据库驱动的应用，把餐馆相关的信息保存在数据库中。餐馆相关的数据由不同的实体来表示，包括餐馆、菜单和菜单项等。对于不同类型的数据，餐馆微服务提供 API 来对它们进行管理，包括标准的 LCRUD 操作，也就是查询、创建、读取、更新和删除操作。

在实现餐馆微服务时，使用关系型数据库作为存储，并对外发布 REST API。

5.1 访问关系型数据库

关系型数据库是常见的数据存储方式之一，也是大部分应用使用的数据存储形式。使用关系型数据库的第一步是创建数据源。

▶▶ 5.1.1 创建数据源

访问关系型数据库的通常做法是从数据源中创建数据库连接。数据源使用驱动来连接数据库。Quarkus 同时支持 JDBC 驱动和反应式驱动。JDBC 驱动是传统连接数据库的方式。对于大部分开发人员来说，JDBC 驱动使用简单、易于理解，而且兼容性好。绝大多数应用都采用这种方式连接数据库。反应式驱动是随着反应式编程的流行而出现的新的连接数据库的方式。反应式驱动采用非阻塞的方式实现，性能更好。但是反应式的编程模式与一般的编程模式存在很大差异，需要一定的时间来学习。本章介绍如何使用 JDBC 驱动连接数据库。反应式驱动的内容在第 7 章中介绍。

❶ 数据源配置

Quarkus 使用 Agroal 库作为数据源和连接池的实现。在连接关系数据库时，需要添加扩展 agroal 以及数据库实现对应的扩展。数据库连接方式通过配置的形式来指定，相关的配置项的名称前缀是 quarkus.datasource。

下面的代码给出了连接 PostgreSQL 数据库的相关配置。

```
quarkus:
  datasource:
    db-kind: postgresql
    username: ${DB_USER}
    password: ${DB_PASSWORD}
    jdbc:
      url: jdbc:postgresql://${DB_HOST}:${DB_PORT:5432}/${DB_NAME}
```

在上面的配置中，db-kind 表示数据库的类型。Quarkus 目前支持表 5-1 中给出的几种数据库实现。

表 5-1　数据库实现

数据库名称	数据库的类型	扩 展 名 称
DB2	db2	jdbc-db2
Apache Derby	derby	jdbc-derby
H2	h2	jdbc-h2
MariaDB	mariadb	jdbc-mariadb
MySQL	mysql	jdbc-mysql
Microsoft SQL Server	mssql	jdbc-mssql
PostgreSQL	postgresql、pgsql 或 pg	jdbc-postgresql

配置项 username 和 password 表示连接数据库的用户名和密码。配置项 jdbc.url 表示连接数据库的 JDBC 驱动使用的 URL。这些配置项的值引用了 DB_HOST 等环境变量，方便在运行时指定数据库的连接信息。开发环境上的连接信息由 .env 文件来提供。

如果 Quarkus 不支持所要连接的数据库实现，可以把配置项 db-kind 设置为 other，并使用配置项 jdbc.driver 来指定 JDBC 驱动的 Java 类名。非 Quarkus 支持的数据库可以在 JVM 模式下工作，但是不能工作在原生可执行文件中。

❷ 访问数据源对象

完成配置之后，可以在代码中使用依赖注入的方式来访问数据源对象。下面代码中的 io.agroal.api.AgroalDataSource 是 Agroal 提供的数据源接口，继承自 javax.sql.DataSource 接口。

```
@Inject
AgroalDataSource dataSource;
```

在实际的开发中，通常并不需要直接使用 DataSource 对象，而是使用 Hibernate 这样的工具来进行数据库操作。

❸ 多个数据源

上面的数据源配置所定义的是默认的数据源。如果还希望访问其他的数据源，则需要为这些数据源指定名称以进行区分。下面的配置定义了名称为 orders 的数据源。

```
quarkus:
  datasource:
    orders:
      db-kind: postgresql
      username: postgres
```

```
password: postgres
jdbc:
    url: jdbc:postgresql://localhost:5432/orders
```

当在代码中引用命名的数据源对象时，需要使用修饰符 @io.quarkus.agroal.DataSource 来指定数据源的名称，如下面的代码所示。

```
@Inject
@DataSource("orders")
AgroalDataSource ordersDataSource;
```

除了 JDBC 驱动的 URL 之外，还可以对数据库连接池进行配置。相关的配置项如表 5-2 所示，省略了前缀 quarkus.datasource。

表 5-2　数据库连接池的配置

配　置　项	说　　明	默　认　值
jdbc.pooling-enabled	是否启用连接池	true
jdbc.initial-size	连接池的初始大小	
jdbc.min-size	连接池的最小连接数	0
jdbc.max-size	连接池的最大连接数	20
jdbc.additional-jdbc-properties	JDBC 驱动使用的额外参数	

▶▶5.1.2　使用 Flyway 迁移数据库模式

在使用关系型数据库的微服务开发中，数据库模式的设计是重要的一环。数据库模式包括数据库的表中字段的声明和表之间的关系，也就是通常说的实体关系模型。随着 Hibernate 这样的对象关系映射工具（ORM）的流行，很多应用在实现中并不直接使用 SQL 来操作数据库。在使用 Hibernate 时，只需要在 Java 类上添加注解即可。Hibernate 可以根据注解来生成数据库表的模式。对于一个空的数据库，Hibernate 可以自动初始化数据库并创建表。

有些应用使用 Hibernate 来管理数据库模式。这种方式虽然使用简单，但存在很多弊端。Hibernate 自动生成的数据库表模式没有经过优化，通常不是最佳的表设计。自动生成的数据库模式很难进行更新，尤其是需要进行数据迁移的时候。在实际的开发中，数据库模式应该由专业的人员进行设计。当数据库模式需要更新时，应该通过 SQL 脚本来更新模式和迁移数据。

已经有不少的工具可以管理数据库模式的更新，包括 Flyway 和 Liquibase 等。实战应用使用的是 Flyway。启用 Flyway 需要添加相应的扩展 flyway。

在使用 Flyway 时，对数据库的更新操作被记录在带版本号的 SQL 脚本文件中。Flyway 会在数据库中保存 SQL 脚本文件执行的历史记录。在每次进行数据库迁移时，Flyway 根据数据库中记录的已执行的 SQL 脚本的版本号，依次执行未运行的 SQL 脚本，从而把数据库的模式更新到最新版本。SQL 脚本中除了可以更新数据库表的模式之外，还可以对已有数据进行更新。

数据库的迁移 SQL 脚本的默认保存路径是 src/main/resources/db/migration。该目录下的 SQL 脚本文件的名称使用类似 V1.0.0_init_schema.sql 的格式，其中 V1.0.0 是该脚本的版本号，两个下画线之后的部分是脚本的名称。SQL 文件中可以包含任意需要执行的 SQL 语句。

推荐使用语义化的 SQL 脚本版本号。假设有 4 个 SQL 脚本，其版本号分别是 1.0.0、1.0.1、1.1.0 和 1.2.0。如果在当前数据库中记录的版本号是 1.0.1，那么 Flyway 会依次执行版本号为 1.1.0 和 1.2.0 的 SQL 脚本，从而把数据库模式和数据更新到最新版本。

Flyway 扩展的相关配置项使用前缀 quarkus.flyway。下面是 Flyway 配置的示例，使用默认的数据源。

```
quarkus:
  flyway:
    schemas:
      - happy_takeaway
    migrate-at-start: true
    baseline-on-migrate: true
```

表 5-3 列出了常用的 Flyway 的配置项，省略了前缀 quarkus.flyway。

表 5-3　Flyway 的配置

配 置 项	说 明	默 认 值
schemas	Flyway 管理的数据库模式的名称列表。列表中的第一个模式是默认的模式	
migrate-at-start	应用启动时自动执行数据库迁移	false
baseline-on-migrate	数据库迁移时自动创建历史记录表	false
baseline-version	数据库模式的基础版本号	
validate-on-migrate	是否在迁移时进行验证	false
ignore-missing-migrations	是否忽略迁移历史记录表中缺失的 SQL 脚本	false

如果配置项 migrate-at-start 的值为 false，可以使用 Flyway 对象来手动进行迁移。在下面的代码中，Flyway 对象被注入 MigrationService 中，使用 Flyway 的 migrate 方法来执行迁移。

```
@ApplicationScoped
public class MigrationService {

  @Inject
  Flyway flyway;
```

```
public void migrate() {
  this.flyway.migrate();
}
}
```

Flyway 也可以添加多个命名的配置。每个 Flyway 的配置与一个数据源相对应，负责该数据源的迁移。下面代码中的 Flyway 配置与命名数据源 orders 相对应，通过配置项 locations 来指定数据库迁移脚本的路径。

```
quarkus:
  flyway:
    orders:
      locations: db/migration/orders
      schemas:
        - happy_takeaway
      migrate-at-start: true
      baseline-on-migrate: true
```

在访问命名配置的 Flyway 对象时，需要添加修饰符 @io.quarkus.flyway.FlywayDataSource。下面代码中的 Flyway 对象对应的是名为 orders 的配置。

```
@ApplicationScoped
public class MigrationService {

  @Inject
  @FlywayDataSource("orders")
  Flyway flyway;

  public void migrate() {
    this.flyway.migrate();
  }
}
```

▶▶5.1.3 使用 JPA 和 Hibernate 访问数据库

JPA 是 Java 平台上实现对象关系映射的标准 API。Hibernate 是最流行的 JPA 实现。Quarkus 提供了对 Hibernate 的支持，需要添加相应的扩展 hibernate-orm。

Hibernate 扩展的配置项前缀是 quarkus.hibernate-orm。表 5-4 给出了常用的配置项。

表 5-4　Hibernate 的配置

配　置　项	说　　　明	默　认　值
datasource	数据源的名称	
packages	实体类所在的包的名称	

（续）

配　置　项	说　　明	默　认　值
sql-load-script	Hibernate 启动时执行的 SQL 脚本的文件名	在 dev 和 test 模式下是 import.sql；在其他模式下是 no-file，表示不执行 SQL 脚本
database.default-schema	数据库的默认模式	
database.generation	数据库模式的生成方式，可选值有 none、create、drop-and-create、drop 和 update	none
database.generation.create-schemas	是否自动创建数据库模式	false
log.sql	输出 Hibernate 执行的 SQL 语句	false

　　进行数据库访问的第一步是定义实体类。这些实体类的定义来源于微服务要满足的业务场景。以餐馆微服务来说，首先找到作为聚合根实体的餐馆，再找到与餐馆实体相关联的菜单和菜单项。根据应用的场景，可以对这几个实体的属性，以及实体之间的关系进行细化。在介绍具体的实体类之前，首先介绍数据库的实体类的一些共同的特征。

　　下面代码中的 BaseEntity 是所有 JPA 实体类的父类。BaseEntity 类中定义了一个字段 id 作为实体的标识符。字段 id 上的注解@Size 来自 Java 验证 API，用来限制字段 id 的最大长度为36。@MappedSuperclass 表明 BaseEntity 中的映射信息会应用在其子类上。@EqualsAndHashCode 来自 Lombok，用来根据字段 id 生成 equals 和 hashCode 方法。@Getter 也来自 Lombok，用来生成字段 id 的 getter 方法。BaseEntity 类的 generateId 方法用来生成实体的标识符。它上面的注解@PrePersist 表明该方法会在实体被持久化时调用。

```
@MappedSuperclass
@EqualsAndHashCode(of = "id", callSuper = false)
@Getter
public abstract class BaseEntity {

  @Id
  @Column(name = "id")
  @Size(max = 36)
  private String id;

  @PrePersist
  public void generateId() {
    if (this.id == null) {
      this.id = UUID.randomUUID().toString();
    }
  }
}
```

　　有些实体类型需要追踪每个实体在创建和更新时的时间戳信息。下面代码中的类 TimestampedBaseEntity 继承自类 BaseEntity，并增加了 createdAt 和 updatedAt 两个字段，分别保存实体的创建时间戳和更新时间戳。添加了注解@PrePersist 的 setInitialDate 方法用来把两个时间戳设置为当前的时间，只会在实体创建时被调用。添加了注解@PreUpdate 的方法把字段 updatedAt 设置为当前的时间，会在每次实体更新时被调用。这样就确保了字段 createdAt 和 updatedAt 的值与在实体上进行的操作保持同步。

```java
@MappedSuperclass
@Getter
@Setter
public abstract class TimestampedBaseEntity extends BaseEntity {

  @Column(name = "created_at")
  private Long createdAt;

  @Column(name = "updated_at")
  private Long updatedAt;

  @PrePersist
  void setInitialDate() {
    this.createdAt = this.updatedAt = System.currentTimeMillis();
  }

  @PreUpdate
  void updateDate() {
    this.updatedAt = System.currentTimeMillis();
  }
}
```

　　在创建了 BaseEntity 和 TimestampedBaseEntity 两个基础实体类之后，其他的实体类可以根据需要选择合适的父类。

　　下面代码中的 RestaurantEntity 是表示餐馆的实体类。RestaurantEntity 继承自类 TimestampedBaseEntity，并定义了餐馆相关的字段。每个字段上的注解@Column 声明了对应的数据库表的列的名称。数据库的列的名称全部使用小写，并以下画线来分隔不同的部分。每个字段上也添加了相应的 Java 验证 API 的注解，用来验证数据的合法性。字段 activeMenu 表示餐馆当前启用的菜单所对应的 MenuEntity 实体，与 RestaurantEntity 实体是一对一的关系。

　　类 RestaurantEntity 上添加了两类注解。JPA 注解的@Entity 声明了这是一个 JPA 实体类。注解@Table 声明了对应数据库表的名称。其余的注解来自 Lombok，用来生成必要的方法。

```java
@Entity
@Table(name = "restaurants")
```

```
@Getter
@Setter
@ToString
@Builder
@AllArgsConstructor
@NoArgsConstructor
public class RestaurantEntity extends TimestampedBaseEntity {

  @Column(name = "owner_id")
  @Size(min = 1, max = 50)
  private String ownerId;

  @Column(name = "name")
  @Size(min = 1, max = 128)
  private String name;

  @Column(name = "description")
  private String description;

  @Column(name = "phone_number")
  @Size(min = 1, max = 20)
  private String phoneNumber;

  @Column(name = "address_code")
  @Size(min = 1, max = 12)
  private String addressCode;

  @Column(name = "address_line")
  @Size(min = 1, max = 128)
  private String addressLine;

  @Column(name = "address_lng")
  private double addressLng;

  @Column(name = "address_lat")
  private double addressLat;

  @OneToOne
  @JoinColumn(name = "active_menu_id")
  private MenuEntity activeMenu;
}
```

    创建了实体类之后，通过依赖注入的方式获取到 EntityManager 对象，再进行相关的操作。下面的代码给出了 EntityManager 对象的使用示例。

```
@ApplicationScoped
public class RestaurantService {

  @Inject
  EntityManager entityManager;

  @Transactional
  public void createRestaurant() {
    RestaurantEntity restaurant = new RestaurantEntity();
    this.entityManager.persist(restaurant);
  }
}
```

▶▶5.1.4 使用 Panache 简化数据库访问

使用 EntityManager 来进行数据访问的代码比较复杂，尤其是在进行查询操作的时候。Quarkus 应用可以使用 Panache 来简化数据库访问。使用 Panache 需要启用扩展 hibernate-orm-panache。

Panache 支持两种访问数据的模式，分别是仓库（Repository）模式和活动记录（Active Record）模式。使用过 Spring Data 的开发人员对仓库模式应该不陌生。仓库模式通过一个仓库对象来完成对实体的全部操作。

❶ 仓库模式

Panache 提供了仓库对象的接口 io.quarkus.hibernate.orm.panache.PanacheRepositoryBase < Entity，Id >，类型参数 Entity 表示实体的类型，Id 表示实体类的标识符的类型。如果实体类标识符的类型是 Long，可以直接使用 PanacheRepository 接口。PanacheRepositoryBase 接口中定义了很多方法来操作实体，如表 5-5 所示。

表 5-5 PanacheRepositoryBase 接口中的方法

方　　法	说　　明
find	根据查询来查找实体对象
findAll	返回全部的实体对象
findById	根据标识符获取对应的实体对象
findByIdOptional	根据标识符获取对应的实体对象，返回值类型是 Optional
list	根据查询来查找实体对象
listAll	返回全部的实体对象
persist	持久化实体对象

（续）

方 法	说 明
persistAndFlush	持久化实体对象并强制写入数据库
stream	根据查询来查找实体对象
update	更新实体对象
delete	删除实体对象
deleteAll	删除全部实体对象
deleteById	根据标识符来删除对应的实体对象
count	返回实体对象的数量

在这些方法中，find、list 和 stream 方法是相互关联的，其中 find 方法的返回值类型是 PanacheQuery 接口；list 方法的返回值类型是 List < Entity >，相当于调用了方法 find( ). list( )；stream 方法的返回值是 Stream<Entity>，相当于调用了方法 find( ). stream( )。

在进行实体相关的操作时，包括 find、list、stream、update、delete 和 count 等方法，都以 String 类型作为查询的类型。在查询中可以声明在执行时需要绑定的参数，类似 JDBC 中的 PreparedStatement。在查询中，参数可以按照出现的位置以 ?1 和 ?2 这样的形式来引用。参数的位置从 1 开始。对于位置参数，它们的实际值以 Object... 的形式传递。比如，find 方法的声明是 find（String query，Object... params），它的示例用法是 find("gender = ?1 and age > ?2"，"M"，30）。

另外一种方式是在查询中为参数指定名称。命名参数在查询中以冒号加上名称的形式出现，如名为 name 的参数的引用形式是 :name。相应的参数传递方式可以是 Map <String，Object> 或 io. quarkus. panache. common. Parameters 对象。Parameters 实际上是对 Map <String，Object> 的一种封装，可以用来构建 Map 对象。比如，find 方法有另外两种形式，分别是 find（String query，Map <String，Object> params）和 find（String query，Parameters params）。下面的代码展示了 find 方法的用法，gender 和 age 都是命名参数。

```
find("gender = :gender and age > :age", Map.of(
  "gender", "M",
  "age", 30
));

find("gender = :gender and age > :age",
    Parameters.with("gender", "M").and("age", 30)
);
```

在应用代码中只需要创建一个类实现接口 PanacheRepositoryBase 即可。下面代码中的类 RestaurantRepository 是管理 RestaurantEntity 实体的仓库类实现。RestaurantRepository 的 find-

ByOwnerIdAndId 方法根据字段 ownerId 和 id 来进行查询，find 方法返回的 PanacheQuery 对象的
firstResultOptional 方法返回查询的第一个结果。而 deleteByOwnerIdAndId 方法则根据字段
ownerId 和 id 来调用 delete 方法。RestaurantRepository 上添加了 CDI 的作用域注解@Application-
Scoped，可以注入需要使用它的其他 Bean 中。

```
@ApplicationScoped
public class RestaurantRepository
    implements PanacheRepositoryBase<RestaurantEntity, String> {

  public Optional<RestaurantEntity> findByOwnerIdAndId(
      String ownerId, String id) {
    return this.find("ownerId = ?1 and id = ?2",
      ownerId, id).firstResultOptional();
  }

  public void deleteByOwnerIdAndId(String ownerId, String id) {
    this.delete("ownerId = ?1 and id = ?2", ownerId, id);
  }
}
```

❷ 活动记录模式

Panache 的另外一个使用模式是活动记录。在这种模式下，数据访问的方法直接添加在实
体类上。应用的实体类只需要继承类 PanacheEntityBase 即可。PanacheEntityBase 中的大部分方
法是静态的，使用起来很简单。PanacheEntityBase 中包含了 PanacheRepositoryBase 中的全部
方法。

下面代码中的 RestaurantEntity 展示了活动记录模式的用法。之前代码中的 RestaurantRepos-
itory 中的方法被添加到了 RestaurantEntity 中。RestaurantEntity 的查询方法都是静态的。

```
@Entity
public class RestaurantEntity extends PanacheEntityBase {

  @Id
  public String id;
  public String ownerId;
  public String name;
  public String description;
  // 省略代码

  public static Optional<RestaurantEntity> findByOwnerIdAndId(
      String ownerId, String id) {
    return find("ownerId = ?1 and id = ?2",
```

```
      ownerId, id).firstResultOptional();
   }

   public static boolean deleteByOwnerIdAndId(
       String ownerId, String id) {
     return delete("ownerId = ?1 and id = ?2", ownerId, id) > 0;
   }
 }
```

如果实体类的标识符的类型是 Long，可以继承自类 PanacheEntity。PanacheEntity 的基本声明如下所示，其中包含了一个使用自动生成值的字段 id。

```
@MappedSuperclass
public abstract class PanacheEntity extends PanacheEntityBase {

  @Id
  @GeneratedValue
  public Long id;
}
```

▶▶ 5.1.5 服务层实现

在创建了访问数据库的仓库类实现之后，需要创建相应的服务层实现。服务层是数据层和 API 层之间的桥梁。

❶ 创建提供当前用户的服务

每个餐馆对象都有一个用户作为它的所有者。这个所有者在认证授权中扮演着很重要的作用。餐馆相关的数据只能由它的所有者来访问。在代码中需要一种方式来获取当前用户的标识符，也就是下面代码中的 OwnerIdProvider 接口。

```
public interface OwnerIdProvider extends Supplier < String > {

}
```

OwnerIdProvider 接口的作用是方便开发和测试。在实际的代码实现中，当前用户的 ID 应该从认证信息中得到；而在开发和测试中，可以提供一个简单的实现来返回固定的用户 ID。下面代码中的类 OwnerIdConfiguration 使用 CDI 中的生产方法创建了 OwnerIdProvider 类型的默认 Bean，使用 default-user 作为用户 ID。实际获取用户 ID 的代码实现会在第 10 章中介绍。

```
public class OwnerIdConfiguration {

  @ApplicationScoped
  @Produces
```

```
@DefaultBean
public OwnerIdProvider staticProvider() {
  return () -> "default-user";
}
}
```

② 餐馆服务的实现

下面的代码给出了餐馆服务 RestaurantService 的部分实现。类 RestaurantService 的 createRestaurant 方法用来创建一个新的 RestaurantEntity 对象。该方法的参数类型 CreateRestaurantRequest 表示创建餐馆的请求，而方法的返回值是创建的餐馆的 ID。在 createRestaurant 方法中，使用 Lombok 生成的类 RestaurantEntity 的构建器来创建 RestaurantEntity 对象，这比使用构造器的方式有更好的可读性。创建的 RestaurantEntity 对象由类 RestaurantRepository 的 persist 方法进行持久化。新创建的 RestaurantEntity 对象的 ID 在持久化之后才会生成。

```
@ApplicationScoped
public class RestaurantService {

 @Inject
 RestaurantRepository restaurantRepository;

 @Inject
 OwnerIdProvider ownerIdProvider;

 @Transactional
 public String createRestaurant(CreateRestaurantRequest request) {
  RestaurantEntityBuilder builder = RestaurantEntity.builder()
     .ownerId(this.ownerIdProvider.get())
     .name(request.getName())
     .description(request.getDescription())
     .phoneNumber(request.getPhoneNumber());
  if (request.getAddress() != null) {
    builder.addressCode(request.getAddress().getCode())
       .addressLine(request.getAddress().getAddressLine())
       .addressLng(request.getAddress().getLng())
       .addressLat(request.getAddress().getLat());
  }
  RestaurantEntity entity = builder.build();
  this.restaurantRepository.persist(entity);
  return entity.getId();
 }
}
```

下面的代码给出了类 CreateRestaurantRequest 的定义。CreateRestaurantRequest 使用 Lombok

注解来生成构建器和其他方法，使得代码非常简洁。

```
@Data
@Builder
public class CreateRestaurantRequest {

  private String name;
  private String description;
  private String phoneNumber;
  private Address address;
}
```

在设计服务层方法的接口时，一种常见的做法是直接使用实体类作为方法的参数或返回值。比如，类 RestaurantService 的 createRestaurant 方法可以使用 RestaurantEntity 作为参数类型。这种做法虽然简单，并且使用较少的 Java 类，但是在开发和维护中会遇到更多的问题。

服务层和数据持久层所要解决的问题不同。以上面的 createRestaurant 方法为例，类 CreateRestaurantRequest 中并没有包含 RestaurantEntity 中的字段 ownerId，这是因为字段 ownerId 的值由服务层的内部业务逻辑来确定，并不能开放给 RestaurantService 的使用者。CreateRestaurantRequest 使用了一个 Address 对象来表示地址，而 RestaurantEntity 则用分开的字段来表示地址中的内容。这是因为 Address 对象的使用符合面向对象的设计思想，而 RestaurantEntity 中字段的处理方式符合数据库的设计方式。

使用实体类作为服务方法的返回值会产生另外的问题。服务层的方法一般会在 REST 控制器中被调用，这就需要把服务层方法返回的实体类进行序列化。有一些实体类会关联其他的实体类，比如 RestaurantEntity 会关联表示当前菜单的 MenuEntity。当序列化 RestaurantEntity 对象时，同样会需要序列化 MenuEntity 对象。由于 Hibernate 的延迟加载机制，在序列化 RestaurantEntity 对象时，MenuEntity 对象可能还没有从数据库中加载，这就要求 Hibernate 的会话在 HTTP 请求中处于打开状态。这会对性能产生较大的影响。

▶▶5.1.6 事务管理

事务管理是访问关系数据库时必不可少的一部分。Quarkus 同样支持类似 Spring 的声明式事务管理。只需要在方法上添加注解@javax.transaction.Transactional 即可，事务相关的处理由框架来提供。在事务管理中的一个重要概念是事务上下文。事务上下文负责维护与事务相关的信息。

使用声明式事务时最重要的考量点是确定事务的边界。一般把直接调用数据访问层代码的服务层作为事务的边界。比如，RestaurantService 的 createRestaurant 方法直接调用了仓库类 RestaurantRepository 进行数据访问，因此 RestaurantService 中的方法可以作为事务的边界。注解

@Transactional应该添加在 RestaurantService 中的方法上。

注解@Transactional 的属性 value 的作用是指定方法在当前的事务上下文中的行为。该属性的类型是枚举类型 TxType。TxType 的可选值如表 5-6 所示，默认值是 REQUIRED。

表 5-6　事务的可选值

TxType 值	说　　明
REQUIRED	如果调用时不存在事务上下文，创建一个新的事务，并在新创建的事务上下文中执行该方法，最后结束该事务；否则，则在当前的事务上下文中执行该方法
REQUIRES_NEW	如果调用时不存在事务上下文，处理方式等同于 REQUIRED；否则，暂停当前的事务上下文，创建一个新的事务，并在新创建的事务上下文中执行该方法，最后结束新创建的事务，并恢复之前暂停的外部事务上下文
MANDATORY	如果调用时不存在事务上下文，抛出 TransactionalException 异常；否则，在当前的事务上下文中执行该方法
SUPPORTS	如果调用时不存在事务上下文，方法的执行也不在事务上下文中；否则，在当前的事务上下文中执行该方法
NOT_SUPPORTED	如果调用时不存在事务上下文，方法的执行也不在事务上下文中；否则，暂停当前的事务上下文，在事务上下文之外执行该方法，方法执行完成之后恢复之前暂停的外部事务上下文
NEVER	如果调用时不存在事务上下文，方法的执行也不在事务上下文中；否则，抛出 Transaction-alException 异常

默认情况下，检查的异常不会导致事务的回滚，而方法执行中抛出的 RuntimeException 异常及其子类型会导致事务的回滚。如果需要改变这一默认行为，@Transactional 的属性 rollback-On 可以设置导致事务回滚的异常类，而属性 dontRollbackOn 可以设置不会导致事务回滚的异常类。

除了使用异常来造成事务回滚之外，还可以使用类 javax.transaction.TransactionManager 的 setRollbackOnly 方法来回滚事务。在下面的代码中，类 EntityARepository 和 EntityBRepository 是两个对不同的实体进行操作的仓库。类 EntityBRepository 的 actionB 方法在出现错误时，并不会抛出异常，而是返回 false，因此不会自动触发事务的回滚。在这种情况下，使用注入的 TransactionManager 对象的 setRollbackOnly 方法来回滚事务。如果不手动回滚事务，当类 EntityBRepository 的 actionB 方法出现错误时，事务仍然会被提交。这就导致类 EntityARepository 的 actionA 方法中所做的改动会被提交到数据库，可能会产生数据不一致的问题。

```
@ApplicationScoped
public class SampleService {

    @Inject
    TransactionManager transactionManager;
```

```
@Inject
EntityARepository entityARepository;

@Inject
EntityBRepository entityBRepository;

@Transactional
public void businessLogic() throws SystemException {
  this.entityARepository.actionA();
  if (!this.entityBRepository.actionB()) {
    this.transactionManager.setRollbackOnly();
  }
 }
}
```

注解@Transactional 可以被添加到类上，为类中的所有方法启用事务处理。除了标准的@Transactional 之外，Quarkus 还提供了一个注解 @io.quarkus.narayana.jta.runtime.TransactionConfiguration，其中的属性 timeout 可以设置事务的超时时间。注解@TransactionConfiguration 直接添加在作为事务执行入口的方法上。

从实现上来说，Quarkus 中的事务处理使用 Narayana 作为 JTA 的实现。对注解@Transactional 的处理由 CDI 的拦截器来实现。值得一提的是，Quarkus 的事务处理对反应式方法也是有效的。如果声明为@Transactional 方法的返回值的类型是 CompletionStage 或反应式流规范中的 Publisher，或是其他可以转换为这两种类型的值时，事务的提交或回滚会在反应式方法完成之后，根据执行结果来进行。

▶▶ 5.1.7 分页和排序

分页和排序是查询实体时的两个重要功能。

❶ 分页

当某个实体类的对象较多时，不应该在一次查询中返回全部对象，而是应该进行分页。不管是仓库模式的 PanacheRepositoryBase 或活动记录模式的 PanacheEntityBase 接口，都提供了对分页的支持。以 PanacheRepositoryBase 为例，find 方法的返回值类型是 PanacheQuery。PanacheQuery 的 page 方法可以设置查询的页数和每页的记录数量。

一般有两种方式表示分页请求，分别使用不同的字段。第一种是当前的页数和每页的记录数量，第二种是起始记录在整个结果集中的偏移量和每页的记录数量。PanacheQuery 采用的是第一种方式，而 JPA 中的 Query 接口使用的是第二种方式。

餐馆微服务采用第一种方式来进行分页，同时提供了对第二种方式的支持。下面代码中的类 PageRequest 表示分页的请求，除了两个字段 page 和 size 之外，getOffset 方法返回对应的偏移量，用来支持第二种分页请求。静态方法 of 用来创建 PageRequest 对象。

```java
@Data
@Builder
public class PageRequest {

  private int page;
  private int size;

  public int getOffset() {
    return this.page * this.size;
  }

  public static PageRequest of(int page, int size) {
    return PageRequest.builder()
        .page(page)
        .size(size)
        .build();
  }
}
```

  除了分页的请求之外，还需要一个通用的格式来表示分页的结果。下面代码中的类 PagedResult 表示分页的结果，类型参数 T 表示记录的类型，其中的字段 data、currentPage、totalItems 和 totalPages 分别表示分页结果的数据、当前的页数、总的记录数和总的页数。

  方法 fromData 的作用是从查询的结果中创建 PagedResult 对象。在进行查询时，请求中已经包含了表示分页请求的 PageRequest 对象。查询的结果中包含了当前页记录对象和总的记录数。从这些信息中可以创建出 PagedResult 对象。

```java
@Data
@Builder
public class PagedResult<T> {

  private List<T> data;
  private long currentPage;
  private long totalItems;
  private long totalPages;

  public static <T> PagedResult<T> fromData(List<T> data,
      PageRequest pageRequest,
      long totalItems) {
    return PagedResult.<T>builder()
```

```
        .data(data)
        .currentPage(pageRequest.getPage())
        .totalItems(totalItems)
        .totalPages((int) Math.ceil(
            (double) totalItems / pageRequest.getSize()))
        .build();
    }
}
```

对于支持分页的服务层方法，返回值类型不再是 List<Entity>，而是 PagedResult<Entity>。下面代码中的 listRestaurants 方法展示了使用 Panache 的仓库模式的分页实现。PanacheRepositoryBase 的 count 方法返回记录的总数。findAll 方法返回查询全部记录的 PanacheQuery 对象，再通过 page 方法来设置分页条件。对于查询到的 List<RestaurantEntity> 对象，首先转换成 List<Restaurant> 对象，再通过 PagedResult.fromData 方法转换成 PagedResult<Restaurant> 对象。

```
@Transactional
public PagedResult<Restaurant> listRestaurants(
    PageRequest pageRequest) {
  long count = this.restaurantRepository.count();
  List<RestaurantEntity> entities =
      this.restaurantRepository.findAll()
        .page(pageRequest.getPage(), pageRequest.getSize())
        .list();
  List<Restaurant> results = ServiceHelper.transform(entities,
    ServiceHelper::buildRestaurant);
  return PagedResult.fromData(results, pageRequest, count);
}
```

❷ 排序

PanacheRepositoryBase 和 PanacheEntityBase 中的 find、list、listAll 和 stream 都允许使用 io.quarkus.panache.common.Sort 类型的参数来表示对记录排序的顺序。Sort 对象中包含需要排序的列，以及每个列的排序顺序。排列顺序可以是升序或降序，默认使用升序。表 5-7 给出了 Sort 的用法示例。

表 5-7　Sort 的用法示例

用　　法	说　　明
Sort.by("name")	按 name 升序排列
Sort.by("name", Direction.Descending)	按 name 降序排列
Sort.by("name", "age")	依次按照 name 和 age 进行升序排列
Sort.descending("name", "age")	依次按照 name 和 age 进行降序排列
Sort.by("name").and("age", Direction.Descending)	先按 name 升序排列，再按 age 降序排列

下面代码的作用是查询全部的 RestaurantEntity 对象，并按照 name 升序排列。

```
this.restaurantRepository.findAll(Sort.by("name")).list();
```

5.2 发布 REST API

REST API 是微服务常用的开放 API 的方式。Quarkus 应用的一般做法是使用 JAX-RS 来创建 REST API。Quarkus 的 HTTP 支持构建在 Eclipse Vert.x 之上，并使用 RESTEasy 来提供 JAX-RS 支持。

▶▶5.2.1 使用 JAX-RS 注解标注 REST 控制器

在创建了服务层实现之后，下一步是创建 REST API。Quarkus 应用可以使用扩展 resteasy 来创建 REST 控制器。RESTEasy 使用的是 JAX-RS 注解，与 Spring MVC 的注解在用法上存在一些差异。表 5-8 给出了 JAX-RS 中的常用注解的说明。这些注解都在 javax.ws.rs 包中。

表 5-8　JAX-RS 的常用注解

注　解	说　明
@Path	资源类或类中方法的 URI 路径，可以使用绝对或相对路径
@GET、@POST、@PUT、@DELETE、@PATCH、@HEAD、@OPTIONS	允许的 HTTP 方法的名称
@Produces	HTTP 响应的媒体类型。javax.ws.rs.core.MediaType 类中定义了常用的媒体类型
@Consumes	HTTP 请求的媒体类型
@PathParam	绑定 URI 路径模板中的参数
@QueryParam	绑定 HTTP 请求中的查询参数
@CookieParam	绑定 HTTP 请求中 Cookie 的值
@HeaderParam	绑定 HTTP 请求中的头
@FormParam	绑定 HTTP 表单中参数的值
@MatrixParam	绑定矩阵 URI 中参数的值
@DefaultValue	设置参数绑定时的默认值，与@PathParam、@QueryParam、@CookieParam、@HeaderParam、@FormParam 和@MatrixParam 一同使用

下面的代码给出了餐馆 REST API 的资源 RestaurantResource 的部分代码，其中的 create 方法用来处理创建餐馆的 POST 请求。POST 请求的内容格式是 CreateRestaurantWebRequest。请求中的 CreateRestaurantWebRequest 对象被用来创建 CreateRestaurantRequest 对象，再传递给 RestaurantService 的 createRestaurant 方法来完成餐馆的创建。按照 REST API 的最佳实践，创建资源的 POST 请求的响应状态码为 201，并且 HTTP 头 Location 的值为访问新创建资源的 URL。POST 请求的响应由 Response.created 方法来创建。通过注解@javax.ws.rs.core.Context 注入的 UriInfo 对象可以获取到 HTTP 请求的信息，用来生成 Location 头的值。

```
@Path("/")
public class RestaurantResource {

  @Inject
  RestaurantService restaurantService;

  @POST
  public Response create(CreateRestaurantWebRequest request,
      @Context UriInfo uriInfo) {
    String id = this.restaurantService.createRestaurant(
          CreateRestaurantRequest.builder()
        .name(request.getName())
        .description(request.getDescription())
        .phoneNumber(request.getPhoneNumber())
        .address(request.getAddress())
        .build());
    return Response.created(
          uriInfo.getAbsolutePathBuilder().path(id).build())
        .build();
  }

}
```

RestaurantResource 中使用的 POJO 类 CreateRestaurantWebRequest 与 RestaurantService 中的 CreateRestaurantRequest 类虽然具有相同的结构，但作用是不同的。CreateRestaurantWebRequest 代表的是 REST API 的请求格式，属于微服务开放 API 的一部分；而 CreateRestaurantRequest 是微服务的内部实现。如果 REST API 的请求或响应格式发生了变化，只需要在 REST API 层进行必要的修改即可，并不需要改变服务层的逻辑。当添加新的 API 时，比如 gRPC API，可以复用服务层的接口对象。

▶▶5.2.2　使用 JSON 格式进行序列化

REST API 一般使用 JSON 作为数据的传输格式。Quarkus 应用可以使用 Jackson 或 JSON-B 作为 JSON 序列化的库。

❶ 使用 Jackson

在 RESTEasy 中使用 Jackson 需要添加扩展 resteasy-jackson。该扩展并不提供具体的功能，与 Jackson 集成的工作由 RESTEasy 自动完成，而 Jackson 相关的配置由扩展 jackson 来提供。

扩展 jackson 提供了一个类型为 ObjectMapper 的默认 Bean，因此在代码中可以直接以依赖注入的方式来使用 ObjectMapper。该 ObjectMapper 中已经添加了支持 Java 8 所需的 Jackson 模块。

ObjectMapper 提供了与 JSON 序列化相关的很多选项。如果希望对自动创建的 ObjectMapper 进行自定义，可以创建类型为 io. quarkus. jackson. ObjectMapperCustomizer 的 Bean。ObjectMapper-Customizer 接口的 customized 方法对 ObjectMapper 进行修改。

下面代码中的类 PrettyPrintObjectMapperCustomizer 启用了 Jackson 在序列化时的 INDENT_OUTPUT 功能。

```java
@Singleton
public class PrettyPrintObjectMapperCustomizer
    implements ObjectMapperCustomizer {

  @Override
  public void customize(ObjectMapper objectMapper) {
    objectMapper.configure(SerializationFeature.INDENT_OUTPUT,
      true);
  }
}
```

接口 ObjectMapperCustomizer 还有一个默认方法 priority 返回其优先级。所有被发现的 ObjectMapperCustomizer 对象会按照优先级数值进行降序排列，并按照顺序依次调用其 customize 方法。

下面的代码展示了直接使用 ObjectMapper 的示例。在大部分时候，并不需要显式地使用 ObjectMapper 对象。下面代码中的 prettyJson 方法可以直接返回 Map 对象，所产生的结果是一样的。

```java
@Path("/")
public class JacksonResource {

  @Inject
  ObjectMapper objectMapper;

  @Path("pretty")
  @GET
  @Produces(MediaType.TEXT_PLAIN)
  public String prettyJson() throws JsonProcessingException {
    return this.objectMapper.writeValueAsString(Map.of(
        "value", "hello",
```

```
        "count", 100
    ));
    }
}
```

❷ 使用 JSON-B

使用 JSON-B 需要添加扩展 resteasy-jsonb。启用了该扩展之后，JSON-B 会被用来对 REST API 中的 POJO 对象进行 JSON 序列化。在代码中也可以直接注入 javax.json.bind.Jsonb 对象来进行序列化。这与 Jackson 中 ObjectMapper 的用法是相同的。

如果希望对 JSON-B 进行配置，可以创建 io.quarkus.jsonb.JsonbConfigCustomizer 类型的 CDI Bean，类似于 Jackson 中的 ObjectMapperCustomizer。在下面的代码中，CustomJsonbConfigCustomizer 会在 JSON-B 中添加 SemverSerializer 类型的序列化实现。

```
@Singleton
public class CustomJsonbConfigCustomizer
    implements JsonbConfigCustomizer {

  @Override
  public void customize(JsonbConfig jsonbConfig) {
    jsonbConfig.withSerializers(new SemverSerializer());
  }

  private static class SemverSerializer
    implements JsonbSerializer<Semver> {

    @Override
    public void serialize(Semver obj,
        JsonGenerator generator, SerializationContext ctx) {
      generator.write(obj.getValue());
    }
  }

}
```

5.3 微服务的单元测试

单元测试是开发中重要的一环。Quarkus 提供了对单元测试的支持。在餐馆微服务中，有三个层次的代码需要测试，分别是数据访问层、服务层和 REST API 层。

▶▶ 5.3.1 数据访问层测试

在数据访问层的单元测试时，一种常见的做法是在单元测试中使用嵌入式数据库，如 H2

或 Apache Derby 等。嵌入式数据库的好处是配置简单并且启动快速，可以减少单元测试的执行时间。嵌入式数据库中的数据在测试后可以直接丢弃，管理起来更加容易，并不需要进行额外的数据清理。

但是嵌入式数据库的问题也很明显。嵌入式数据库并不是为了生产环境所设计的。在生产环境上，仍然需要使用 PostgreSQL、MySQL、DB2 或 SQL Server 这样的数据库。在单元测试和生产环境中使用不同的数据库，会带来一些潜在的问题。由于数据库系统之间的差异性，通过单元测试的代码，在生产环境上可能出现问题。

早期，在单元测试中使用嵌入式数据库的做法之所以会比较流行，很大的一部分原因是适用于生产环境的数据库的安装和配置都比较复杂。随着容器化技术的流行，启动和运行不同类型的数据库都变得很容易。这也使得嵌入式数据库在简化安装和配置上的优势不再明显。

嵌入式数据库适合于使用 Hibernate 自动生成数据库表模式的情况。在运行单元测试用例之前，首先创建一个空的数据库，由 Hibernate 自动创建数据库的表模式，接着运行测试用例，最后把数据库销毁。在 5.1.2 节中介绍了自动生成数据库模式的弊端，推荐的做法是使用 Flyway 这样的工具来进行表模式的迁移。在使用 Flyway 的情况下，如果在单元测试中使用嵌入式数据库，就意味着需要维护两套不同的数据库迁移脚本，增加了开发和维护的成本。

综上所述，单元测试中也应该使用与生成环境相同的数据库。这就确保了单元测试的有效性。除此之外，数据库模式迁移脚本也可以被测试。

在运行测试时，可以使用 Docker 来运行数据库的容器。在生产环境中，数据库也是运行在 Kubernetes 上的容器中，这就达到了测试和生产环境的匹配。

对于数据访问层的单元测试，不管是使用仓库模式还是活动记录模式，如果相关的代码实现很简单，并不需要添加独立的单元测试，而是可以通过服务层的测试来验证。这一方面是因为数据访问层的代码实现通常比较简单，独立测试的意义并不大；另外一方面是因为事务边界的处理。

比如上面代码中的 RestaurantRepository 类，它所包含的两个方法的逻辑非常简单，只是构建查询语句并调用 PanacheRepositoryBase 中对应的方法，并没有需要独立测试的内容。如果希望测试 RestaurantRepository，则必须添加注解@Transactional 来启用事务，否则数据库操作会因为缺乏事务上下文而无法完成。在实际的代码中，注解@Transactional 添加在服务层的 RestaurantService 类的方法上，并不需要在 RestaurantRepository 上添加注解@Transactional。

▶▶5.3.2 服务层测试

服务在测试时需要处理数据库访问的问题。一种做法是使用 Mock 对象来替代实际的仓库对象。这种做法的好处是在测试服务对象时，并不需要进行实际的数据库访问，不仅配置简单，而且运行速度快。另外一种做法是以容器的方式运行数据库实例，并进行实际的数据库操作。这种做法的好处是贴近代码的实际运行环境，但是测试的执行时间会相对较长。

Mock 对象的另外一个好处是可以简单地模拟不同的测试场景，方便服务层代码的测试。而使用真实的数据库时，则需要进行数据准备，比如通过 SQL 脚本预先填充数据，或是在运行测试之前通过数据层的方法来添加。比如，当需要测试服务层的分页处理逻辑时，使用 Mock 对象可以很容易地模拟成千上万行的记录，而使用真实数据库则需要预先把这些记录插入数据库。

两种做法各有利弊。下面来看一下如何具体使用这两种做法来测试服务层代码。需要被测试的是下面代码中 RestaurantService 类的 listRestaurants 方法。

RestaurantService 类的 listRestaurants 方法根据输入参数 PageRequest 所表示的分页信息来查询餐馆。该方法的实现中使用了 RestaurantRepository 的分页功能获取 RestaurantEntity 的列表，再使用 ServiceHelper 的 buildRestaurant 方法转换成服务层的 Restaurant 对象的列表。

```
@ApplicationScoped
public class RestaurantService {

  @Inject
  RestaurantRepository restaurantRepository;

  @Transactional
  public List<Restaurant> listRestaurants(
        PageRequest pageRequest) {
   return this.restaurantRepository.findAll()
      .page(pageRequest.getPage(), pageRequest.getSize())
      .list()
      .stream()
      .map(ServiceHelper::buildRestaurant)
      .collect(Collectors.toList());
  }
}
```

❶ 使用 Mock 对象

下面以 Mock 对象的方式来测试 RestaurantService 的 listRestaurants 方法。Mock 对象由 Mockito 库提供支持，需要添加扩展 junit5-mockito。

下面代码中给出了使用 Mock 的 RestaurantService 的测试用例。Quarkus 的单元测试类都需要添加注解@io.quarkus.test.junit.QuarkusTest。该注解会启用 Quarkus 提供的 JUnit 5 支持，并在测试模式下启动 Quarkus。

在测试类中，类型为 RestaurantRepository 的字段添加了注解@InjectMock，声明这是由 Mockito 创建的 Mock 对象并注入测试类的对象中。RestaurantService 类型的字段添加了注解@Inject，声明这里使用的是实际的 RestaurantService 对象。

在测试方法 testListRestaurants 中，listQuery 和 allQuery 都是通过 Mockito 创建的 Panache-Query 对象。第一个 Mockito. when 方法的作用是设置 listQuery 的 list 方法的返回值是 10 个随机创建的 RestaurantEntity 对象；第二个 Mockito. when 方法的作用是设置 allQuery 的 page 方法在两个参数依次为 0 和 10 时，返回 listQuery 对象；最后一个 Mockito. when 方法的作用是设置 RestaurantRepository 的 findAll 方法返回 allQuery 对象。

在设置好 Mockito 对象的行为之后，调用实际的 RestaurantService 对象的 listRestaurants 方法并验证返回的结果。

```
@QuarkusTest
@DisplayName("restaurant service")
public class RestaurantServiceMockTest {

  @InjectMock
  RestaurantRepository restaurantRepository;

  @Inject
  RestaurantService restaurantService;

  @Test
  @DisplayName("list restaurants")
  void testListRestaurants() {
    PanacheQuery<RestaurantEntity> listQuery =
      Mockito.mock(PanacheQuery.class);
    Mockito.when(listQuery.list()).thenReturn(
        IntStream.range(0, 10)
          .mapToObj(index -> TestHelper.createRestaurantEntity())
          .collect(Collectors.toList()));
    PanacheQuery<RestaurantEntity> allQuery =
      Mockito.mock(PanacheQuery.class);
    Mockito.when(allQuery.page(0, 10)).thenReturn(listQuery);
    Mockito.when(this.restaurantRepository.findAll())
      .thenReturn(allQuery);
    List<Restaurant> result = this.restaurantService
      .listRestaurants(PageRequest.of(0, 10));
    assertThat(result).asList().hasSize(10);
  }
}
```

使用 Mockito 的局限是需要了解被模拟对象的哪些方法在测试中被用到，并为这些方法提供模拟的实现。这就要求了解被测试对象的内部实现逻辑，而不是简单地当成一个黑盒子来进行测试。除了在测试的方法中设置 Mock 对象的行为之外，还可以创建被测试类的完整模拟实现。

❷ 使用实际的数据库

在使用真实的数据库进行测试时，需要启动数据库的容器。Testcontainers 是管理容器的工具，提供了对常用软件工具的支持。对数据库来说，Testcontainers 提供了一种特殊的 JDBC 驱动。当使用该 JDBC 驱动连接数据库时，Testcontainers 会自动启动对应的容器。

下面代码是使用真实的数据库进行测试的示例。使用的是实际的 RestaurantRepository 对象，在运行时会自动创建数据源。

```java
@QuarkusTest
@DisplayName("restaurant service")
class RestaurantServiceTest {

  @Inject
  RestaurantService restaurantService;

  @Test
  @DisplayName("create a new restaurant")
  void createRestaurant() {
    String id = this.restaurantService
        .createRestaurant(TestHelper.createRestaurantRequest());
    assertThat(id).isNotNull();
  }
}
```

下面代码是配置文件中与测试 Profile 相关的内容，其中 org.testcontainers.jdbc.ContainerDatabaseDriver 是 Testcontainers 提供的 JDBC 驱动的类名，而 jdbc:tc:postgresql:12:/// 是 JDBC 的连接 URL。在这个 URL 中，tc 表示 Testcontainers，postgresql:12 表示启动容器的镜像名称和标签。与一般的 JDBC 连接 URL 不同的是，这个 URL 中的主机名、端口和数据库名称都是不需要的。

```yaml
"%test":
  quarkus:
    datasource:
      jdbc:
        driver: org.testcontainers.jdbc.ContainerDatabaseDriver
        url: jdbc:tc:postgresql:12:///
```

在运行单元测试时，需要确保 Docker 后台进程处于运行状态。在测试运行时，Testcontainers 会自动启动 PostgreSQL 容器作为数据库服务器。

▶▶5.3.3　REST API 测试

最后一个层次的单元测试是 REST API。通常的做法是发送 HTTP 请求到测试服务器，并对返回的响应内容进行验证。开发中一般使用 RESTAssured 库来编写测试。

下面代码给出了测试 RestaurantResource 的用例。注解 @TestHTTPEndpoint（RestaurantResource.class）声明了测试的目标是 RestaurantResource。RESTAssured 测试时的基础路径会被自动配置为 RestaurantResource 中声明的路径。在测试方法中，使用 RESTAssured 的 DSL 来发送 POST 请求，并验证响应的状态码。

```
@QuarkusTest
@TestHTTPEndpoint(RestaurantResource.class)
@DisplayName("restaurant resource")
class RestaurantResourceTest {

 @Test
 @DisplayName("create a restaurant")
 void create() {
   given()
      .when()
      .contentType(MediaType.APPLICATION_JSON)
      .body(TestHelper.createRestaurantRequest())
      .post()
      .then()
      .statusCode(201);
 }
}
```

5.4　生成 OpenAPI 文档

微服务开放的 API 会被不同的消费者所使用。这些消费者分成两类：一类是内部消费者，指的是其他微服务；另外一类是外部消费者，包括 Web 客户端、移动客户端和第三方应用等。为了在 API 提供者和消费者之间更好地沟通，需要一种描述 API 的标准格式。对于 REST API 来说，这个标准格式由 OpenAPI 规范来定义。

OpenAPI 规范（OpenAPI Specification，OAS）是由 Linux 基金会旗下的 OpenAPI 倡议（OpenAPI Initiative，OAI）管理的开放 API 的规范。OAI 的目标是创建、演化和推广一种供应商无关的 API 描述格式。SmartBear 公司捐赠的 Swagger 规范是 OpenAPI 规范的基础。

OpenAPI 规范定义了 OpenAPI 文档的内容格式，也就是文档中所能包含的对象及其属性。

OpenAPI 文档是一个 JSON 对象，可以用 JSON 或 YAML 文件格式来表示。

在使用 OpenAPI 文档时，有两种不同的做法。第一种做法是 API 优先的策略，也就是首先创建出 OpenAPI 文档，然后创建出相应的 API 的实现和客户端。另外一种做法是从已有的 API 实现中创建出 OpenAPI 文档，提供给 API 消费者。这一节介绍的做法是从代码中生成 OpenAPI 文档。

MicroProfile 的 OpenAPI 规范提供了一套 Java 接口和编程模型，可以让开发人员直接从 JAX-RS 应用中生成对应的 OpenAPI 版本 3 的文档。SmallRye 的 OpenAPI 项目提供了 MicroProfile 的 OpenAPI 规范的实现。Quarkus 的扩展 smallrye-openapi 集成了 SmallRye 的 OpenAPI 项目。在 Quarkus 项目中添加扩展 smallrye-openapi 之后，不需要编写任何代码，就可以直接使用路径 /openapi 访问到自动生成的 OpenAPI 文档。

① 使用 OpenAPI 注解

自动生成的 OpenAPI 文档通过扫描代码中的 JAX-RS 资源上的注解来生成，缺乏必要的元数据。为了让 OpenAPI 文档中包含足够多的信息，需要在代码中添加 MicroProfile 的 OpenAPI 规范中定义的注解。这些注解与 OpenAPI 规范中的元素相对应。

下面的代码给出了 OpenAPI 相关注解的使用。@APIResponse 表示 API 可能返回的响应；@Operation 添加操作相关的信息；@Tag 添加相关的标签；在方法的参数中，@RequestBody 声明请求的格式；@Parameter 声明参数的相关信息。

```
@PATCH
@Path("{id}")
@Produces(MediaType.APPLICATION_JSON)
@APIResponses(
    {
        @APIResponse(
            responseCode = "200",
            description = "Updated restaurant",
            content = @Content(
                mediaType = "application/json",
                schema =
                  @Schema(implementation =
                      UpdateRestaurantWebResponse.class)
            )
        ),
        @APIResponse(
            responseCode = "500",
            description = "Internal error"
        )
    }
```

```
)
@Operation(summary = "Update a restaurant")
@Tag(ref = "restaurant")
public UpdateRestaurantWebResponse update(
    @PathParam("id")
    @Parameter(description = "restaurant id", in = ParameterIn.PATH,
        required = true)
    String id,
    @RequestBody(content = @Content(
        mediaType = "application/json",
        schema =
            @Schema(implementation =
                UpdateRestaurantWebRequest.class)
    )) UpdateRestaurantWebRequest request) {

}
```

JAX-RS 的资源类上可以添加与 API 的操作相关的注解。API 级别的注解则添加在 JAX-RS 的应用类上。在下面的代码中，JAX-RS 的应用类 RestaurantApplication 上添加了注解@OpenAPIDefinition，包含 API 的元数据，只能添加 Tag 和 Info 对象。

```
@OpenAPIDefinition(
    tags = {
        @Tag(name = "restaurant", description = "Restaurant"),
        @Tag(name = "menu", description = "Menu"),
        @Tag(name = "menuItem", description = "Menu item"),
        @Tag(name = "order", description = "Order")
    },
    info = @Info(
        title = "Restaurant Service API",
        version = "1.0.0",
        contact = @Contact(
            name = "Support",
            url = "http://example.com/contact",
            email = "support@example.com"),
        license = @License(
            name = "MIT License",
            url = "https://opensource.org/licenses/MIT"))
)
public class RestaurantApplication extends Application {

}
```

❷ 添加其他的模型来源

最终生成的 OpenAPI 文档的来源由以下几个部分按照顺序合并而来。

1）通过配置项 mp.openapi.model.reader 提供的 org.eclipse.microprofile.openapi.OASModel-Reader 接口的实现。

2）路径为 META-INF/openapi.yaml 的静态 OpenAPI 文档。

3）扫描代码中的 OpenAPI 注解。

4）通过配置项 mp.openapi.filter 提供的 org.eclipse.microprofile.openapi.OASFilter 接口的实现。

OASModelReader 接口中只有一个 buildModel 方法来生成 OpenAPI 的模型。下面代码中的 BasicAPIModel 是 OASModelReader 的一个示例，其中的 buildModel 方法返回的 OpenAPI 对象中包含了一个自定义的标签。

```
public class BasicAPIModel implements OASModelReader {

  @Override
  public OpenAPI buildModel() {
    Tag tag = new TagImpl();
    tag.setName("example");
    tag.setDescription("An example tag");
    return new OpenAPIImpl().addTag(tag);
  }
}
```

在有些情况下，并不能直接对使用了 JAX-RS 的源代码进行修改来添加 OpenAPI 相关的注解。比如，在迁移遗留的系统时，一部分 REST API 的实现由遗留的代码来提供。这些遗留的代码无法进行修改。整个应用的 API 由两部分组成，分别是遗留系统的 API 和新开发的 JAX-RS 实现的 API。遗留系统的 API 可以直接创建符合 OpenAPI 规范的 YAML 文件，并保存为 META-INF/openapi.yaml 文件。新开发的 JAX-RS 实现的 OpenAPI 文档通过扫描注解的形式完成。最终生成的 OpenAPI 文档由两者合并而来。

下面代码中的 openapi.yaml 文件中添加了使用 Bearer 认证相关的配置。

```
openapi: 3.0.3

components:
  securitySchemes:
    bearerAuth:
      type: http
      scheme: bearer
      bearerFormat: JWT
security:
  - bearerAuth: []
```

❸ 过滤 OpenAPI 文档的内容

OASFilter 接口可以对最终产生的 OpenAPI 文档中的所有内容进行过滤。对于每种类型的对象，OASFilter 接口都有对应的过滤方法，比如 filterOperation 方法可以对表示操作的 Operation 对象进行处理。在过滤方法中，可以直接对输入对象进行修改，也可以返回 null 来删除该对象。

下面代码中的 HiddenOperationFilter 是一个 OASFilter 接口的示例实现，用来过滤不希望公开的内部 API。在 filterOperation 方法中，如果 Operation 对象的标签中包含了 internal，则通过返回 null 的方式来删除该操作。

```java
public class HiddenOperationFilter implements OASFilter {

  @Override
  public Operation filterOperation(Operation operation) {
    List<String> tags = operation.getTags();
    return tags != null && tags.contains("internal")
            ? null : operation;
  }
}
```

下表给出了与 OpenAPI 生成相关的配置，对应的前缀是 mp.openapi。

表 5-9　OpenAPI 生成相关的配置

配　置　项	说　　明
scan.disable	禁用注解扫描
scan.packages	扫描的包名的列表
scan.classes	扫描的类名的列表
scan.exclude.packages	扫描时排除的包名的列表
scan.exclude.classes	扫描时排除的类名的列表
servers	全局的服务器的地址列表

除了可以使用路径 /openapi 来获取生成的 OpenAPI 文档之外，Quarkus 插件还添加了 Swagger UI，可以用直观的方式来查看 API，还可以直接调用 API 来进行测试。Swagger UI 在开发中非常实用。当修改了 API 相关的代码之后，只需要刷新 Swagger UI 的界面，就可以触发开发模式下的热部署，再通过界面来测试 API。

Swagger UI 的访问路径是 /swagger-ui。图 5-1 给出了 Swagger UI 的界面，展示了餐馆服务的开放 API。

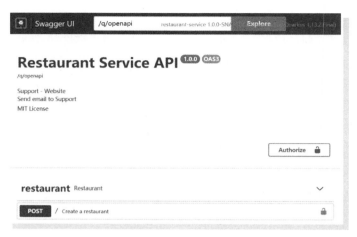

● 图 5-1　Swagger UI 的界面

5.5　消费其他微服务的 REST API

在一个微服务架构的应用中，某个微服务会需要调用其他微服务的 API。如果被调用的微服务使用的是 REST API，可以通过 MicroProfile RestClient 规范的实现来简化 API 的调用。RESTEasy 提供了 RestClient 规范的实现，而 Quarkus 的扩展 rest-client 进一步简化了在 Quarkus 应用中的使用。

使用 RestClient 的第一步是定义 REST 客户端的使用接口。一般来说，REST 客户端接口中的方法与它所调用的 REST 服务提供者的 JAX-RS 资源中的方法相对应。客户端可以在接口中只声明它需要访问的 JAX-RS 资源中的方法。

下面代码中的 RestaurantServiceClient 是访问餐馆服务 API 的 REST 客户端的接口。注解 @RegisterRestClient 声明了这是一个 REST 客户端，属性 configKey 是该客户端对应的配置项的前缀名称。

RestaurantServiceClient 接口中的方法同样使用 JAX-RS 中的注解，不过从客户端的角度来定义。以 createRestaurant 方法为例，注解 @Path 声明了发送 HTTP 请求的路径，@POST 声明了发送 HTTP 请求的方法。@Consumes 表示发送的 HTTP 请求的内容格式，用来确定发送的 HTTP 请求中的 Content-Type 头。@Produces 表示期望的 HTTP 响应的内容格式，用来确定发送的 HTTP 请求中的 Accept 头。接口中方法的参数表示发送的 HTTP 请求的内容，而返回值则表示 HTTP 响应的内容。返回值类型可以是通用的 Response，也可以如 associateMenuItems 方法一样使用 POJO 类。

```
@RegisterRestClient(configKey = "restaurant-service-api")
public interface RestaurantServiceClient {

  @Path("/")
  @POST
  @Consumes(MediaType.APPLICATION_JSON)
  Response createRestaurant(CreateRestaurantWebRequest request);

  @Path("/{restaurantId}/menu")
  @POST
  @Consumes(MediaType.APPLICATION_JSON)
  Response createMenu(@PathParam("restaurantId")
      String restaurantId,
    CreateMenuWebRequest request);

  @Path("/{restaurantId}/menuitem")
  @POST
  @Consumes(MediaType.APPLICATION_JSON)
  Response createMenuItem(@PathParam("restaurantId")
      String restaurantId,
    CreateMenuItemWebRequest request);

  @Path("/{restaurantId}/menu/{menuId}/association")
  @POST
  @Produces(MediaType.APPLICATION_JSON)
  @Consumes(MediaType.APPLICATION_JSON)
  AssociateMenuItemsWebResponse associateMenuItems(
      @PathParam("restaurantId") String restaurantId,
      @PathParam("menuId") String menuId,
      AssociateMenuItemsWebRequest request);
}
```

下面的代码展示了 REST 客户端的用法。注解@RestClient 声明需要注入的 REST 客户端的对象。在 createRestaurant 方法中，调用 RestaurantServiceClient 的 createRestaurant 方法来创建餐馆，并从 HTTP 响应的 Location 头中得到新创建的实体的 ID。

```
@ApplicationScoped
public class ExampleService {

  @Inject
  @RestClient
  RestaurantServiceClient restaurantServiceClient;

  public String createRestaurant() {
```

```
Response response = this.restaurantServiceClient
    .createRestaurant(CreateRestaurantWebRequest.builder()
        .build());
String location =
  response.getHeaderString(HttpHeaders.LOCATION);
return location.substring(location.lastIndexOf("/") + 1);
}


}
```

REST 客户端可以使用 MicroProfile Config 规范进行配置。下面的代码是 RestaurantService-Client 相关的配置项。在配置项的名称中，前缀 restaurant-service-api 是 REST 客户端的标识符，由注解@RegisterRestClient 的属性 configKey 来指定。如果没有指定的标识符，以客户端类的全名作为标识符。标识符之后以 mp-rest/开头的部分是具体的配置项。

```
restaurant-service-api/mp-rest/url=http://localhost:8080
restaurant-service-api/mp-rest/scope=javax.inject.Singleton
```

REST 客户端的常见配置项如表 5-10 所示。

表 5-10　REST 客户端的配置

配 置 项	说 明
url	访问 REST API 的基本 URL
scope	生成的 CDI Bean 的作用域，默认是@Dependent
connectTimeout	连接超时时间，以毫秒为单位
readTimeout	读取超时时间，以毫秒为单位
followRedirects	是否自动跟随重定向的请求
proxyAddress	代理服务的地址

一般来说，REST 客户端的作用域设置为@Singleton，因为 REST 客户端对象自身通常是无状态的，单一对象实例就足够了。由于不需要使用 CDI 的代理对象提供的额外功能，并不需要使用@ApplicationScoped。

5.6　使用 Elasticsearch 检索菜单

在实战应用中，一个需求是对菜单的名称和描述进行全文检索，方便用户查询。为了实现这个功能，需要用到 Hibernate Search。Hibernate Search 把 Hibernate 和 Elasticsearch 结合起来，支持对关系型数据库的字段进行全文检索。Quarkus 的扩展 hibernate-search-orm-elasticsearch 提供了与 Hibernate Search 的集成。

对于 JPA 实体，Hibernate Search 可以把其中的某些字段的值保存在 Elasticsearch 的索引中。每个实体在索引中都有对应的文档。当实体发生变化时，Hibernate Search 会把更新同步到相应的索引文档中。当需要进行全文检索时，查询请求会被发送到 Elasticsearch，得到的结果与 Hibernate 所管理的数据进行合并，再返回给调用者。

下面代码中给出了表示菜单项的 MenuItemEntity 实体类。MenuItemEntity 类上除了 JPA 和 Lombok 相关的注解之外，注解@Indexed 声明该实体需要被映射到一个 Hibernate Search 上的索引。MenuItemEntity 类中的字段 name 和 description 上添加了注解@FullTextField（analyzer = "cjk"），声明这两个字段会被映射到索引文档中。

注解@FullTextField 表明字段的内容需要进行全文检索，因此需要指定对字段内容进行分析的分析器，也就是属性 analyzer 的值。这里使用的分析器是 cjk，提供了对中文、日文和韩文的分析。字段 price 上的注解@GenericField 同样用来声明索引中的字段，只不过@GenericField 用在非 String 类型的字段上。

```java
@Entity
@Table(name = "menu_items")
@Getter
@Setter
@Builder
@AllArgsConstructor
@NoArgsConstructor
@ToString(exclude = {"restaurant", "menus"})
@Indexed
public class MenuItemEntity extends TimestampedBaseEntity {

    @ManyToOne
    @JoinColumn(name = "restaurant_id", nullable = false)
    private RestaurantEntity restaurant;

    @Column(name = "name")
    @Size(min = 1, max = 128)
    @FullTextField(analyzer = "cjk")
    private String name;

    @Column(name = "cover_image")
    @Size(max = 256)
    private String coverImage;

    @Column(name = "description")
    @FullTextField(analyzer = "cjk")
```

```
    private String description;

    @Column(name = "price")
    @GenericField
    private BigDecimal price;

    @ManyToMany(mappedBy = "items")
    private List<MenuEntity> menus;
}
```

除了@FullTextField 之外，注解@KeywordField 也可以声明需要添加到索引文档中的字段。
不同之处在于，@KeywordField 声明的字段不会被分析，而是被当成一个完整的字符串。这样
的字段可以作为查询时的过滤条件。

下面代码中的 FullTextSearchService 使用 Hibernate Search 进行全文检索。进行检索的 Search-
Session 对象由依赖注入提供。SearchSession 的 search 方法指定被检索的实体类型，紧接着的
where 方法指定检索条件，也就是匹配字段 name 和 description，最后的 sort 方法指定排序方式，
SearchSortFactory 的 score 方法表示按照结果的相关度进行排序。

对于创建的查询对象 query，fetchTotalHitCount 方法返回结果的总数，fetchHits 方法则根据
分页的请求获取相应的 MenuItemEntity 对象。最后从 MenuItemEntity 中得到 RestaurantEntity，经
过转换之后得到返回结果。

方法 buildQuery 的作用是根据 FullTextSearchRequest 对象表示的查询请求，利用 SearchPred-
icateFactory 提供的方法来创建不同的查询条件。FullTextSearchRequest 中包含三个查询条件，分
别是全文检索的关键词、价格的最小值和最大值。对于全文检索的关键词，使用 Elasticsearch
的 match 查询来对字段 name 和 description 进行匹配；对于价格的最小值和最大值，使用 Elastic-
search 的 range 查询来设置 price 字段的值的范围。最后再使用 bool 查询把两个条件合并起来，
得到最终的 Elasticsearch 查询。

```
@ApplicationScoped
public class FullTextSearchService {

  @Inject
  SearchSession searchSession;

  public FullTextSearchResponse search(
      FullTextSearchRequest request) {
    PageRequest pageRequest = request.getPageRequest();
    SearchQueryOptionsStep<?, MenuItemEntity, SearchLoadingOptionsStep, ?, ? > query =
        this.searchSession
          .search(MenuItemEntity.class)
```

```
            .where(factory -> this.buildQuery(request, factory))
            .sort(SearchSortFactory::score);
    long count = query.fetchTotalHitCount();
    List<MenuItemEntity> menuItems = query
        .fetchHits(pageRequest.getOffset(), pageRequest.getSize());
    List<Restaurant> restaurants = menuItems.stream()
        .map(MenuItemEntity::getRestaurant)
        .distinct()
        .map(ServiceHelper::buildRestaurant)
        .collect(Collectors.toList());
    return FullTextSearchResponse.builder()
        .result(PagedResult.fromData(restaurants,
          pageRequest, count))
        .build();
}


private PredicateFinalStep buildQuery(
        FullTextSearchRequest request,
    SearchPredicateFactory factory) {
  MatchPredicateOptionsStep<?> query =
        factory.match().fields("name", "description")
        .matching(request.getQuery());
  RangePredicateOptionsStep<?> price = null;
  RangePredicateFieldMoreStep<?, ?> fieldMoreStep =
        factory.range().fields("price");
  if (request.getMinPrice() != null
        && request.getMaxPrice() != null) {
    price = fieldMoreStep.between(request.getMinPrice(),
        request.getMaxPrice());
  } else if (request.getMinPrice() == null
        && request.getMaxPrice() != null) {
    price = fieldMoreStep.atMost(request.getMaxPrice());
  } else if (request.getMinPrice() != null
        && request.getMaxPrice() == null) {
    price = fieldMoreStep.atLeast(request.getMinPrice());
  }
  if (price != null) {
    return factory.bool().must(query).must(price);
  } else {
    return query;
  }
  }
}
```

Hibernate Search 扩展相关的配置项以 quarkus.hibernate-search-orm 作为前缀。表 5-11 给出了一些重要的配置项的说明。

表 5-11　Hibernate Search 的配置

配 置 项	说 明	默 认 值
elasticsearch.version	Elasticsearch 集群的版本。必须提供的值	
elasticsearch.hosts	Elasticsearch 集群的服务器主机名	
elasticsearch.username	访问 Elasticsearch 集群的用户名	
elasticsearch.password	访问 Elasticsearch 集群的密码	
elasticsearch.schema-management. required-status	Elasticsearch 集群至少必需的状态，可选值是 green、yellow 和 red	yellow
schema-management.strategy	索引模式的管理策略。可选值有 none、validate、create、create-or-validate、create-or-update、drop-and-create、drop-and-create-and-drop	create-or-validate
automatic-indexing.synchronization.strategy	自动索引文档时的同步策略。可选值是 async、write-sync、read-sync 和 sync	write-sync

值得一提的是，配置项 automatic-indexing.synchronization.strategy 的不同值的含义不同。当对实体进行修改的数据库事务提交之后，Hibernate Search 需要对相应的 Elasticsearch 索引进行修改。对这两者的修改需要进行同步。不同的同步策略会影响应用的性能、数据的一致性和改动的可见性。表 5-12 给出了不同的策略会造成的影响。

表 5-12　自动索引文档的同步策略

策 略	吞 吐 量	完成对索引的修改	系统崩溃之后对索引的修改是否保留	改动是否在搜索时可见
async	最佳	否	否	否
write-sync	中等	是	是	否
read-sync	中等偏差	是	否	是
sync	最差	是	是	是

在生产环境上，默认的 write-sync 策略是一个比较好的选项，保证了对索引所做修改的可靠性。虽然改动不会立刻出现在搜索结果中，但对用户的使用体验影响不大。在经过很短的时间之后，改动会出现在搜索中。

在开发和测试中，应该使用 sync 策略来确保数据的修改在搜索时可见。这是因为一般的测试用例的做法是在对实体进行修改之后，立刻进行查询操作。如果不使用 sync 策略，单元测试会因为在 Elasticsearch 中查询不到实体而失败。

下面是 Hibernate Search 的参考配置。在开发模式下，配置项 schema-management.strategy 的

值设置为 create-or-update，表示自动创建或更新索引模式；在测试模式下，该配置项的值为 drop-and-create，表示每次都重新创建新的索引模式。在开发和测试模式下的同步策略都是 sync。

```
quarkus:
  hibernate-search-orm:
    elasticsearch:
      version: 7
      hosts: ${ES_HOST:localhost}:${ES_PORT:9200}
"% dev":
  quarkus:
    hibernate-search-orm:
      schema-management:
        strategy: create-or-update
      automatic-indexing:
        synchronization:
          strategy: sync
"% test":
  quarkus:
    hibernate-search-orm:
      schema-management:
        strategy: drop-and-create
      automatic-indexing:
        synchronization:
          strategy: sync
```

5.7　使用 Redis 执行地理位置查询

在外卖点餐应用中的一个常见需求是根据当前用户所在的地理位置查询附近的餐馆。在餐馆实体中已经保存了餐馆的经纬度信息。实战应用使用 Redis 来执行地理位置查询。

Quarkus 的扩展 redis-client 提供了访问 Redis 的客户端。Redis 客户端分成同步的阻塞式和异步的非阻塞式两种。本节中介绍的是同步的客户端。

第一步是在 Redis 中添加餐馆的信息。在下面代码的 DataUpdateService 中，RedisClient 是注入的 Redis 客户端对象。在 updateData 方法中，使用 Redis 的 GEOADD 命令把餐馆的经纬度和 ID 添加到 REDIS_KEY 对应的键中。

```
@ApplicationScoped
public class DataUpdateService {

    @Inject
```

```
RedisClient redisClient;
public void updateData(List<Restaurant> restaurants) {
  List <String> args = new ArrayList < > ();
  args.add(REDIS_KEY);
  restaurants.forEach(restaurant -> {
    args.add(Double.toString(
      restaurant.getAddress().getLng()));
    args.add(Double.toString(
      restaurant.getAddress().getLat()));
    args.add(restaurant.getId());
  });
  this.redisClient.geoadd(args);
  }
}
```

RedisClient 中的方法直接对应于 Redis 的命令。每个方法的参数的类型都是 String 或 List < String > ，并不是类型安全的。当需要调用某个 Redis 命令时，可以从 Redis 官方文档中查看该命令允许的参数列表，以及每个参数的含义。

下面代码中的 GeoLocationSearchService 用来查询餐馆。GeoLocationSearchRequest 中包含查询的经纬度和半径。实际的查询由 RedisClient 的 georadius 方法来完成，发送 GEORADIUS 命令到 Redis。GEORADIUS 命令中的参数 WITHDIST 和 WITHCOORD 表示结果的记录中包含与中心点的距离和自身的经纬度。

Response 是 RedisClient 执行 Redis 命令的返回值类型。Response 是一个通用的接口，可以表示字符串、整数、字节数据和列表。在使用 Response 时，需要根据 Redis 命令的返回值格式，调用不同的方法来获取值。比如，toLong 方法可以把结果转换成 Long 类型。如果结果的类型是列表，可以使用 get 方法来获取其中的单个值。列表分成两种：第一种列表中的每个元素都是实际的值，get 方法的参数是 int 类型的序号；第二种列表中包含的实际上是名值对，每个名值对的名称和对应的值依次排列。比如，第一和第二个元素分别是第一个名值对的名称和值，依次类推。对于这种列表，get 方法的参数是 String 类型的名称。这两个 get 方法的返回值类型都是 Response。通过这种方式递归地解析 Response 对象，最终得到具体的值。

GEORADIUS 命令的返回值是列表类型，Response 的 stream 方法可以得到包含全部结果的 Stream 对象。Stream 中对象的类型仍然是 Response。由于查询中使用了 WITHDIST 和 WITHCO-ORD 选项，表示单个结果的 Response 仍然是列表类型。使用 Response 的 get 方法获取列表中的每个值。列表的第一个元素是餐馆的 ID，第二个元素是距离，第三个元素是包含了经纬度信息的列表。

```
@ApplicationScoped
public class GeoLocationSearchService {
```

```
public static final String REDIS_KEY = "restaurant-search";

@Inject
RedisClient redisClient;

public GeoLocationSearchResponse search(
        GeoLocationSearchRequest request) {
    Response response = this.redisClient.georadius(
        List.of(
            REDIS_KEY,
            Double.toString(request.getLng()),
            Double.toString(request.getLat()),
            Long.toString(request.getRadius()),
            "m",
            "WITHDIST",
            "WITHCOORD")
    );
    List<RestaurantWithGeoLocation> restaurants = response.stream()
        .map(r -> RestaurantWithGeoLocation.builder()
            .id(r.get(0).toString())
            .distance(Double.parseDouble(r.get(1).toString()))
            .lng(Double.parseDouble(r.get(2).get(0).toString()))
            .lat(Double.parseDouble(r.get(2).get(1).toString()))
            .build())
        .collect(Collectors.toList());
    return GeoLocationSearchResponse.builder()
        .data(restaurants).build();
    }
}
```

5.8 使用 Quarkus 测试资源

在数据库相关的单元测试时，通过使用 Testcontainers 的 JDBC 驱动，可以自动启动数据库的容器。对于其他的支撑服务来说，如 Elasticsearch 和 Redis，Testcontainers 并不支持相关容器的自动启动。为了在单元测试中启动这些容器，需要用到 Quarkus 中的测试资源。

测试资源在第一个测试运行之前启动，在全部测试运行结束之后停止。创建自定义的测试资源需要实现 io. quarkus. test. common. QuarkusTestResourceLifecycleManager 接口。该接口中的方法如表 5-13 所示。

表 5-13　QuarkusTestResourceLifecycleManager 接口的方法

方　　法	说　　明
Map＜String，String＞ start( )	启动测试资源。返回的 Map 中的值会作为运行测试时的系统属性
void stop( )	停止测试资源
void init(Map＜String，String＞ initArgs)	初始化测试资源，initArgs 是初始化的参数
void inject(Object testInstance)	对被测试的对象实例进行处理
int order( )	测试资源的执行顺序。越大的值表示越晚处理

　　下面代码中的 ElasticsearchResource 是启动 Elasticsearch 容器的测试资源。Testcontainers 提供了 Elasticsearch 的容器。在 init 方法中，从参数 initArgs 中获取到 Elasticsearch 的版本号，再创建出相应的容器对象。在 start 方法中，启动 Elasticsearch 容器，并获取访问容器的主机名和端口，作为配置项 quarkus.hibernate-search-orm.elasticsearch.hosts 的值。在运行测试时，实际连接的是容器中的 Elasticsearch。

```
public class ElasticsearchResource
        implements QuarkusTestResourceLifecycleManager {

    private ElasticsearchContainer elasticsearch;

    @Override
    public void init(Map<String, String> initArgs) {
      String version = initArgs.getOrDefault("version", "7.10.1");
      this.elasticsearch = new ElasticsearchContainer(
        DockerImageName
          .parse("docker.elastic.co/elasticsearch/elasticsearch-oss")
          .withTag(version))
        .withEnv("discovery.type", "single-node")
        .withStartupTimeout(Duration.ofMinutes(1));
    }

    @Override
    public Map<String, String> start() {
      this.elasticsearch.start();
      return Map.of(
        "quarkus.hibernate-search-orm.elasticsearch.hosts",
        this.elasticsearch.getHttpHostAddress()
      );
    }

    @Override
    public void stop() {
```

```
        this.elasticsearch.stop();
    }
}
```

在单元测试类上添加注解@QuarkusTestResource（ElasticsearchResource.class）就启用了该测试资源。注解@QuarkusTestResource 的属性 initArgs 用来传递初始化的参数。@ResourceArg 表示单个的参数值。参数值被传递给 ElasticsearchResource 的 init 方法。

```
@QuarkusTest
@QuarkusTestResource(
    value = ElasticsearchResource.class,
    initArgs = @ResourceArg(name = "version", value = "7.9.0")
)
@DisplayName("restaurant service")
class RestaurantServiceTest {

}
```

CHAPTER 6
第 6 章

异步消息传递——订单微服务实现

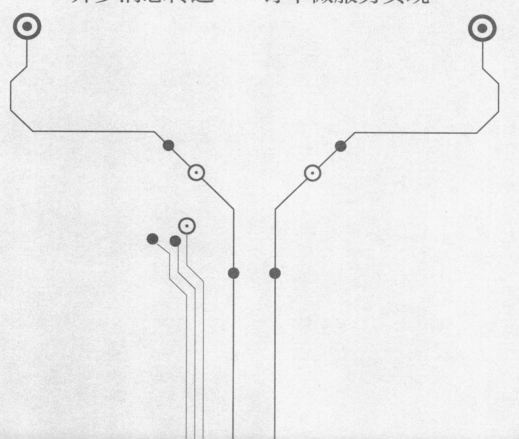

本章介绍另外一种微服务之间进行整合的方式——异步消息传递，以订单微服务为例来进行说明。

订单微服务负责接收用户创建的订单，并对订单进行管理。从订单被创建之后，订单可能处于不同的状态。订单的状态会随着不同事件的产生而发生改变。这些事件以异步消息的形式来传递。可以把订单的状态看成是一个有限状态机，而消息是导致状态变迁的触发器。

订单微服务在关系型数据库中保存订单的信息。该服务对外开放 gRPC API 来与之交互，对订单进行处理。当订单的状态发生改变时，该服务会发布相关的消息到 Apache Kafka，由其他微服务进行处理。该服务同时也会接收其他微服务发布的消息，在经过处理之后对订单的状态进行修改。订单服务业务逻辑的核心是消息的发布和处理，也是本章介绍的重点。

6.1 发布 gRPC API

在实现 API 的方式中，REST 和 gRPC 经常被拿来进行比较。这两种方式各有所长。REST 的优势在于简单易用，只需要使用 curl 这样的工具就可以与 API 交互。HTTP 协议的请求-响应交互模式也很容易理解。REST 一般使用 JSON 或 XML 这样的纯文本格式作为表达形式，开发和调试都很容易。

gRPC 本质上是一种远程过程调用，默认使用 Protocol Buffers 作为传输格式，传输协议为 HTTP/2。Protocol Buffers 作为一种二进制格式，可以充分地节省传输带宽，但是相应的开发和调试会变得困难。接收到的消息需要在进行解码之后，才能得到原始的消息内容。与 REST 相比，gRPC 可以充分利用 HTTP/2 的多路复用功能来提高性能。gRPC 在云原生中应用广泛，gRPC 本身也是 CNCF 中的项目。

对于微服务架构的云原生应用来说，服务的内部 API 推荐使用 gRPC 来提高性能和减少带宽消耗；而对于服务的外部 API 来说，REST 仍然是目前的主流，也可以同时提供 REST 和 gRPC 两种外部 API。

与 REST 相比，gRPC 支持 4 种不同的客户端与服务器的交互方式，如表 6-1 所示。

表 6-1　gRPC 支持的交互方式

交互方式	说　明
一元 RPC	客户端发送单个请求，服务器返回单个消息响应
服务器流 RPC	客户端发送单个请求，服务器返回一个消息流作为响应
客户端流 RPC	客户端发送一个消息流作为请求，服务器返回单个消息作为响应
双向流 RPC	客户端和服务器都可以发送消息流

在表 6-1 的 4 种交互方式中，双向流 RPC 的实现最为复杂，因为需要根据应用的需求来确定客户端和服务器发送消息的顺序。客户端和服务器的消息发送可能是交织在一起的。除了双向流 RPC 之外的其他 3 种交互方式在实现上都相对简单。

gRPC 并不限制消息的内容类型，除了 Protocol Buffers 之外，还可以使用 JSON、XML 或 Thrift 作为消息格式。从支持的成熟度来说，Protocol Buffers 仍然是最佳的选择。首先对 Protocol Buffers 进行介绍，以下简称为 protobuf。

▶▶ 6.1.1 使用 protobuf 描述消息格式

protobuf 是一种语言中立、平台中立和可扩展的机制，用来对结构化数据进行序列化。protobuf 由 Google 提出，目前是开源的技术。在使用 protobuf 时，可以通过 protobuf 提供的语言来描述消息的结构，之后再通过工具生成特定语言上的代码。使用生成的代码来进行消息的序列化，包括写入和读取消息。

protobuf 的语言规范有版本 2 和 3 两个版本，本书介绍的是版本 3。protobuf 中最基本的结构是消息类型。每个消息类型由多个字段组成。每个字段需要定义它的名称、类型和编号。

消息的名称使用首字母大写的 CamelCase 格式，而字段名称则使用下画线分隔的小写格式。字段的类型有很多种，比如常见的标量类型，包括 int32、int64、float、double、bool、string 和 bytes 等。除此之外，还可以使用 enum 来定义枚举类型。

下面的代码展示了 protobuf 中消息的定义方式，其中第一行的 syntax 声明了使用版本 3，message 用来声明消息类型。在枚举类型中，每个枚举项都需要指定对应的值，并且必须有一个值为 0 的枚举项。

```
syntax = "proto3";

message ExampleMessage {
  int32 v1 = 1;
  double v2 = 2;
  string v3 = 3;
  bool v4 = 4;
  enum TrafficColor {
    Red = 0;
    Green = 1;
    Blue = 2;
  }
  TrafficColor color = 5;
}
```

消息中的每个字段都有一个唯一的数字编号。在消息的二进制格式中，该编号会作为字段的标识符。编号从 1 ~ 15 的字段只需要一个字节就可以对字段的编号与类型进行编码,而编号为 16 ~ 2047 的字段则需要两个字节。从节省带宽的角度来说,编号 1 ~ 15 应该分配给出现频率较高的字段。

在 protobuf 序列化之后的二进制格式中,只有字段的编号,没有字段的名称。这可以极大地减少传输数据的大小。在消息类型被使用之后,已有字段的编号不能被修改。当 protobuf 的消息格式更新时,有些字段可能变得不再需要,这些字段的编号不应该被复用。

消息类型中定义的字段,如果没有特殊声明,在实际的消息中最多出现一次。对于可能出现多次的字段,需要使用 repeated 来进行声明。

另外一种特殊的字段类型是 oneof,表示消息中包含的某些字段,在同一时间只会至多设置一个字段的值。当设置其中一个字段的值之后,其他字段的值会被自动清空。在下面代码的 DemoMessage 中,test 的类型是 oneof,这就意味着 test 中定义的字段 name 和 type 不会同时出现。

```
message DemoMessage {
  oneof test {
    string name = 1;
    int32 type = 2;
  }
  bool enabled = 3;
  repeated string values = 4;
}
```

protobuf 版本 3 的传输格式中所有字段都是可选的,并且字段的值不能为 null。在解析消息时,如果消息中没有包含某个单一字段,该字段的值会被设置为默认值。默认值与字段的类型相关,如表 6-2 所示。

表 6-2　protobuf 版本 3 中字段的默认值

类　型	默　认　值
字符串	空字符串
字节数组	空字节数组
布尔类型	false
数值类型	0
枚举类型	枚举类型的第一个定义值

对于标量类型的字段,当消息解析之后,无法区分这个字段是被显式地设置为默认值,还是该字段没有被设置。大部分情况下,这些默认值并不是业务上合法的值,如果字段的值为默认值,就说明该值没有被设置。比如下面代码中的消息定义 SearchOrderRequest,两个字段 userId 和 restaurantId 分别表示进行查询的用户 ID 和餐馆 ID。由于空字符串不是一个合法的 ID，如果在解析之后的消息中，userId 或 restaurantId 的值为空字符串，则说明对应的值没有被设置。

```
message SearchOrderRequest {
  string userId = 1;
  string restaurantId = 2;
}
```

如果从业务上来说，默认值也是字段的合法值，那么可能会产生一些问题。以 bool 类型为例，假设某个字段在业务上的默认值是 true，如果在解析之后的消息中，该字段的值为 false，那么可能有两种可能性：第一种可能性是这个字段的值没有设置，false 只是默认值，这表示用户不希望修改这个字段的值；另外一种可能性是这个字段的值被设置为 false，这表示用户希望修改这个字段的值。由于不能区分这两种情况，在处理消息时无法选择正确的做法。

比如下面代码中的消息定义 BackupConfig，bool 类型的字段 auto 表示是否启用自动备份。从业务上来说，这个功能默认是启用的，因此 auto 的默认值为 true。如果解析的消息中没有包含 auto 这个字段，那么 auto 的值会被设置为默认值 false，从而关闭自动备份功能。如果可以确保在消息中始终存在 auto 字段，那么就不会出问题。但是，auto 字段可能是后续的新版本才添加的，那么旧版本的客户端发送的消息中不会包含 auto 字段，从而无法进行区分。

```
message BackupConfig {
  string dir = 1;
  string scope = 2;
  bool auto = 3;
}
```

对于这个问题，有两种解决方案。第一种是使用 protobuf 3.12.0 中新增的试验性字段标签 optional。声明为 optional 的字段在消息中的出现是可选的。protobuf 的 API 提供了相应的方法来判断字段是否出现。由于该功能是试验性的，需要 protoc 的命令行参数 --experimental_allow_proto3_optional 来启用。

另外一种做法是使用 oneof 来模拟可选的字段。在下面的代码中，oneof 字段 OptionalAuto 用来封装 auto 字段。在使用 oneof 之后，可以使用 oneof 相关的 API 来判断是否设置了 auto 字段的值。

```
message BackupConfig {
  string dir = 1;
  string scope = 2;
  oneof OptionalAuto {
    bool auto = 3;
  }
}
```

在下面代码的 updateConfig 方法中，枚举类型 OptionalAutoCase 有两个值 AUTO 和 OPTION-

ALAUTO_NOT_SET，分别代表 auto 字段的值是否被设置。通过检查 getOptionalAutoCase 方法的返回值，就可以进行判断。

```java
public void updateConfig(BackupConfig config) {
  if (config.getOptionalAutoCase() == OptionalAutoCase.AUTO) {
    config.getAuto();  // 设置了 auto 字段
  }
}
```

▶▶ 6.1.2 创建 gPRC 的接口定义

gRPC 的方法声明也在 protobuf 定义文件中声明。gRPC 的一个重要特征是使用代码生成工具来产生服务器和客户端的存根代码。生成的存根代码封装了 gRPC 底层的传输协议的细节。以服务器存根代码来说，开发者所要处理的只是从 protobuf 文件中生成的 Java 对象，并不需要了解对象序列化的细节；从业务逻辑上来说，也只需要实现对方法调用的处理即可，并不需要了解传输协议的细节。下面介绍如何为订单服务提供 gRPC 的协议的 API。

创建 gRPC 服务的第一步是编写 protobuf 文档，该文档用来描述 gRPC 服务所支持的方法，以及方法的参数和返回值的消息格式。下面的代码是订单管理服务 gRPC 的 protobuf 文档的部分代码。

```protobuf
syntax = "proto3";

option java_multiple_files = true;
option java_package = "io.vividcode.happytakeaway.order.api.v1";
option java_outer_classname = "OrderServiceProto";

message Order {
  string orderId = 1;
  string userId = 2;
  string restaurantId = 3;
  string status = 4;
  repeated OrderItem items = 5;
}

message OrderItem {
  string itemId = 1;
  int32 quantity = 2;
  double price = 3;
}

message CreateOrderRequest {
  string userId = 1;
```

```
    string restaurantId = 2;
    repeated OrderItem items = 3;
}

message CreateOrderResponse {
    string orderId = 1;
}

message GetOrderRequest {
    string orderId = 1;
}

message GetOrderResponse {
    string orderId = 1;
    string userId = 2;
    string restaurantId = 3;
    repeated OrderItem items = 4;
}

service OrderService {
    rpc CreateOrder (CreateOrderRequest)
      returns (CreateOrderResponse) {}

    rpc GetOrder (stream GetOrderRequest)
      returns (stream GetOrderResponse) {}
}
```

该 protobuf 文档主要由 3 个部分组成，通过不同的指令来描述。表 6-3 给出了 protobuf 文件中的常用指令。

表 6-3　protobuf 中的常用指令

指　　令	说　　明
option	与代码生成相关的选项
message	不同消息类型的声明
service	所提供的 gRPC 服务
rpc	服务中包含的可供调用的方法

第一个部分是代码生成相关的选项。Java 应用可以使用表 6-4 中给出的选项来对生成的代码进行配置。

表 6-4　代码生成相关的选项

选　　项	说　　明
java_multiple_files	当值为 true 时，protobuf 文件中的每个 message 类型都会生成各自的 Java 文件；否则，每个 message 类型都会作为单个 Java 类的内部类

（续）

选　　项	说　　明
java_package	生成的 Java 代码的包名
java_outer_classname	生成的 Java 类的名称。当 java_multiple_files 为 false 时，该类作为包含 message 类型的外部类

第二个部分是作为请求和响应格式的消息定义。文件中的 message 类型用来描述 gRPC 服务所提供的方法的参数和返回值的类型。一般来说，每个方法的参数和返回值都有各自独立的 message 类型声明。

第三个部分是 gRPC 中的服务和方法声明。每个方法的声明中包含名称、参数类型和返回值类型。在方法的声明中，stream 表示流，可以出现在方法的参数或返回值的声明中，对应于不同的交互方式。在上面代码的声明中，CreateOrder 方法使用的是一元 PRC，而 GetOrder 方法使用的是双向流 RPC。

在完成了 protobuf 的声明之后，下一步是使用工具来生成相关的代码存根。Quarkus 的 gRPC 扩展集成了 Maven 插件来使用 protoc 生成代码。只需要把 protobuf 文件保存在目录 src/main/proto 中，并确保 Quarkus Maven 插件的 generate-code 目标被调用即可。在使用 Maven 构建之后，会在目录 target/generated-sources/grpc 下生成 protobuf 相关的 Java 代码。

▶▶6.1.3　实现 gRPC API

下面以自动生成的代码为基础来实现 gRPC API。生成的 OrderServiceGrpc 类中包含了 gRPC 服务器和客户端的代码，其中 OrderServiceImplBase 是服务端的基本实现类，其中的每个方法都对应于 protobuf 文件中服务 OrderService 中声明的方法。在服务端实现中，只需要继承 OrderServiceImplBase 类，并覆写这些方法即可。

根据 protobuf 文件中声明的 rpc 方法的交互模式，所生成的 Java 方法也有所不同，如表 6-5 所示。Request 和 Response 分别表示请求和响应的类型，StreamObserver 表示流。总体来说，方法的声明分成两类：一元 RPC 和服务器流的交互模式中，客户端只会发送单个元素，因此可以直接从方法参数中得到请求的对象，不需要使用流；客户端流和双向流 RPC 的交互模式中，客户端也会发送多个元素，因此需要一个 StreamObserver 来表示。

表 6-5　gPRC 自动生成方法的声明

交 互 方 式	声　　明
一元 RPC	void operation(Request, StreamObserver <Response>)
服务器流 RPC	void operation(Request, StreamObserver <Response>)

（续）

交 互 方 式	声　明
客户端流 RPC	StreamObserver＜Request＞ operation（StreamObserver＜Response＞）
双向流 RPC	StreamObserver＜Request＞ operation（StreamObserver＜Response＞）

StreamObserver＜V＞接口中的方法与反应式编程中的 Observer 是相同的，具体的方法如表6-6所示。StreamObserver 可以作为流的生产者或消费者。当作为生产者时，需要调用 onNext、onError 或 onComplete 来生成流中的消息；当作为消费者时，如果流中有消息产生，对应的 onNext、onError 或 onComplete 方法会被调用。

表 6-6　StreamObserver 接口的方法

方　法	说　明
onNext（V value）	产生一个数据元素
onError（Throwable t）	产生一个错误并终止流
onCompleted（）	正常终止流

下面的代码给出了 gRPC 的服务端实现 OrderGrpcService 类的部分代码。OrderGrpcService 上的注解@io.quarkus.grpc.GrpcService 声明了一个 gRPC 服务。gRPC 服务器的作用类似于 JAX-RS 中的资源，只负责与客户端的交互，具体的业务逻辑由注入的 OrderService 来完成。OrderGrpc-Service 类中的方法与 protobuf 声明的 rpc 方法相对应。这两个方法上的注解@Blocking 是必需的，因为方法的实现仍然是阻塞式的。反应式的 gRPC 服务会在第 7 章进行介绍。

```
@GrpcService
public class OrderGrpcService extends OrderServiceImplBase {

  @Inject
  OrderService orderService;

  @Override
  @Blocking
  public void createOrder(CreateOrderRequest request,
      StreamObserver<CreateOrderResponse> responseObserver) {
    StreamObserverHelper
        .sendSingleValue(responseObserver, request,
          this.orderService::createOrder);
  }

  @Override
```

```
@Blocking
public StreamObserver<GetOrderRequest> getOrder(
    StreamObserver<GetOrderResponse> responseObserver) {
  return StreamObserverHelper.sendStream(responseObserver,
      this.orderService::getOrder);
  }
}
```

StreamObserverHelper 是一个帮助类，其代码如下所示。方法 sendSingleValue 的作用是发送单个消息到 StreamObserver 中，参数 req 表示请求中的消息，而 Function <R，S> 用来根据请求生成响应的消息。在具体的实现中，以请求对象作为参数调用 handler 之后得到需要发送的消息，再使用 StreamObserver 的 onNext 方法进行发送。由于只有一个消息，接着使用 StreamObserver 的 onComplete 方法来结束流。

方法 sendStream 的作用是发送流，返回结果是一个表示请求流的 StreamObserver 对象。对于请求流中的每个消息，调用 handler 得到对应的响应，再通过响应流的 onNext 方法发送。当请求流出错或结束时，使用 onComplete 来结束响应流。

```
public class StreamObserverHelper {

  private StreamObserverHelper() {
  }

  public static <R, S> void sendSingleValue(
      StreamObserver<S> observer,
      R req, Function<R, S> handler) {
    try {
      observer.onNext(handler.apply(req));
      observer.onCompleted();
    } catch (Exception e) {
      observer.onError(getStatus(e).asRuntimeException());
    }
  }

  public static <R, S> StreamObserver<R> sendStream(
      StreamObserver<S> response,
      Function<R, S> handler) {
    return new StreamObserver<>() {
      @Override
      public void onNext(R req) {
        try {
          response.onNext(handler.apply(req));
        } catch (Exception e) {
```

```
      response.onError(
        StreamObserverHelper.getStatus(e)
          .asRuntimeException());
      }
    }

    @Override
    public void onError(Throwable throwable) {
      response.onCompleted();
    }

    @Override
    public void onCompleted() {
      response.onCompleted();
    }
  };
}

private static Status getStatus(Throwable cause) {
  return cause instanceof GrpcStatusAware ?
    ((GrpcStatusAware) cause).toStatus()
    : Status.INTERNAL
      .withDescription(cause.getMessage())
      .withCause(cause);
  }
}
```

在 StreamObserverHelper 的实现中对可能出现的异常进行了处理。在 gRPC 中，当出现了错误之后，服务器会返回一个错误代码，以及可选的错误消息。调用请求的状态由 io.grpc.Status 来描述。对于客户端来说，每一次远程方法调用都会在完成时返回一个 Status 对象。Status 类提供了一些标准的错误代码，如表 6-7 所示。

表 6-7　标准的错误代码

错 误 状 态	代　码	说　　明
CANCELLED	1	操作被取消
UNKNOWN	2	未知的错误
INVALID_ARGUMENT	3	客户端提供了非法的参数
DEADLINE_EXCEEDED	4	操作完成超时
NOT_FOUND	5	找不到请求的实体
ALREADY_EXISTS	6	尝试创建的实体已存在
PERMISSION_DENIED	7	调用者没有权限执行操作

（续）

错 误 状 态	代　码	说　　明
RESOURCE_EXHAUSTED	8	资源已耗尽
FAILED_PRECONDITION	9	由于系统当前的状态不满足操作的执行条件，操作被拒绝
ABORTED	10	操作被终止
OUT_OF_RANGE	11	请求值超过了合法的范围
UNIMPLEMENTED	12	操作没有实现，或者服务不支持
INTERNAL	13	内部错误
UNAVAILABLE	14	服务当前不可用
DATA_LOSS	15	无法恢复的数据丢失或损坏
UNAUTHENTICATED	16	请求方没有提供认证信息

  Java 代码一般使用异常来处理错误。当 gRPC 的服务端出现错误时，可以把捕获到的异常直接通过 StreamObserver 的 onError 方法进行发送。服务器会尝试把 Throwable 对象转换成 Status。一般的 Throwable 对象会直接转换成错误代码为 UNKNOWN，并且不带错误消息的 Status 对象。

  如果需要使用自定义的 Status 对象，那么应该使用 Status 对象创建出检查异常 StatusException 或非检查异常 StatusRuntimeException，并提供给 onError 方法。使用异常来处理 gRPC 错误有如下两种做法。

  第一种做法是创建 StatusException 或 StatusRuntimeException 的子类，表示业务逻辑相关的异常。比如下面代码中的 GrpcInvalidArgumentException 异常，它所使用的错误代码是 INVALID_ARGUMENT。

```
public class GrpcInvalidArgumentException
    extends StatusRuntimeException {

  public GrpcInvalidArgumentException() {
    super(Status.INVALID_ARGUMENT);
  }
}
```

  这种方法的局限性在于必须在构造器中指定 Status 对象。在很多情况下，创建 Status 所需的信息在构造时不一定是已知的。另外已有父类的异常类没有办法使用这种模式。

  第二种做法是使用提供 Status 对象的接口，如下面代码中的 GrpcStatusAware 接口。

```
public interface GrpcStatusAware {

  Status toStatus();
}
```

下面代码是表示找不到资源的 ResourceNotFoundException 异常。它实现了 GrpcStatusAware 接口并返回错误代码为 NOT_FOUND 的 Status 对象。

```java
public class ResourceNotFoundException extends RuntimeException
    implements GrpcStatusAware {

  private final String resourceType;
  private final String resourceId;

  public ResourceNotFoundException(String resourceType,
      String resourceId) {
    this.resourceType = resourceType;
    this.resourceId = resourceId;
  }

  @Override
  public String getMessage() {
    return String
        .format("Resource [%s] of type [%s] not found",
          this.resourceId, this.resourceType);
  }

  @Override
  public Status toStatus() {
    return Status.NOT_FOUND.withDescription(this.getMessage());
  }
}
```

在 StreamObserverHelper 中，对于捕获的 Throwable 对象，如果它实现了 GrpcStatusAware 接口，则使用 GrpcStatusAware 接口的 toStatus 方法来获取到 Status 对象；否则使用错误代码为 INTERNAL 的 Status 对象，并返回异常的消息。

▶▶6.1.4 消费其他微服务的 gRPC API

消费其他微服务的 gRPC API 在实现上很简单，比 REST API 要简单很多。

❶ 创建客户端

由 Quarkus 生成的 gRPC 代码中，已经包含了客户端的代码。生成的代码中包含了 3 种不同类型的客户端，使用 OrderServiceGrpc 的不同静态方法来创建，如表 6-8 所示。

表 6-8　创建 gRPC 客户端的方法

方　　法	返回值类型	说　　明
newStub	OrderServiceStub	使用 StreamObserver 的异步调用客户端
newBlockingStub	OrderServiceBlockingStub	执行同步调用的阻塞客户端
newFutureStub	OrderServiceFutureStub	使用 Guava 中 ListenableFuture 的客户端

　　需要注意的是，不同类型的客户端所支持的 gRPC 交互模式是不同的。异步调用客户端支持所有的模式；阻塞客户端只支持一元和服务器流模式；而使用 ListenableFuture 的客户端只支持一元 RPC 模式。如果某种类型的客户端不支持某种交互模式，相应的方法不会在客户端中出现。比如，阻塞客户端不支持双向流模式，因此 OrderServiceBlockingStub 中并没有 getOrder 操作。

　　在实际的开发中，并不需要显式地调用生成的代码来创建客户端，而是以依赖注入的方式来使用容器提供的客户端对象。可以注入的对象包括阻塞客户端、反应式客户端和 gRPC 的 io.grpc.Channel 对象。

　　下面的代码展示了注入阻塞客户端 OrderServiceBlockingStub 的示例。注解@io.quarkus.grpc.GrpcService 用来标注 gRPC 客户端，属性值 order-service 是客户端对应的配置项的标识符。完整的配置项前缀是 quarkus.grpc.clients.order-service。

```
@Inject
@GrpcClient("order-service")
OrderServiceBlockingStub orderServiceBlockingStub;
```

　　下面代码是 gPRC 客户端相关的配置项，host 和 port 分别表示连接的 gRPC 服务器的主机名和端口。

```
quarkus:
  grpc:
    clients:
      order-service:
        host: ${ORDER_SERVICE_HOST}
        port: ${ORDER_SERVICE_PORT}
```

❷ 使用同步客户端

　　同步客户端的使用最简单。自动生成的 gRPC 代码中包含了创建请求对象的构建器类，如 CreateOrderRequest.newBuilder 方法可以得到创建 CreateOrderRequest 的构建器。以请求对象作为参数调用同步客户端的方法，可以直接得到作为响应的对象。

　　在下面代码的 createOrder 方法中，直接调用 OrderServiceBlockingStub 的 createOrder 方法，并从返回的 CreateOrderResponse 对象中得到订单的 ID。

```
@ApplicationScoped
public class OrderService {

  @Inject
  OrderServiceBlockingStub orderServiceBlockingStub;

  public String createOrder(CreateOrderRequest request) {
    return this.orderServiceBlockingStub.createOrder(request)
        .getOrderId();
  }
}
```

❸ 使用异步客户端

使用异步客户端的代码会比较复杂。如果服务器返回的是流，则需要提供一个 StreamOb-server 对象来接收响应流中的消息；如果客户端发送的是流，那么 gRPC 方法返回的是 StreamObserver 对象，用来发送消息。

下面代码中的 getOrders 方法接收订单 ID 的列表，并返回相应的 GetOrderResponse 对象的列表。由于对应的 gRPC 操作是双向流，需要提供一个 StreamObserver 对象来接收消息，把得到的消息添加到 List 中。OrderServiceStub 的 getOrder 方法返回的是另外一个 StreamObserver 对象 request，把 orderIds 中包含的订单 ID 通过 request 的 onNext 方法进行发送。由于整个操作是异步完成的，CountDownLatch 用来阻塞当前方法以等待操作完成。

```
@ApplicationScoped
public class OrderService {

  @Inject
  OrderServiceStub orderServiceStub;

  public List<GetOrderResponse> getOrders(List<String> orderIds)
throws InterruptedException {
    CountDownLatch finishLatch = new CountDownLatch(1);
    List<GetOrderResponse> results =
        new ArrayList<>(orderIds.size());
    StreamObserver<GetOrderRequest> request = this.orderServiceStub
        .getOrder(new StreamObserver<>() {
          @Override
          public void onNext(GetOrderResponse value) {
            results.add(value);
          }

          @Override
```

```
      public void onError(Throwable t) {
        finishLatch.countDown();
      }

      @Override
      public void onCompleted() {
        finishLatch.countDown();
      }
    });
  orderIds.forEach(orderId ->
    request.onNext(
      GetOrderRequest.newBuilder()
      .setOrderId(orderId).build()));
  request.onCompleted();
  finishLatch.await();
  return results;
  }
}
```

上述方法实际上把异步的操作变成了同步操作。第 7 章介绍的反应式编程有更好的方式解决这个问题。

6.2 异步消息传递

第 5 章中介绍了以同步调用 REST API 来作为微服务之间交互的方式。这种同步方式的优势是实现简单，开发人员可以很容易地把这种 API 的调用与代码中的方法调用进行类比。不过同步调用的方式也存在一些弊端。异步消息传递是另外一种微服务之间交互的方式。

▶▶6.2.1 异步消息传递概述

在微服务架构的应用中，微服务之间的交互使用的是跨进程的 API 调用。同步调用其他微服务的 API 看似简单，就如同代码中的方法调用一样。但简单的情况只发生在一切正常时，如果被调用的微服务出现错误，那相应的处理会复杂很多。在进行同步的微服务 API 调用时，要求被调用者在调用发生时处于可用的状态。如果被调用者当前不可用，则需要进行重试或进入到错误处理逻辑。如果调用最终失败，则被调用者并不知道请求的存在。

同步的 API 调用虽然实现简单，但是存在很多局限性。另外一种做法是使用异步消息传递。这两种交互方式可以分别与打电话和电子邮件进行类比。同步 API 调用相当于打电话，可以即时得到对方的回应，但是会遇到对方没有接电话、暂时无法接通或占线等情况。电子邮件相当于异步消息传递，虽然不能即时得到回应，但是发送方只需要把邮件发送出去就可以结束当前的任务。

异步消息传递的最大特点是把方法的调用、调用的执行和调用结果的获取这三个动作进行了时间上的分离。在 API 方法调用过程中，方法的调用和结果的获取是同步进行的。调用者在发出调用请求之后，会等待方法调用的完成，并使用调用结果进行下一步的操作。

异步消息则把这三个动作从时间上进行了分离，变成了异步的操作。以订单创建的场景为例，当用户创建了订单之后，需要通知餐馆服务来对订单进行确认。最简单的做法是直接调用餐馆服务的 API 来发送通知。使用 MicroProfile RestClient 就可以完成 REST API 的调用。

直接调用服务的 API 的做法存在一些问题。首先是把订单服务和餐馆服务紧密的耦合在一起，如果餐馆服务的 API 发生了变化，订单服务也需要进行相应的修改。

如果在调用餐馆服务时出现了错误，并在经过了重试之后仍然失败，那订单服务需要选择不同的处理策略。一种策略是忽略餐馆服务的错误并继续执行。这种策略的问题在于餐馆服务会丢失当前订单的创建通知，使得两个微服务的数据出现不一致。为了保持数据的一致性，订单创建的操作不应该被标记为成功。这种做法虽然保证了数据的一致性，但是在业务逻辑上的影响过大。订单创建成功与否，不应该与餐馆服务的状态相关。在实际运行中，如果餐馆服务中断 1 分钟，那么在这 1 分钟之内，所有的订单都无法创建。这种结果与引入微服务架构的初衷相违背。

最后一个问题与应用的更新相关。在今后的版本更新中，当订单创建之后，可能需要调用新的微服务的 API。如果是同步的 API 调用，必须修改订单服务来添加对新 API 的调用。

由于同步 API 调用存在上述问题，更好的做法是使用异步消息。当订单创建之后，订单服务只负责把通知消息发送到消息代理。餐馆服务从消息代理接收通知并进行处理。这种交互方式把两个微服务进行了解耦，可以解决上述的三个问题。因为订单服务不直接调用餐馆服务的 API，当餐馆服务的 API 发生变化时，订单服务不需要随之修改。如果餐馆服务出现问题，订单服务仍然可以把消息发送到服务代理。当餐馆服务恢复之后，可以继续从上次失败的位置开始处理，包括它出错的时间段内产生的新的消息。当有新的服务希望消费订单创建的消息时，该服务只需要在消息代理上添加新的消费者即可，与消息的发布服务无关。

▶▶6.2.2　事件、命令和消息的含义

在异步消息传递中，经常会遇到事件、命令和消息这三个概念。消息是最通用的概念，表示两个对等实体之间传递的数据。事件和命令都是通过消息来实现的。

事件表示已经发生的状况。事件在软件系统的应用由来已久，最典型的应用是在用户界面中。用户界面的实现中通常会维护一个事件循环（Event Loop）。当由于用户的操作而产生相应

的事件时，如按钮单击和鼠标移动，事件的处理器会被调用来响应用户的操作。对事件的处理都在事件循环中完成。应用开发者只需要为感兴趣的事件添加处理器即可。

除了用户界面之外，事件在后端开发中也得到了广泛的应用，产生了事件驱动的设计。事件驱动指的是使用事件作为不同组件之间传递消息的形式。当组件中对象的状态发生变化时，可以发送相关的事件，其他组件对事件进行处理，实现不同的业务逻辑。

事件驱动的一个好处是可以实现发布者-消费者（Publisher-Subscriber，PubSub）模式。同一个事件可以有多个处理器。当新的组件对某个事件感兴趣时，只需要添加新的处理器即可，并不需要对事件发布者进行修改。在单体应用中，一般使用事件总线来实现 PubSub 模式，如 Guava 中的 EventBus。

与消息和事件相比，命令是抽象层次更高的概念。命令的特殊之处在于命令可以有回应，类似于远程方法调用的返回值。命令同样以消息来实现。发送的命令和命令的回应都是消息，只不过需要某种方式把某个命令的回应与命令本身关联起来。

对消息代理来说，消息的格式并不重要。在实际的开发中，消息框架通常会对消息的结构做出定义。消息的组成部分如表 6-9 所示。

表 6-9　消息的组成部分

组 成 部 分	说　　明
ID	消息的全局唯一标识符，用来判断消息是否重复出现
时间戳	消息产生时的时间戳，可以用来对消息进行排序
类型	消息的类型
头	消息头，包含消息的元数据
载荷	消息内容，可以是任意格式的数据

对于消息的类型，推荐以反转域名作为类型名称的前缀，类似 Java 中类的命名方式。而对于消息类型的简单名称，则根据事件或命令而有所不同。事件的名称一般使用名词加上动词被动语态的命名规则。名词是事件的目标对象的类型，而动词则是事件所代表的动作。比如，表示订单创建成功的事件的名称是 OrderCreatedEvent。Order 表明事件的目标对象是订单，Created 则表明事件对应的动作是创建。

命令的名称一般使用动词加上名称的命名规则，动词表示命令的动作，而名称表示命令操作的目标对象的类型。比如，发送邮件的命令的名称是 SendEmail。Send 表示命令的动作是发送，而 Email 表示命令操作的对象是电子邮件。

命令和事件之间存在一定的关联性。命令的执行结果一般以事件来表示。比如 SendEmail 命令的结果可以用事件 EmailSent 或 EmailNotSent 来分别表示成功或失败的情况。有些命令的发送方不期待执行结果，也就是所谓的发送后不管（Fire-and-Forget）。

消息头一般是包含名值对的哈希表，其中包含的元数据一般与应用框架相关。比如，在实现命令时，命令的回应消息中可以包含一个消息头来指定所对应发出命令的消息的 ID。

消息的载荷对象的格式取决于消息的发布者。载荷的格式是所发布消息的契约的一部分。载荷对象的内容也需要考虑到消息的消费者的需求，因为消息的消费者只能根据消息中的载荷对象中包含的数据来进行处理。载荷对象的最终格式是综合多方面考量的结果。载荷对象只需要包含足够多的信息即可。

以订单相关的事件为例来进行说明，当一个新订单被创建时，订单所关联的数据很多，包括用户、餐馆和订单自身。对于表示订单被创建的 OrderCreatedEvent 事件，它的载荷对象中如果只包含新创建的订单的 ID，那么当餐馆服务处理该事件时，它必须再次调用订单服务的 API 来获取订单的详细信息，这会影响处理的性能。更好的做法是把新创建的订单的信息也作为 OrderCreatedEvent 事件的载荷的一部分，这样就避免了不必要的查询。对于表示订单被确认的 OrderConfirmedEvent 事件，它的载荷对象中只包含订单的 ID 就足够了。

不管是事件还是命令，在运行中都以消息的格式来封装。消息代理并不限制消息的格式，可以使用 JSON、XML 或 protobuf 等。消息的载荷也可以使用不同的格式。比如，消息可以使用 protobuf，而消息的载荷使用 JSON 格式。

领域驱动设计中有一个概念叫聚合，表示实体和值对象的集群。应用中的大部分事件的产生都与聚合相关，表示对聚合中的根实体的操作。以订单聚合为例，大部分事件都与订单相关，比如订单已创建、订单已确认、订单已取消等，这些事件称为聚合事件。聚合事件会带有对应的根实体的信息，包括根实体的类型和 ID，比如订单聚合相关的事件会包含产生该事件的订单 ID。

▶▶6.2.3 数据的最终一致性

最终一致性指的是，对于一个数据项，如果没有对它做新的改动，那么所有对该数据项的访问最终都会返回最后一次更新的值。最终一致性所提供的特性是 BASE，也就是基本可用（Basically Available）、软状态（Soft state）和最终一致性（Eventual consistency）的缩写。BASE 在化学上的含义是碱，刚好与 ACID 的含义酸相对应。

1）基本可用指的是基本的读取和写入操作是尽可能可用的，但是并不保证一致性。也就是说，读取操作不一定返回的是最近一次更新的值，写入操作只有在解决冲突之后才会被持久化。

2）软状态指的是由于没有一致性的保证，在某个时间点上，只能对系统的状态有一个大致的认知。

3）最终一致性指的是只需要等待足够长的时间，系统的状态会最终恢复一致性。

在微服务架构的应用中，最终一致性是解决数据一致性的最现实的方案。当业务流程横跨多个微服务时，完成一个业务流程的时间跨度可能会比较广。如果从单个业务流程生命周期全过程中的某个时间点来看，所有微服务中与该业务流程相关的全部数据可能处于不一致的状态。比如，支付服务已经完成对外卖订单的扣款，但是餐馆由于自身原因，无法提供订单中的全部菜品。在这个时间点来说，用户完成了支付，但是对应的菜品处于未确定的状态。如果餐馆无法提供菜品，导致订单取消，在完成退款操作之前，用户虽然付了钱，但是没有得到任何菜品，整个业务流程的数据存在不一致。但是，如果整个业务流程全部完成，完成了退款操作，系统的状态会恢复一致。

▶▶6.2.4 使用 Apache Kafka 传递消息

本书使用 Apache Kafka 作为消息的代理。在介绍具体的消息传递之前，首先对 Apache Kafka 的基本内容做介绍。

❶ Apache Kafka 概述

Apache Kafka 是一个分布式流平台。Kafka 可以发布和订阅记录流，并提供记录流的持久化存储。每个记录有其键、值和时间戳。

Kafka 把记录流组织成主题（Topic），在发布记录时需要指定主题。每个主题在 Kafka 集群上可以有多个分片（Partition）。每个分片都是记录的一个有序的、不可变的序列。新的记录被添加到序列的末尾。分片中的每个记录都有一个递增的序号作为其标识符，该序号称为记录的偏移量（Offset）。图 6-1 展示了 Kafka 中的主题，该主题有 3 个分片，每个分片的写入位置各不相同。

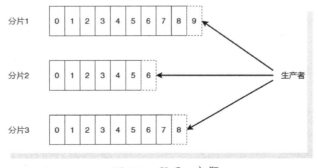

● 图 6-1　Kafka 主题

Kafka 的生产者负责将记录发布到选定的主题。在发布时，生产者负责为记录选择所在的分片。每个主题都可以有多个消费者。消费者以分组的形式来组织。每个消费者以标签的形式来表明所在的分组。对于每个主题中发布的记录，该记录会被发送给每个订阅了该主题的消费者分组中的其中一个消费者。消费者分组可以实现不同的记录处理场景。如果所有的消费者都属于同一个分组，那么记录会在所有的消费者中以负载均衡的方式处理；如果所有的消费者都属于各自独立的分组，那么记录会被广播到所有的消费者。除了这两种极端场景外，通常的情况是从业务需要上把消费者划分成少量的分组，每个分组中包含一定数量的实例来保证处理速度和进行故障恢复。每个分组中的实例数量不能超过分片的数量。

消费者只需要维护在分片中的当前偏移量即可。这个偏移量是当前的读取位置。通常的做法是递增该偏移量来顺序读取记录。在需要的时候，还可以把偏移量设置为之前的值来重新处理一些记录，或是跳过一些记录。

❷ 消息传递的保证性

在消息传递时，一个需要考虑的重要问题是消息传递的保证性，也就是生产者发布的消息，是否一定可以被消费者接收到。一共有三种不同的保证性，如表 6-10 所示。

表 6-10　消息传递的保证性

消息传递的保证	说　　明
至多一次	消息可能丢失，但是不会重新传递
至少一次	消息不会丢失，但是会重新传递
有且仅有一次	消息会且仅会被传递一次

看到表 6-10 中的保证性，第一反应是应该使用有且仅有一次的保证性，因为这符合我们对消息传递的预期。不过在一个分布式系统中提供有且仅有一次的保证性，所带来的代价过高。正确的做法是根据实际的需要选择最合适的保证性。比如，如果生产者发布的消息是收集的性能指标数据，那么至多一次的保证性已经足够。丢失一些性能指标数据并不是什么大问题，而且性能指标数据产生的速度很快，新的数据会迅速产生并替代旧数据。

Kafka 对于不同的保证性都提供了一定的支持。对于有且仅有一次的保证性，在 Kafka 的主题之间传送和处理消息时，可以使用事务性生产者和消费者。Kafka 的流处理 API 提供的也是有且仅有一次的保证性。

如果生产者在发布记录时出现网络错误，生产者并不能确定记录是否被成功提交。当生产者进行重试时，有可能造成记录的重复。在消费者处理记录时，需要保存当前的读取位置。如果当前消费者出现错误而崩溃，新的消费者可以从上次读取的位置开始继续进行处理。消费者有两种不同的处理策略。

1）消费者首先读取记录，然后处理记录，最后保存读取位置。如果消费者在处理完记录之后，保存读取位置之前出错，新的消费者还会从上次的旧位置开始读取，会造成重复处理记

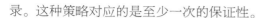

录。这种策略对应的是至少一次的保证性。

2）消费者首先读取记录，然后保存读取位置，最后处理记录。如果消费者在保存读取位置之后，处理记录之前出错，读取的记录实际上并没有被处理。新的消费者会从新位置开始读取。这种策略对应的是至多一次的保证性。

Kafka 默认采用的是至少一次的保证性。如果需要实现至多一次的保证性，则需要禁用生产者的重试，同时消费者使用上述第二种策略。

Kafka 负责保证同一个分片中记录的顺序性，也就是说记录会严格按照被发布的顺序来消费。这一点对于事件驱动的微服务来说非常重要。如果一个用户创建了订单，然后取消了该订单，对应的两个事件必须按照同样的顺序来处理。如果订单取消的事件先被处理，那么该事件可能会被忽略，而订单最终完成了创建。这显然是不正确的。

▶▶ 6.2.5 事务性消息

在使用了消息代理之后，应用中产生的事件以消息的形式进行发布，消息的消费者接收到事件并进行处理。如果消息代理可以提供消息传递时至少一次的保证性，那么只要消息被成功发布，就可以确保该消息对应的事件必定会得到处理。

事务性消息（Transactional Messaging）的目的是保证数据的一致性。在实战应用中，当收到创建订单的请求之后，订单服务会把订单信息保存在关系型数据库中，并发布订单已创建的事件 OrderCreatedEvent。很显然，订单信息的保存和 OrderCreatedEvent 事件的发布，这两个动作要么同时发生，要么同时不发生。如果只有一个动作发生，那么必然会产生数据一致性的问题。这两个动作都可能失败，为了保证原子性，通常需要用到事务。

如果上述的两个动作是对同一个数据库中的表的操作，使用事务就可以轻松解决。两个动作在同一个事务中，如果两个动作都成功，事务才会被提交，否则事务会自动回滚。如果两个动作是对两个不同的数据库的操作，也可以使用 XA 事务的二阶段提交协议（Two-phase Commit Protocol，2PC）。

在订单服务的实现中，订单信息被保存在 PostgreSQL 数据库中，而事件发布则由 Kafka 来完成。Kafka 并不支持 XA 事务，因此无法通过 XA 事务来解决问题。这就需要用到下面介绍的事务性发件箱模式。

❶ 事务性发件箱模式

事务性发件箱（Transactional Outbox）模式使用一个数据库表来保存需要发布的事件，这个表称为事件的发件箱。通过使用这种模式，发布事件的动作被转换成一个数据库操作，因此可以使用一个本地数据库事务来保证原子性。对于保存在发件箱表中的事件，需要一个独立的消息中继进程来转发给消息代理。

图 6-2 给出了事务性发件箱模式的示意图。在订单服务对订单表进行修改时，包括插入、更新和删除操作，会同时在发件箱表中插入对应事件的记录。对这两个表的操作在同一个数据库事务中。如果对订单表的操作成功，则发件箱表中必然有对应的事件。如果对订单表的操作失败，则发件箱表中必然没有对应的事件。消息中继负责读取发件箱表中的记录，并发送事件给消息代理。

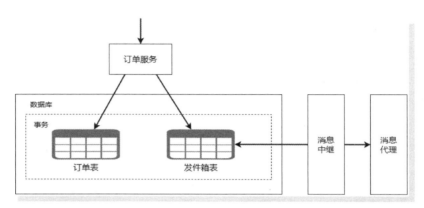

● 图 6-2　事务性发件箱模式

实现事务性发件箱模式的一个重要问题是如何有效读取发件箱表中的记录。一般的做法是使用变化数据捕获技术。

消息中继需要监控发件箱表，当有记录插入时，需要发布消息到消息代理。这种监控数据库变化的技术称为变化数据捕获（Change Data Capture，CDC）。有很多不同的方法可以捕获到数据库表中的改动。这些方法大致可以分成三类：第一类做法是在数据库表中添加额外的字段来记录改动相关的信息，包括更新时间戳、版本号和状态指示符；第二类做法使用数据库的触发器；第三类做法扫描事务日志来分析对数据库的改动。

在上述三类方法中，事务日志是最实用的方法。事务日志的好处是对数据库没有影响，也不要求对应用的表结构和代码进行修改，性能也更佳。事务日志的不足之处在于，事务日志的格式并没有统一的标准，不同的数据库系统有自己的私有实现，而且会随着版本更新而变化。这就要求解析事务日志的代码要不断更新。不过这一般交给开源的 CDC 库来处理。

❷ 使用 Debezium

Debezium 是流行的开源 CDC 库。Debezium 构建在 Kafka 之上，提供了 Kafka Connect 兼容的连接器，可以把数据库中的变化事件发布成 Kafka 中的消息。Debezium 提供了对应不同类型的数据库的连接器，只需要把连接器部署到 Kafka Connect 即可。图 6-3 是 Debezium 的架构图。

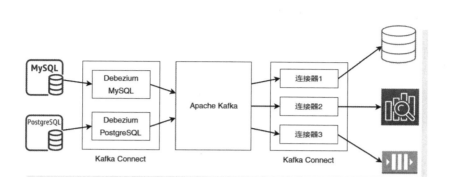

● 图 6-3　Debezium 的架构图

通过 Kafka Streams API 可以把 Debezium 发布的消息进行转换,并发布到其他主题中,还可以使用连接器输出到其他第三方消费者。Debezium 也支持嵌入在 Java 应用中运行。在使用 Debezium 时,运行的数据库应该使用 Debezium 提供的镜像,比如 PostgreSQL 对应的镜像 debezium/postgres。这些镜像中的数据库服务已经进行了必要的配置来启用 CDC。

接下来介绍如何使用 Debezium 来实现事务性发件箱模式。首先是设计发件箱表的模式。下面的代码给出了创建发件箱表 outbox_event 的 SQL 脚本。

```
CREATE TABLE happy_takeaway.outbox_event (
  id CHAR(36) PRIMARY KEY,
  type VARCHAR(255) NOT NULL,
  timestamp bigint NOT NULL,
  aggregatetype VARCHAR(255) NOT NULL,
  aggregateid CHAR(36) NOT NULL,
  payload TEXT
);
```

发件箱表中的字段表示了事件结构中的不同组成部分,其中 payload 的类型是 TEXT,这是因为使用 JSON 作为载荷的格式。使用 JSON 的好处是可读性更好,方便开发和调试,不过 JSON 格式会占用更多的存储空间。从优化存储的角度出发,可以使用 protobuf 这样的二进制格式。表 6-11 给出了字段的名称及其说明。

表 6-11　发件箱表的字段

字　　段	说　　明
id	事件的 ID
type	事件的类型
timestamp	事件发生的时间戳
aggregatetype	事件所对应的聚合的类型
aggregateid	事件所对应的聚合的 ID
payload	事件的载荷

❸ 发布事件

为了发布事件，需要创建相应的 JPA 实体和操作实体的仓库类。作为事件的发布者，并不需要直接操作事件实体类，而是使用抽象的事件 API。下面代码中的 DomainEvent ＜T＞ 是事件的接口，类型参数 T 表示载荷的类型。DomainEvent 的方法可以返回事件的不同属性，其中 getEventType 方法返回事件的类型，默认的实现使用事件类的全名作为类型。

```
public interface DomainEvent ＜T＞ {

  String getEventId();

  long getTimestamp();

  T getPayload();

  default String getEventType() {
    return this.getClass().getName();
  }
}
```

事件类并不需要直接实现 DomainEvent 接口，而是继承下面代码中的 GenericEvent 类。GenericEvent 有两个构造器，第一个构造器只需要提供事件类型和载荷对象，适用于创建新的事件对象；第二个构造器需要提供全部的字段值，适用于事件对象的反序列化。

```
public class GenericEvent ＜T＞ implements DomainEvent ＜T＞ {

  private final String eventId;
  private final String eventType;
  private final long timestamp;
  private final T payload;

  public GenericEvent(String eventType, T payload) {
    this.eventId = UUID.randomUUID().toString();
    this.eventType = eventType;
    this.timestamp = System.currentTimeMillis();
    this.payload = payload;
  }

  public GenericEvent(String eventType, String eventId,
      long timestamp, T payload) {
    this.eventId = eventId;
    this.eventType = eventType;
    this.timestamp = timestamp;
    this.payload = payload;
```

```
  }

  @Override
  public String getEventId() {
    return this.eventId;
  }

  @Override
  public long getTimestamp() {
    return this.timestamp;
  }

  @Override
  public T getPayload() {
    return this.payload;
  }

  @Override
  public String getEventType() {
    return this.eventType;
  }
}
```

下面代码中的 OrderCreatedEvent 表示订单已创建的事件。事件类型是 OrderCreated，而事件载荷的类型是 OrderDetails。

```
public class OrderCreatedEvent
extends GenericEvent<OrderDetails> {

  public static final String TYPE = "OrderCreated";

  public OrderCreatedEvent(OrderDetails orderDetails) {
    super(TYPE, orderDetails);
  }

  public OrderCreatedEvent(String eventId,
      long timestamp, OrderDetails payload) {
    super(TYPE, eventId, timestamp, payload);
  }
}
```

除了事件之外，下面代码中的 AggregateEntity 接口表示聚合类型的实体，其中的方法 aggregateId 和 aggregateType 分别返回聚合的 ID 和类型。表示订单的 OrderEntity 类实现了该接口。

```
public interface AggregateEntity {

  String aggregateId();

  default String aggregateType() {
    return this.getClass().getName();
  }
}
```

下面代码中的 EventService 用来发布事件。注入的 EventRepository 对象负责事件实体 EventEntity 的存储。在 publish 方法中，类型参数 A 表示聚合，E 表示事件。根据聚合对象和事件创建出 EventEntity 对象并持久化。事件载荷的格式是 JSON。在注解@Transactional 中，事务的类型是 MANDATORY，要求必须有事务上下文存在。

```
@ApplicationScoped
public class EventService {

  @Inject
  EventRepository eventRepository;

  @Transactional(TxType.MANDATORY)
  public <A extends AggregateEntity, E extends DomainEvent<?>> void publish(A aggregate,
      E event) {
    EventEntity entity = EventEntity.builder()
        .id(event.getEventId())
        .type(event.getEventType())
        .timestamp(event.getTimestamp())
        .aggregateType(aggregate.aggregateType())
        .aggregateId(aggregate.aggregateId())
        .payload(this.convertEventPayload(event.getPayload()))
        .build();
    this.eventRepository.persist(entity);
  }

  private String convertEventPayload(Object payload) {
    try {
      return JsonMapper.toJson(payload);
    } catch (Exception e) {
      return "{}";
    }
  }
}
```

在下面的代码中，OrderService 的 createOrder 方法用来创建订单。在创建了 OrderEntity 之后，使用 OrderRepository 持久化到数据库中，然后使用 EventService 的 publish 方法来发布 Order-rCreatedEvent。保存订单和发布事件在同一个事务中，这样就保证了数据的一致性。

```
@ApplicationScoped
public class OrderService {

  @Inject
  OrderRepository orderRepository;

  @Inject
  EventService eventService;

  @Transactional
  public CreateOrderResponse createOrder(
      CreateOrderRequest request) {
    OrderEntity order = OrderEntity.builder()
        .userId(request.getUserId())
        .restaurantId(request.getRestaurantId())
        .status(OrderStatus.CREATED)
        .lineItems(this.buildLineItems(request))
        .build();
    this.orderRepository.persist(order);
    this.eventService.publish(order,
        this.orderCreatedEvent(order));
    return CreateOrderResponse.newBuilder()
        .setOrderId(order.getId()).build();
  }

}
```

④ 配置 Debezium

下一步是配置 Debezium 来读取事件发件箱表中的内容。Debezium 在运行时需要 Kafka 和 Kafka Connect。Debezium 的镜像中已经包含了 PostgreSQL 的连接器，只需要启用即可。

Kafka Connect 提供了 REST API 来对连接器进行管理。创建新的连接器时需要发送 POST 请求到 /connectors。下面的代码给出了创建连接器的请求的 JSON 内容。在 JSON 内容中，属性 name 表示连接器的名称，config 是相关的配置。

```
{
  "name": "happy-takeaway-orders-outbox-connector",
  "config": {
    "connector.class":
        "io.debezium.connector.postgresql.PostgresConnector",
```

```
        "tasks.max": "1",
        "database.hostname": "order-postgres",
        "database.port": "5432",
        "database.user": "puser",
        "database.password": "ppassword",
        "database.dbname": "happy-takeaway",
        "database.server.name": "dev",
        "schema.include.list": "happy_takeaway",
        "table.include.list": "happy_takeaway.outbox_event",
        "transforms": "outbox",
        "transforms.outbox.type":
            "io.debezium.transforms.outbox.EventRouter",
        "transforms.outbox.table.fields.additional.placement":
            "type:header:eventType,timestamp:header",
        "key.converter":
            "org.apache.kafka.connect.storage.StringConverter",
        "key.converter.schemas.enable": false,
        "value.converter":
            "org.apache.kafka.connect.storage.StringConverter",
        "value.converter.schemas.enable": false
    }
}
```

表 6-12 给出了 Debezium 中连接器的配置项的说明。

表 6-12　Debezium 的配置项

配 置 项	说 明
connector.class	连接器的 Java 类名。不同的数据库实现有各自的连接器
database.*	数据库相关的配置，包括主机名、端口、用户名、密码、数据库名称和服务器名称
schema.include.list	监听变化的数据库模式的名称
table.include.list	监听变化的数据库表的名称
transforms	对变化记录所做的转换，EventRouter 表示使用发件箱模式的转换
key.converter	Kafka 中记录的键的转换器
value.converter	Kafka 中记录的值的转换器

值得一提的是配置项 transforms.outbox.table.fields.additional.placement。该配置项的作用是定义数据库中的字段在消息中的出现位置。可选的位置有 header 和 envelope，分别表示 Kafka 记录的头和消息的内容。除了设置字段的出现位置之外，还可以重命名字段。比如，type：header：eventType 的作用是把 type 字段放置在记录头中，并重命名为 eventType；timestamp：

header 的作用是把 timestamp 字段放置的记录头中,并保持名称不变。

对于每条变化事件的记录,Debezium 连接器会首先进行转换,再使用 Kafka Connect 的转换器把记录的键和值转换成二进制的形式,最后把记录写入 Kafka 的主题中。配置项 key.converter 和 value.converter 的作用是指定使用的转换器。在默认的配置中,产生的记录中会包含模式的元数据。这些元数据在大多数情况下并没有价值,可以使用配置项 key.converter.schemas.enable 和 value.converter.schemas.enable 来关闭。

在启用了连接器之后,当有新的事件被添加到 outbox_event 表时,Debezium 的 Kafka 连接器会发布消息到指定的主题。主题的名字来自事件对应的聚合的类型。订单事件对应的聚合名称是 Order,相应的主题名称是 outbox.event.Order。

❺ 处理事件

处理事件时使用 Kafka 的客户端。Quarkus 的扩展 kafka-client 提供了 Kafka 客户端和必要的配置。所有以 kafka 为前缀的配置项都会被收集到名为 default-kafka-broker 的 Map<String,Object>对象中。这个配置对象用来创建处理消息的 KafkaConsumer 对象。

完整的事件消费者的实现比较长,下面分成几个部分来分别介绍。下面的代码是连接 Kafka 并接收消息的部分。

```
public abstract class BaseEventConsumer {

  private final AtomicBoolean stopFlag = new AtomicBoolean();

  @Inject
  @Identifier("default-kafka-broker")
  Map<String, Object> config;

  protected abstract String getConsumerId();

  protected abstract List<String> getTopics();

  protected void start() {
    Thread workerThread = new Thread(this::consume);
    workerThread.setName("kafka-consumer");
    workerThread.setDaemon(true);
    workerThread.start();
  }

  private void pollRecords() {
    String consumerId = this.getConsumerId();
    Map<String, Object> conf = new HashMap<> (this.config);
    KafkaConsumer<String, String> consumer =
```

```
        new KafkaConsumer < > (conf, new StringDeserializer(),
            new StringDeserializer());
    consumer.subscribe(this.getTopics());
    LOG.infov("Subscribed to topics {0}", this.getTopics());
    while (!this.stopFlag.get()) {
      ConsumerRecords<String, String> records =
        consumer.poll(Duration.ofMillis(100));
      for (ConsumerRecord<String, String> record : records) {
        thisprocessRecord(consumerId, record);
      }
    }
  }

  }
```

类型为 Map <String，Object> 的字段 config 的值通过依赖注入的方式获取到扩展 kafka-client 提供的配置项。在创建 KafkaConsumer 对象时提供了三个参数，分别是配置对象 config、反序列化记录键的 StringDeserializer 和反序列化记录值的 StringDeserializer。接着使用 KafkaConsumer 的 subscribe 方法订阅特定的主题。

在订阅了主题之后，可以使用 KafkaConsumer 来接收消息。接收消息的基本做法是在一个循环中不断调用 KafkaConsumer 的 poll 方法来获取记录。调用 poll 方法的参数表示每次轮询时的超时时间。在调用 poll 时，如果当前有新的记录，poll 方法会立即返回，返回值的 Consumer-Records 对象中包含了新的记录；如果当超时时间过去之后仍然没有新的记录，poll 方法会返回一个空的 ConsumerRecords 对象。对于 ConsumerRecords 对象中包含的记录，依次调用 process-Record 方法来进行处理。记录的键是聚合的 ID，而值是载荷的 JSON 字符串。

下面的代码是与记录处理相关的部分。

```
public abstract class BaseEventConsumer {

  @Inject
  DuplicateMessageDetector duplicateMessageDetector;

  @Transactional
  private void processRecord(String consumerId,
        ConsumerRecord<String, String> record) {
    Headers headers = record.headers();
    String eventId = this.getHeader(headers, HEADER_ID);
    if (eventId == null) {
      LOG.infov("Ignore event without id, key = {0}", record.key());
      return;
    }
```

```
        if (this.duplicateMessageDetector
                .isDuplicate(consumerId, eventId)) {
          LOG.infov("Duplicate message: consumerId = {0}, messageId = {1}", consumerId,
eventId);
          return;
        }
        String eventType = this.getHeader(headers, HEADER_TYPE);
        if (eventType == null) {
          LOG.infov("Ignore event without type, key = {0}",
                record.key());
          return;
        }
        String timestampHeader =
            this.getHeader(headers, HEADER_TIMESTAMP);
        long timestamp =
            timestampHeader != null ? Long.parseLong(timestampHeader)
                : System.currentTimeMillis();
        EventHandler eventHandler = this.eventHandlers.get(eventType);
        if (eventHandler != null) {
          Object event = this
              .createEvent(eventHandler.type,
                  eventId, timestamp, record.value());
          eventHandler.handler.accept(event);
        } else {
          LOG.infov("Ignore event {0} of type {1} without handlers",
              eventId, eventType);
        }
    }

    private String getHeader(Headers headers, String key) {
      Header header = headers.lastHeader(key);
      return header != null
        ? new String(header.value(), StandardCharsets.UTF_8) : null;
    }
  }
```

在 processRecord 方法中，首先从记录的头中获取一些元数据，包括事件的 ID、类型和时间戳，然后根据事件的类型查找对应的处理器。如果找到对应的处理器，则创建事件对象并交给对应的处理器来处理。

在下面代码的 createEvent 方法中，通过反射 API 得到事件载荷的类型。记录的值是一个 JSON 对象，其中的属性 payload 是 outbox_event 表中字段 payload 的内容，也就是载荷的 JSON 内容。由于所有的事件类型都继承自 GenericEvent，并且实际的类型参数表示载荷的类型，使用反射 API 可以得到载荷的类型。在得到了载荷的类型之后，通过 Jackson 进行反序列化之后可以得到 Java 对象。最后再通过反射 API 得到事件类的构造器，并创建出事件对象。

```java
public abstract class BaseEventConsumer {

  private Object createEvent(Class<?> eventClass,
      String eventId, long timestamp,
      String payload) {
    try {
      Class<?> payloadClass =
              (Class<?>) ((ParameterizedType) eventClass
              .getGenericSuperclass()).getActualTypeArguments()[0];
      Object payloadObj =
          JsonMapper.fromJson(payload, payloadClass);
      Constructor<?> constructor = eventClass
          .getConstructor(String.class, long.class, payloadClass);
      return constructor.newInstance(eventId,
          timestamp, payloadObj);
    } catch (Exception e) {
      LOG.warn("Failed to create event", e);
    }
    return null;
  }

}
```

下面代码中的 OrderEventConsumer 类用来处理订单相关的事件。在 onStart 方法中，添加了对 OrderCreatedEvent 事件的处理器，也就是 onOrderCreated 方法。调用 start 方法会启动工作线程来读取 Kafka 中的记录并处理。

```java
@ApplicationScoped
public class OrderEventConsumer extends BaseEventConsumer {

  @Override
  protected String getConsumerId() {
    return "restaurant-order";
  }

  @Override
  protected List<String> getTopics() {
    return List.of("outbox.event.Order");
  }

  void onStart(@Observes StartupEvent e) {
```

```
this.addEventHandler(OrderCreatedEvent.TYPE,
    OrderCreatedEvent.class, this::onOrderCreated);
this.start();
}

void onOrderCreated(OrderCreatedEvent event) {

}

void onShutdown(@Observes ShutdownEvent e) {
    this.stop();
}
}
```

当记录被成功处理之后，消费者需要提交已处理的记录在分区中的偏移量。当消费者出现错误重启时，一般是从上次提交的偏移量开始继续处理。消费者可以使用不同的偏移量提交策略。最简单的做法是启动自动提交，也就是每隔一段时间，自动提交已处理记录的偏移量。之所以要定期提交，是因为提交偏移量本身是一个比较耗时的动作。如果在每次处理完记录之后就立刻提交，会影响处理的性能。如果记录处理完成之后，在偏移量提交之前，消费者崩溃而导致没有提交偏移量，那么当消费者重启之后，会从上一次提交偏移量的位置继续进行，会导致重复消息。

在 BaseEventConsumer 中，对消息的处理在当前的工作线程中同步进行。如果在处理中抛出了非检查异常，会导致工作线程退出而终止处理。这就要求事件处理器只有在严重错误的情况下，才能抛出非检查异常。一般的可恢复的异常情况应该在事件处理器中捕获并处理。如果出现严重错误，应该终止工作线程并停止当前消费者。

BaseEventConsumer 的这种做法有一个局限性，那就是对事件的处理只能在当前线程中同步进行，导致处理的性能不高。另外一种做法是把事件的处理转移到其他线程中异步执行，从而提高处理的效率。在异步处理时，自动提交的做法变得不太适用。在第 7 章介绍反应式编程时会介绍异步处理的做法。

⑥ 处理重复消息

需要注意的是，事务性发件箱模式会导致一个事件被发布至少一次。如果消息中继进程在发送事件之后崩溃，而没有机会记录下 CDC 相关的状态，当消息中继进程恢复之后，会重新处理发件箱表中的一些记录，这会导致对应的事件被重新发布。这并不是一个问题，因为 Kafka 也是使用至少一次的消息传递保证性，所以事件的重复是无法避免的。

为了处理重复的事件，BaseEventConsumer 中使用了下面代码中的 DuplicateMessageDetector 接口来检测重复的事件。方法 isDuplicate 的参数 consumerId 和 messageId 分别表示消费者 ID 和消息 ID。对于同一个消息，一个消费者只需要处理一次。

```
public interface DuplicateMessageDetector {

  boolean isDuplicate(String consumerId, String messageId);
}
```

最实用的检测重复消息的策略是使用数据库。在数据库表中保存已经处理过的消息的 ID。在每次处理消息之前，都尝试往数据库表中插入当前消息的 ID。数据库表不允许主键重复，如果插入失败，则说明消息已经被处理过；如果插入成功，就记录下已处理的消息。

在下面代码 DatabaseDuplicateMessageDetector 的 isDuplicate 方法中，创建一个新的 ProcessedMessageEntity 实体并持久化到数据库中。如果出现异常，则说明相关的记录已存在。更合理的做法是进一步对产生的异常进行判断。只有表示主键重复的 SQLException 才能作为消息已存在的条件。这里的代码实现进行了一些简化。

```
@ApplicationScoped
public class DatabaseDuplicateMessageDetector
    implements DuplicateMessageDetector {

  @Override
  @Transactional
  public boolean isDuplicate(String consumerId, String messageId) {
    try {
      new ProcessedMessageEntity(consumerId,
        messageId, System.currentTimeMillis())
        .persistAndFlush();
      return false;
    } catch (Exception e) {
      return true;
    }
  }
}
```

6.3 使用 WebSocket

WebSocket 经常用来在浏览器和服务端之间进行实时通信。WebSocket 也属于消息传递的一种。Quarkus 提供了对 WebSocket 的支持。

下面代码中的 OrderEventsSocket 以 WebSocket 的方式把订单相关的事件发布到浏览器。注解@ServerEndpoint 声明了 WebSocket 的访问地址，其中的路径参数 id 表示餐馆的

ID。每个连接到 WebSocket 服务器的客户端都有一个会话与之对应，以 javax.websocket.Session 对象表示。OrderEventsSocket 中的字段 sessions 维护了连接到每个餐馆的会话的信息。

```java
@ServerEndpoint("/{id}/orderEvents")
@Singleton
public class OrderEventsSocket {

  @Inject
  Logger logger;

  Map<String, CopyOnWriteArraySet<Session>> sessions =
    new ConcurrentHashMap<>();

  @OnOpen
  public void onOpen(Session session, @PathParam("id") String id) {
    this.logger.infov("Session open for restaurant {0}", id);
    this.sessions.compute(id, (key, existingSessions) -> {
      CopyOnWriteArraySet<Session> sessions =
          existingSessions != null
              ? existingSessions : new CopyOnWriteArraySet<>();
      sessions.add(session);
      return sessions;
    });
  }

  @OnClose
  public void onClose(Session session, @PathParam("id") String id) {
    this.logger.infov("Session close for restaurant {0}", id);
    this.removeSession(id, session);
  }

  @OnError
  public void onError(Session session,
      @PathParam("id") String id, Throwable throwable) {
    this.logger.warnv(throwable,
      "Session error for restaurant {0}", id);
    this.removeSession(id, session);
  }

  private void removeSession(String id, Session session) {
    this.sessions.computeIfPresent(id, (key, sessions) -> {
      sessions.remove(session);
      return sessions;
```

```
          });
       }

       public void sendEvent(String restaurantId, Object event) {
         CopyOnWriteArraySet<Session> sessions =
             this.sessions.get(restaurantId);
         if (sessions != null) {
           sessions.forEach(
             session -> session.getAsyncRemote()
                 .sendText(JsonMapper.toJson(event),
               result -> {
                 if (!result.isOK()) {
                   this.logger
                       .warnv(result.getException(),
                         "Failed to send message");
                 }
               }));
         }
       }
    }
```

OrderEventsSocket 类中的方法上添加了不同的注解来声明对 WebSocket 事件的处理。表 6-13
给了这些注解的说明。当不同的事件发生时，会对字段 sessions 中的会话进行处理。

表 6-13　WebSocket 相关的注解

注　解	说　　明
@OnOpen	有新的客户端连接
@OnClose	有客户端断开连接
@OnError	处理产生的不同类型的错误

在 sendEvent 方法中，根据餐馆 ID 找到当前全部的会话。对于每个会话，使用 Session 的
getAsyncRemote 方法获取到可以异步发送消息的 RemoteEndpoint.Async 对象，再使用 sendText
方法来发送字符串类型的消息。

在 OrderEventConsumer 中，在处理 OrderCreatedEvent 事件时，把事件对象通过 OrderEven-
tsSocket 的 sendEvent 方法来发送。

```
@ApplicationScoped
public class OrderEventConsumer extends BaseEventConsumer {

  @Inject
  OrderEventsSocket orderEventsSocket;
```

```
void onOrderCreated(OrderCreatedEvent event) {
  this.orderEventsSocket.sendEvent(
      event.getPayload().getRestaurantId(), event);
}

}
```

图 6-4 给出了 WebSocket 服务的使用示例。当使用 WebSocket 客户端连接订单事件的终端之后，可以实时接收到与订单相关的事件。图 6-4 中展示了接收到的 OrderCreated 事件的内容。

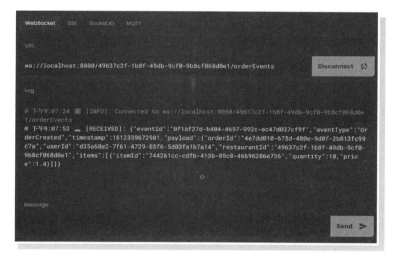

● 图 6-4　WebSocket 使用示例

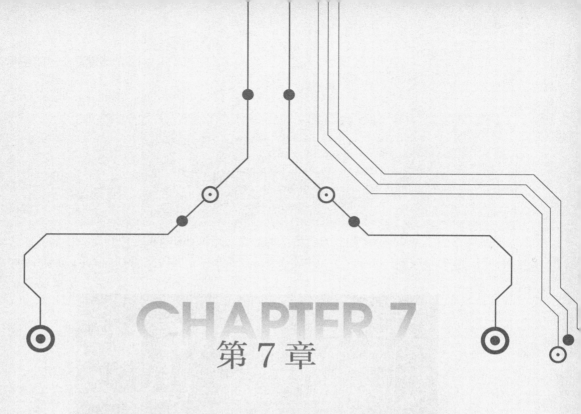

CHAPTER 7

第 7 章

反应式微服务——送货微服务实现

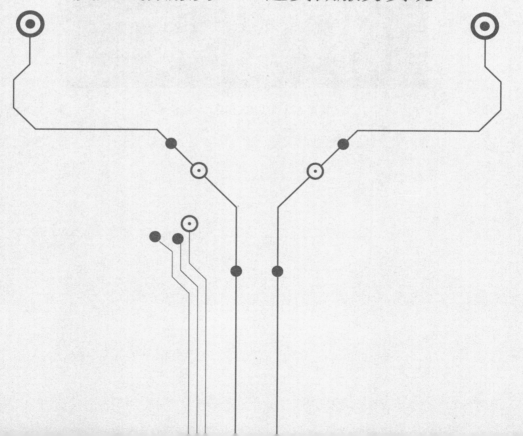

前两章中介绍的餐馆和订单微服务使用传统的阻塞式编程方式来实现。本章介绍反应式微服务的实现。

当餐馆完成了订单的准备之后，送货微服务负责联系骑手把菜品从餐馆配送到客户手中。骑手会实时更新其所在的地理位置信息，以及他当前的状态。送货微服务会维护所有可用的骑手的位置信息。当有新的订单需要派送时，送货微服务会找到餐馆附近一定范围之内的全部可用的骑手，并向这些骑手发送派送任务的邀请。对于派送任务的邀请，骑手可以选择接受或拒绝。当派送任务的邀请都发送了之后，系统会等待一段时间，让骑手有机会进行选择。在等待时间过后，系统会在所有接受派送任务邀请的骑手中，选择一个作为任务的接受者。其他未被选中的骑手会得到通知。如果在等待的时间之内，没有骑手接受派送任务的邀请。系统会等待一段时间之后再次重试，直到找到接受的骑手，或是重试次数超过上限。

在送货微服务的实现中，派送任务和邀请的信息保存在 PostgreSQL 中，骑手的地址位置信息保存在 Redis 中。

7.1 反应式编程概述

相对于传统的命令式编程，反应式编程是一种完全不同的编程范式。反应式编程的重要概念之一是负压（Back-pressure），是系统在负载过大时的重要反馈手段。当一个组件的负载过大时，可能导致该组件崩溃。为了避免组件失败，它应该通过负压来通知其上游组件减少负载。负压可能会一直往上传递，最终到达用户处，进而影响响应的及时性。这是系统整体在无法满足过量需求时的自我保护手段，可以保证系统的韧性，不会出现失败的情况。此时系统应该通过增加资源等方式来做出调整。

反应式流（Reactive Streams）是一个反应式编程相关的规范。反应式流为带负压的异步非阻塞流处理提供了标准。反应式流规范的出发点是作为不同反应式框架互操作的基础，因此它所提供的接口很简单。反应式流规范是 Java 9 的一部分。

反应式流所带来的编程思维模式的改变是以流为中心。这是从以逻辑为中心到以数据为中心的转换，也是命令式到声明式的转换。传统的命令式编程范式以控制流为核心，通过顺序、分支和循环三种控制结构来完成不同的行为。开发人员在程序中编写的是执行的步骤；以数据为中心侧重的是数据在不同组件的流动。开发人员在程序中编写的是对数据变化的声明式反应。反应式流的方式在处理逻辑上其实更清晰。如果掌握了以流为中心的思考方式，所编写的代码在实现上更加简单，并且可读性更好。

Quarkus 自身的实现是反应式的，构建在 Eclipse Vert.x 之上，所有的网络 I/O 都以非阻塞方式处理。在处理请求时有两类不同的线程，分别是 I/O 线程和工作线程。I/O 线程的工作是处理 I/O 请求，读取和写入网络数据。一个 I/O 线程可以同时处理很多个请求。当某个请求由于 I/O 操作而暂时无法进行时，I/O 线程可以转去处理其他的请求。通过这种方式，可以用较少的资源处理更多的请求，从而提升请求的处理性能。

如果对请求的处理动作是非阻塞的，相应的操作会在 I/O 线程中执行，从而可以提升处理的性能。如果对请求的处理动作是阻塞的，那相应的操作会由单独的工作线程池中的线程来处理。这种做法会阻塞当前的 I/O 线程，并且需要进行线程的上下文切换，从而降低请求的处理性能。

推荐的做法是使用非阻塞的方式来处理请求。但是在某些情况下，使用阻塞的方式是无法避免的。

7.2 使用 Mutiny 进行反应式编程

反应式流规范所提供的 API 是很简单的，并不能满足日常开发的需求。反应式流的价值在于对流以声明式的方式进行各种操作，比如常用的 map、filter 和 flatMap 等，还可以整合来自不同流的数据。这些都需要通过第三方库来完成。虽然 RxJava 和 Reactor 是目前比较流行的两个反应式库，Quarkus 的反应式支持默认使用的是 Mutiny。

▶▶ 7.2.1 Mutiny 中的事件

Mutiny 中只有两种反应式类型，分别是 Multi 和 Uni。Multi 表示包含 0 到无限个元素的流，而 Uni 表示的流只产生一个元素或错误。Mutiny 的 API 是事件驱动的。Mutiny 的反应式类型在运行中会产生不同类型的事件。使用 Mutiny 的 API 来观察不同类型的事件并做出反应。

Mutiny 中的 Multi 和 Uni 是数据流的生产者，是处理流水线的源头。在流水线中，流动的是不同类型的事件。当观察流水线中的事件并做出反应时，会在流水线上增加新的处理节点。每个处理节点可以对事件进行不同的处理，包括转换事件、创建新的事件，或者丢弃已有的事件等。流水线的处理结果由订阅者来消费。流水线中的处理是延迟进行的，只有当有订阅者实际订阅流的处理结果时，处理才会执行。

不同类型事件的流向各有不同。有些事件从流水线的上游移动至下游，而有些事件则刚好相反。Mutiny 的事件类型说明如表 7-1 所示。

表 7-1　Mutiny 中的事件类型

事　　件	适 用 对 象	事件的传递方向	说　　明
item	Uni 和 Multi	上游至下游	上游发送一个业务值
failure	Uni 和 Multi	上游至下游	上游出现错误，无法继续发送事件

（续）

事　　件	适 用 对 象	事件的传递方向	说　　　明
completion	Multi	上游至下游	上游的事件发送已经结束
subscription	Uni 和 Multi	上游至下游	上游已经接收到订阅者的订阅请求
overflow	Multi	上游至下游	上游产生了超过下游处理能力的元素
subscribe	Uni 和 Multi	下游至上游	下游的订阅者创建了订阅
cancellation	Uni 和 Multi	下游至上游	下游的订阅者取消了订阅
request	Multi	下游至上游	下游表明可以处理 n 个元素

对于 Multi 或 Uni，每种所能处理的事件都有与之对应的方法来对事件做出反应。这些方法的名称是在对应的事件名称上加上 on 前缀，如 item 事件对应的方法是 onItem。

Mutiny 中的 Uni 并不是 Multi 的一种特殊形式，两者存在较大的区别。从上表中可以看出，Uni 并不支持 completion 和 request 事件，只会发送一个 item 或 failure 事件。Uni 中产生的唯一元素可以是 null，作为成功完成的信号。

Uni<T> 一般用来表示异步操作的结果，比如远程方法调用或是 HTTP 请求，因为这些操作最多只有一个结果。如果 Uni<T> 所表示的操作没有返回结果，可以用 Uni <Void> 来表示，并发送 null 作为成功完成的信号。

▶▶ 7.2.2　创建 Uni 和 Multi 对象

大多数情况下，并不需要手动创建新的 Uni<T> 或 Multi<T> 对象，而是调用第三方库的 API 来得到这两种对象。可以使用下面介绍的方法来创建 Uni 和 Multi 对象。

❶ 创建 Uni 对象

如果需要创建新的 Uni<T> 对象，可以使用 Uni.createFrom 方法得到 UniCreate 对象，再使用 UniCreate 中的静态方法来创建。

下面代码给出了创建 Uni<T> 对象的简单用法。对于发送 item 事件的 Uni 对象，可以使用具体值、Optional 和 CompletionStage 对象创建，也可以是提供这些对象的 Supplier 实现。

```
Uni.createFrom().item(1);
Uni.createFrom().item(() -> "Hello");
Uni.createFrom().nullItem(); // 使用 null,类型为 Uni<T>
Uni.createFrom().voidItem(); // 使用 null,类型为 Uni <Void>
Uni.createFrom().optional(Optional.of(1));
Uni.createFrom().optional(() -> Optional.empty());
Uni.createFrom().failure(new IllegalArgumentException());
Uni.createFrom().failure(() -> new RuntimeException());
Uni.createFrom().completionStage(
    CompletableFuture.completedStage(1));
```

```
Uni.createFrom().completionStage(() ->
    CompletableFuture.failedStage(new RuntimeException()));
```

除了上面几种简单的创建 Uni 对象的方法之外，还有几种比较复杂的方式。第一种是下面代码中使用的 deferred 方法。该方法使用 Supplier 来提供实际的 Uni 对象。当作为返回值的 Uni 对象被订阅时，Supplier 才会被调用来产生 Uni 对象，而且每个订阅者得到是新的 Uni 对象。这是方法名 deferred 的含义，也就是把 Uni 对象的创建推迟到了订阅时。

```
Uni.createFrom().deferred(() -> Uni.createFrom().item(1));
```

下面的代码使用 io. smallrye. mutiny. subscription. UniEmitter 对象来产生 Uni 中的事件。UniEmitter 对象的 complete 和 fail 方法分别产生 item 和 failure 事件。UniEmitter 的另外一个功能是使用 onTermination(Runnable onTermination) 方法添加当 Uni 对象终止时需要执行的动作，比如释放资源等。

```
Uni.createFrom().emitter(emitter -> emitter.complete("Hello"));
```

UniCreate 的 item、emitter 和 deferred 方法还支持使用一个 Supplier 对象提供初始的状态值，而实际产生的值由初始状态值转换而来。比如下面的代码中，baseUrl 提供了基础的 URL，接下来的两个 item 方法使用基础 URL 得到实际的值。

```
Supplier<String> baseUrl = () -> "http://www.example.com/api/v1";
Uni.createFrom().item(baseUrl, (url) -> url + "/user");
Uni.createFrom().item(baseUrl, (url) -> url + "/order");
```

❷ 创建 Multi 对象

对于 Multi <T> 来说，可以使用 Multi. createFrom 方法返回的 MultiCreate 对象来创建。MultiCreate 所提供的方法与 UniCreate 存在一些相似性，只不过 MultiCreate 中的方法可以提供多个值。下面的代码给出了创建 Multi <T> 的示例。

```
Multi.createFrom().items(1, 2, 3);
Multi.createFrom().iterable(List.of("a", "b", "c"));
Multi.createFrom().range(1, 10);
Multi.createFrom().emitter(emitter -> {
  emitter.emit(1);
  emitter.emit(2);
  emitter.complete();
});
Multi.createFrom().empty(); // 只产生 completion 事件
```

▶▶ 7.2.3 处理 Multi 和 Uni 中的元素

在创建或获取到 Multi 和 Uni 对象之后，下一步是对其中包含的元素进行处理。对这些元素的处理以声明式的方式进行，并且可以级联起来，形成元素处理链条。

❶ 处理元素

使用 Uni＜T＞和 Multi＜T＞对象的方法可以观察不同的事件并反应。调用不同方法所得到的结果的类型是不同的。比如，Uni＜T＞的 onItem 方法对 item 事件进行处理，所得到的结果对象的类型是 UniOnItem＜T＞。从 UniOnItem＜T＞的类型声明可以知道所能执行的操作。Uni＜T＞和 Multi＜T＞也提供了一些快捷方法来简化操作，如 map 方法实际上等同于 onItem( ).transform。

对 Uni＜T＞和 Multi＜T＞对象所做的操作比较多，下面根据使用场景进行介绍。

当需要对 item 事件产生的值进行转换时，可以使用 map 方法。

```
Uni.createFrom().item("Hello").map(String::toUpperCase);
Multi.createFrom().items("Hello", "World")
    .map(String::toLowerCase);
```

当 item 事件发生时，如果需要对产生的值执行动作，可以使用 invoke 或 call 方法。两者的不同之处在于，invoke 所执行的动作是同步执行的。在动作完成之前，不会有新的事件发送到下游。call 方法所执行动作的返回值是 Uni 对象。只有当返回的 Uni 对象产生 item 事件之后，才会有新的事件发送到下游。

下面的代码给出了 invoke 和 call 的用法。Uni 的 invoke 方法输出产生的值；而 Multi 的 call 方法会使得每个元素的产生间隔 3s。

```
Uni.createFrom().item(1).invoke(
    (Consumer<Integer>) System.out::println);
Multi.createFrom().items(1, 2, 3)
    .call(v -> Uni .createFrom().voidItem()
            .onItem().delayIt().by(Duration.ofSeconds(3)));
```

上面介绍的 invoke 和 call 方法的设计目标是产生副作用，并不会改变流中的值，这一点与 map 方法是不同的。

❷ 选择元素

对于 Multi 中产生的元素，可以通过 select 方法返回的 MultiSelect 对象来进行选择。MultiSelect 的常用方法如表 7-2 所示。

表 7-2　MultiSelect 的常用方法

方　　　法	说　　　明
first(long n)	前 n 个元素
last(int n)	后 n 个元素
first(Predicate＜? super T＞ predicate)	前 n 个满足 Predicate 的元素

（续）

方　法	说　明
first（Duration duration）	在指定时间间隔内产生的前 n 个元素
where（Predicate <? super T> predicate）	满足 Predicate 的元素
where（Predicate <? super T> predicate, int limit）	满足 Predicate 的前 n 个元素
when（Function <? super T, Uni <Boolean >> predicate）	对每个元素产生一个 Uni 对象，当 Uni 产生 true 时，选择该元素
distinct（ ）	去除重复元素
distinct（Comparator <? super T> comparator）	使用指定的 Comparator 进行比较来去除重复元素

❸ 合并 Multi 对象

对于多个 Multi 对象表示的流，可以把流中的事件合并起来，得到一个新的 Multi 对象。在合并时有两种策略，分别是合并（Merge）和连接（Concatenate）。合并指的是按照多个 Multi 对象中全部事件的出现顺序来产生新的 Multi 对象中的事件。连接指的是上一个 Multi 对象的事件都发送完成之后，才开始下一个 Multi 对象中的全部事件。

在下面的代码中，source1 每隔 1s 产生一个元素，而 source2 会连续产生两个元素。Multi.createBy（）.merging（）方法可以合并多个 Multi 对象，而 Multi.createBy（）.concatenating（）方法用来连接多个 Multi 对象。在合并时，由于 source2 的事件先于 source1 产生，merged 对象中首先产生的是 source2 的事件，然后才是 source1 的；在连接时，concatenated 对象需要等待 source1 的事件产生完成，然后才是 source2 的。

```
Multi<Long> source1 = Multi.createFrom()
    .ticks().every(Duration.ofSeconds(1))
    .select().first(3);
Multi<Long> source2 = Multi.createFrom().items(10L, 11L);
Multi<Long> merged = Multi.createBy().merging()
    .streams(source1, source2);
Multi<Long> concatenated = Multi.createBy().concatenating()
    .streams(source1, source2);
```

除了合并和连接之外，另外一种处理多个 Uni 或 Multi 对象的方式是组合，这在 RxJava 和 Reactor 称为 zip 操作。

在下面的代码中，使用 Uni.combine（）.all（）.unis（）方法把 source1 和 source2 两个 Uni 对象中的值组合成一个新的 Uni 对象。Uni.combine（）.all（）方法需要所有的 Uni 对象都完成，而 Uni.combine（）.any（）方法只要求任意一个 Uni 对象完成即可。

```
Uni<String> source1 = Uni.createFrom().item("Hello");
Uni<String> source2 = Uni.createFrom().item("World");
```

```
Uni<String> combined =Uni.combine().all().unis(source1, source2)
    .combinedWith((v1, v2) -> v1 + " " + v2);
```

Multi 对象同样可以进行组合。由于不同的 Multi 对象中的元素数量并不相同。最终产生的 Multi 对象的元素数量由最少的 Multi 对象来确定。

```
Multi<String> source1 = Multi.createFrom().items("a", "b");
Multi<Integer> source2 = Multi.createFrom().items(1, 2, 3);
Multi<String> combined = Multi.createBy().combining()
    .streams(source1, source2)
    .using(String::repeat);
```

另外一种做法是使用 latestItems 方法来获取每个 Multi 对象的最新值来进行组合。其效果是数量较少的 Multi 对象中的元素会在组合中重复出现。

```
Multi<String> combineLatest = Multi.createBy().combining()
        .streams(source1, source2)
        .latestItems().using(String::repeat);
```

❹ 处理超时

Uni 对象一般表示异步操作的结果。如果操作超时，也就是在指定的时间内 Uni 对象没有产生元素，那么需要进行相应的处理。

处理超时的第一步是指定超时时间。这通过 Uni 对象的 ifNoItem().after 方法来完成，得到 UniOnTimeout 对象。第二步在 UniOnTimeout 对象上添加相关的处理。处理的方式分成如下几种。

- 调用 fail 方法来产生 io.smallrye.mutiny.TimeoutException 类型的 failure 事件。
- 调用 failWith 方法来产生指定异常对象的 failure 事件。
- 调用 recoverWithItem 或 recoverWithUni 方法来提供作为后备值的对象或 Uni 对象。

下面的代码给出了处理超时的示例。

```
uni.ifNoItem().after(Duration.ofSeconds(1))
    .failWith(IllegalArgumentException::new);

uni.ifNoItem().after(Duration.ofSeconds(3))
    .recoverWithItem("default value");
```

❺ 错误处理

当 Uni 或 Multi 中出现错误时，不会再产生新的事件。当出现错误时，可以有不同的处理策略。一种做法是把产生的异常对象转换成另外的异常。第二种做法是从错误中恢复。下面的代码给出了错误恢复的示例，

```
UniOnFailure<Object> uni = Uni.createFrom()
    .failure(new RuntimeException())
    .onFailure();
uni.recoverWithItem("Hello");
uni.recoverWithUni(Uni.createFrom().item("World"));
uni.recoverWithNull();
MultiOnFailure<Object> multi = Multi.createFrom()
    .failure(new RuntimeException())
    .onFailure();
multi.recoverWithItem(1);
multi.recoverWithMulti(Multi.createFrom().items(1, 2, 3));
multi.recoverWithCompletion();
```

最后一种做法是重试。有些错误的产生是暂时性的，比如访问的服务出现了暂时的问题。这个时候只需要重试就可以解决问题。Mutiny 提供了不同的重试策略，包括限制最大重试次数、最长重试时间和重试条件等。

下面的代码给出了最简单的重试方式，也就是使用 atMost 方法来限制最大的重试次数。每次重试之间没有间隔，在每次出错之后立刻进行重试。进行无限重试的 indefinitely 方法是使用 atMost（Long.MAX_VALUE）来实现的。

```
UniRetry<Object> retry = Uni.createFrom()
    .failure(new RuntimeException()).onFailure().retry();
retry.atMost(3); // 最多重试 3 次
retry.indefinitely(); // 无限重试
```

很多时候，更好的做法是在重试失败之后使用指数型回退策略，也就是下一次重试的间隔在上一次重试间隔的基础上加倍。使用 withBackOff 方法可以设置回退的初始间隔和最大间隔，还可以使用 withJitter 方法设置一个 0 ~ 1 之间的随机系数。除了指定最大的重试次数之外，还可以指定最长的重试时间。

下面的代码设置了重试的回退策略，expireIn 方法设置整个重试过程的最长时间，以 ms 为单位。与 expireIn 方法相似的 expireAt 方法指定放弃重试的时间戳。实际上，expireIn 方法的实现是 expireAt（System.currentTimeMillis（） + expireIn）。

```
retry.withBackOff(Duration.ofSeconds(3), Duration.ofMinutes(1))
    .withJitter(0.2)
    .expireIn(5 * 60 * 1000);
```

下面代码中的 until 方法会不断重试，直到产生的 Throwable 对象满足由 Predicate 指定的条件。

```
retry.until(throwable -> throwable
    instanceof IllegalArgumentException);
```

如果上述重试的方式都不能满足需求，可以使用最复杂的 when 方法。该方法的声明是 when（Function < Multi <Throwable >，? extends Publisher < ? >> whenStreamFactory）。作为参数的 Function 的输入是 Multi <Throwable > 对象，表示出现的异常对象的流，而返回值是 Publisher 对象。每当返回的 Publisher 对象产生新的元素时，会进行一次重试。实际上，上面提到的 expireIn 和 until 方法，以及使用指数回退的 atMost 方法，都是使用 when 来实现的。

在下面的代码中，进行重试的 retryPublisher 每隔3s 产生一个值，一共产生 3 个值，也就是说重试会进行 3 次，每次的间隔为 3s。

```
Multi<Long> retryPublisher = Multi.createFrom()
    .ticks().every(Duration.ofSeconds(3))
    .select().first(3);
retry.when(v -> retryPublisher);
```

❻ 使用负压

负压是反应式编程中的重要概念。Mutiny 中的 Multi 提供了对负压的支持。通过 Multi 对象的 onOverflow 方法得到的 MultiOverflow 对象可以声明不同的处理策略。当下游的处理器无法跟上上游的处理速度时，可以有不同的处理方式。

最简单的做法是丢弃无法被下游处理的元素，使用 drop 方法实现。如果不希望丢弃元素，可以使用 buffer 方法来进行缓冲，直到这些元素被处理完成。调用 buffer 方法时可以指定缓冲的元素的数量，当缓冲区已满时，Multi 对象会以 BackPressureFailure 异常来结束流。如果不指定缓冲区的大小，实际使用的是一个不限大小的缓冲区，可能占用过多的内存。

下面的代码指定了缓冲区的大小为 10。

```
multi.onOverflow().buffer(10);
```

当元素被丢弃时，可以对这些元素进行处理。MultiOverflow 对象的 invoke 和 call 方法来指定丢弃元素的处理器。这两个方法的用法和区别参见前文中的介绍。

下面的代码指定了处理丢弃元素的 onDropped 方法。

```
multi.onOverflow().invoke(this::onDropped).drop();
```

❼ 阻塞式的使用

Uni 和 Multi 对象的使用应该是非阻塞的。有些情况下，仍然会需要以阻塞当前线程的方式获取 Uni 或 Multi 对象的元素。

使用 Uni 对象的 await 来等待完成。下面代码中的 Uni 对象在3s 之后才会产生元素，indefinitely 方法会等待无限长时间，最终得到产生的值；而 atMost 方法指定了最长等待时间为 1s，会出现 TimeoutException 异常。

```
Uni<Integer> uni = Uni.createFrom().item(1)
    .onItem().delayIt().by(Duration.ofSeconds(3));
uni.await().indefinitely();
uni.await().atMost(Duration.ofSeconds(1));
```

Multi 对象可以被转换成 Iterable 或 Stream 对象，如下面的代码所示。

```
Multi<Long> multi = Multi.createFrom()
    .ticks().every(Duration.ofSeconds(1)).select().first(3);
multi.subscribe().asIterable().forEach(System.out::println);
```

▶▶ 7.2.4 订阅反应式流

只有被订阅时，Uni 和 Multi 才会进行处理。订阅者是反应式流规范中的 Subscriber 接口的实现。在下面的代码中，Multi 的 subscribe().withSubscriber 方法在当前的 Multi 对象上添加订阅者。Subscriber 的实现中可以对不同类型的事件进行处理。需要注意的是在 onSubscribe 方法中对 Subscription 对象的 request 方法的调用。根据反应式流的规范，订阅者需要使用 request 方法来声明它所能处理的元素的数量。这里使用 Long.MAX_VALUE 来要求 Multi 对象产生全部的元素。

```
Multi.createFrom().items(1, 2, 3).subscribe()
    .withSubscriber(new Subscriber<Integer>() {
  @Override
  public void onSubscribe(Subscription s) {
    System.out.println("new subscriber");
    s.request(Long.MAX_VALUE);
  }

  @Override
  public void onNext(Integer value) {
    System.out.println("Item -> " + value);
  }

  @Override
  public void onError(Throwable t) {
    t.printStackTrace();
  }

  @Override
  public void onComplete() {
    System.out.println("Complete");
  }
});
```

如果只是简单的订阅方式，可以使用 with 方法，如下面的代码所示。with 方法有不同的重载形式，可以选择性地对 item、failure 和 completion 事件进行处理。这些简单的订阅者都在订阅时使用 request（Long.MAX_VALUE）来请求全部数据。

```
Multi.createFrom().items(1, 2, 3)
    .subscribe().with(System.out::println);
```

7.3 反应式数据访问

反应式数据访问需要数据库驱动的支持。相对于传统的 JDBC 驱动，反应式驱动的实现相对较少。Quarkus 目前仅支持 DB2、PostgreSQL 和 MariaDB/MySQL。对于不同的数据库，Quarkus 提供了相应的扩展，在使用时的客户端对象也不同，如表 7-3 所示。

表 7-3　反应式数据访问扩展和客户端对象

数　据　库	扩　展　名　称	客户端对象
DB2	reactive-db2-client	io.vertx.mutiny.db2client.DB2Pool
PostgreSQL	reactive-pg-client	io.vertx.mutiny.pgclient.PgPool
MariaDB/MySQL	reactive-mysql-client	io.vertx.mutiny.mysqlclient.MySQLPool

安装 Quarkus 扩展之后的下一步是配置反应式数据源。相关的配置项包括以 quarkus.datasource 为前缀的通用配置项和以 quarkus.datasource.reactive 为前缀的反应式数据库专用配置项。

下面代码中的配置项使用反应式 PostgreSQL 驱动。

```
quarkus:
  datasource:
    db-kind: postgresql
    reactive:
      url: postgresql://${DB_HOST}:${DB_PORT:5432}/${DB_NAME}
    username: ${DB_USER}
    password: ${DB_PASSWORD}
```

反应式数据库客户端对象以依赖注入的方式来使用。客户端使用 SQL 来直接操作数据库。以 PostgreSQL 对应的 PgPool 为例，可以执行的 SQL 查询有两种：第一种是不带参数的查询，调用方法 query，返回值类型是 io.vertx.mutiny.sqlclient.Query；另外一种是带参数的查询，调用方法 preparedQuery，返回值类型是 io.vertx.mutiny.sqlclient.PreparedQuery。调用 Query 对象的 execute 方法可以执行查询，并返回包含结果的 Uni 对象。PreparedQuery 继承自 Query，并增加了 execute(Tuple tuple) 方法来传递参数，以及 executeBatch(List <Tuple> batch) 方法来执行批量查询。Tuple 表示的元组是通用的数据容器。

SQL 查询的结果以 RowSet <Row> 来表示，RowSet 表示行的集合，而 Row 则表示一行记录。下面的代码给出了最简单的 SQL 查询的用法。PgPool 是注入的客户端对象。方法 listTasks 列出 delivery_tasks 表中的全部记录。PgPool 的 query 方法创建简单的 SELECT 查询，调用 execute 方法执行之后得到 Uni < RowSet <Row>> 对象，再使用 map 方法来转换 RowSet <Row> 对象。RowSet 实现了 Iterable 接口，通过 StreamSupport.stream 方法将其转换成 Stream 对象，再转换表示每行记录的 Row 对象。Row 中的方法用来根据数据库表的列名获取对应列的值，并进行类型转换。Row 的方法包括 getString、getInteger、getDouble、getFloat 和 getValue 等。

```
@ApplicationScoped
public class DeliveryTaskRepository {

  @Inject
  PgPool client;

  private static final String SCHEMA_NAME = "happy_takeaway";
  private static final String TASK_TABLE_NAME = SCHEMA_NAME + ".delivery_tasks";

  public Uni<List<DeliveryTaskInfo>> listTasks() {
    return this.client.query("SELECT * FROM " + TASK_TABLE_NAME)
      .execute()
      .map(rows -> StreamSupport
      .stream(rows.spliterator(), false)
        .map(row -> DeliveryTaskInfo.builder()
          .id(row.getString("id"))
          .status(row.getString("status"))
          .riderId(row.getString("rider_id"))
          .build()
        ).collect(Collectors.toList()));
  }

}
```

如果是带参数的查询，则应该使用 preparedQuery 方法。在该方法使用的查询中，以 $1 和 $2 的形式表示需要绑定的参数，$ 之后的数字是实际参数在元组中的位置。实际的参数值以 Tuple 对象的形式传递给 execute 方法。下面代码中的 createTask 方法执行的是 INSERT 查询。方法调用 onItem().ignore().andContinueWithNull() 的作用是忽略 execute 结果中的 RowSet 对象，以 null 来作为替代。这是因为 INSERT 查询的结果集并不重要，createTask 方法的调用者只需要确定 INSERT 查询已经完成即可。

```java
public Uni<Void> createTask(String taskId) {
  return this.client.preparedQuery(
      "INSERT INTO " + TASK_TABLE_NAME + " (id, status) VALUES ($1, $2)")
      .execute(Tuple.of(taskId,
        DeliveryTaskStatus.CREATED.name()))
      .onItem().ignore().andContinueWithNull();
}
```

当需要执行多个相似的 SQL 查询时，可以使用批量操作。下面代码中的 createPickupInvitations 方法为一个派送任务创建相应的派送邀请记录。List<String> 类型的参数 riderIds 中的每一个元素都对应一个 SQL 查询。在调用 executeBatch 方法进行批量操作时，把 List<String> 类型的 riderIds 转换成 List<Tuple>。

```java
public Uni<Void> createPickupInvitations(String taskId,
        List<String> riderIds) {
  return this.client.preparedQuery(
      "INSERT INTO " + PICKUP_TABLE_NAME
        + " (task_id, rider_id, status) VALUES ($1, $2, $3)")
      .executeBatch(riderIds.stream()
        .map(riderId ->
            Tuple.of(taskId, riderId,
              DeliveryPickupInvitationStatus.SENT.name()))
        .collect(Collectors.toList()))
      .onItem().ignore().andContinueWithNull();
}
```

反应式客户端同样提供了对事务的支持，只不过并非声明式的，而是需要手动创建事务并提交或回滚。可以使用工具类 io.vertx.mutiny.sqlclient.SqlClientHelper 来简化对事务的处理。SqlClientHelper 的 Uni<T> inTransactionUni（Pool pool, Function<SqlClient, Uni<T>> sourceSupplier）方法可以在事务中执行查询。在该方法的声明中，Pool 表示连接池，Function 表示需要在事务中进行的操作。参数 SqlClient 表示进行数据库操作的客户端对象。事务的创建由 inTransactionUni 方法完成。事务是否提交取决于 Function 对象返回的 Uni 对象是否成功完成。

下面代码中的 selectRider 方法用来选择派送任务的骑手。整个流程由多个 SQL 操作来完成，包括更新 delivery_tasks 表来记录选择的骑手，更新 delivery_pickups 表中与派送任务相关的全部骑手的状态。所有这些 SQL 操作都在一个事务中完成。Uni.combine().all() 负责把多个 SQL 查询的 Uni 对象组合起来。只有当全部数据库操作都成功完成时，返回的 Uni 对象才会成功完成，从而提交事务。否则的话，事务会被回滚。

```java
public Uni<Void> selectRider(String taskId, String riderId) {
  return SqlClientHelper.inTransactionUni(this.client, tx -> {
```

```
Uni < RowSet <Row>> updateTask = tx
    .preparedQuery(
        "UPDATE " + TASK_TABLE_NAME
            + " SET rider_id = $1, status = $2 WHERE id = $3")
    .execute(Tuple.of(riderId,
            DeliveryTaskStatus.SELECTED.name(), taskId));
returnUni.combine().all()
    .unis(
        updateTask,
        this.updatePickupStatus(tx, taskId, riderId,
            DeliveryPickupInvitationStatus.SELECTED),
        this.getExistingRiders(tx, taskId)
            .flatMap(riders -> {
              riders.remove(riderId);
              return Uni.combine().all()
                  .unis(riders.stream().map(id ->
                      this.updatePickupStatus(tx, taskId,
                        id,
                        DeliveryPickupInvitationStatus
                          .OTHERS_SELECTED))
                      .collect(Collectors.toList()))
                  .discardItems();
            })
    ).discardItems();
});
}
```

除了 inTransactionUni 方法之外，SqlClientHelper 中还有 inTransactionMulti 方法在事务中执行返回值为 Multi 对象的操作。另外的 usingConnectionUni 和 usingConnectionMulti 方法可以得到表示数据库连接的 io.vertx.mutiny.sqlclient.SqlConnection 对象。在 SqlConnection 对象使用完成之后，数据库连接会被关闭。

7.4 开发反应式 REST API

对于 REST API，有两种支持反应式的方式，分别是使用 RESTEasy 的反应式支持，以及使用反应式路由。

▶▶ 7.4.1 使用 RESTEasy

第一种是使用 RESTEasy 提供的反应式支持，在 JAX-RS 资源中方法的返回值可以是 Uni 或 Multi 对象。反应式 RESTEasy 需要启用扩展 resteasy-reactive。如果需要 JSON 支持，还需要添加相应的扩展 resteasy-reactive-jackson 或 resteasy-reactive-jsonb。需要注意的是，RESTEasy 的反应式和非反应式扩展不能在一个应用中共存，只能选择一种实现方式。RESTEasy 的反应式实现的用法与第 5 章介绍的用法是相似的，只不过方法的返回值类型可以是 Uni 或 Multi。

下面代码中的 DeliveryTaskResource 是反应式 RESTEasy 的资源，其中的 listAll 方法的返回值类型是 Uni<List<DeliveryTaskInfo>>，可以被序列化成 JSON 格式。

```java
@Path("deliveryTask")
public class DeliveryTaskResource {

  @Inject
  DeliveryTaskRepository deliveryTaskRepository;

  @GET
  @Produces(MediaType.APPLICATION_JSON)
  public Uni<List<DeliveryTaskInfo>> listAll() {
    return this.deliveryTaskRepository.listTasks();
  }
}
```

除了 JAX-RS 注解之外，反应式 RESTEasy 还在 org.jboss.resteasy.reactive 包中提供额外的注解。在获取 URI 路径中的参数时，注解 @RestPath 可以作为 @PathParam 的替代。区别在于 @RestPath 的名称属性是可选的，默认使用所标注的方法参数或字段的名称，比 @PathParam 要简洁。除了 @RestPath 之外，还可以使用其他功能相同的替代注解，包括 @RestQuery、@Rest-Header、@RestCookie、@RestForm 和 @RestMatrix。

下面的代码给出了这些注解的用法示例。

```java
@Path("/order")
public class OrderResource {

  @Inject
  OrderService orderService;

  @GET
  @Path("{orderId}")
  public Order findOrder(
      @RestPath String orderId,
      @RestQuery String status) {
    return this.orderService.findById(orderId, status);
  }
}
```

▶▶ 7.4.2 创建反应式路由

另外一种做法是使用反应式路由。每个路由表示对 HTTP 请求的处理方式。在 CDI Bean 中以注解@io.quarkus.vertx.web.Route 标注的方法来表示路由。@Route 的属性如表 7-4 所示。

表 7-4 注解@Route 的属性

属 性	类 型	默 认 值	说 明
path	String		路由的访问路径
regex	String		使用正则表达式的路由匹配规则
methods	HttpMethod[ ]		路由所支持的 HTTP 方法
type	HandlerType		路由的类型
order	int	0	路由在处理链条中的位置
produces	String[ ]		路由产生的内容类型
consumes	String[ ]		路由消费的内容类型

下面代码展示了最简单的反应式路由。SimpleRoutes 是一个 CDI Bean，其中的 hello 方法上添加了注解@Route，声明了路径是 /hello，使用的是 GET 方法。

```
@ApplicationScoped
public class SimpleRoutes {

  @Route(path = "/hello", methods = HttpMethod.GET)
  String hello() {
    return "Hello World";
  }
}
```

反应式路由的方法使用注解@Param 获取查询参数的值。下面代码中的路由把查询参数 name 的值绑定到方法的参数 name 上。除了直接使用参数类型之外，还可以使用 Optional 来封装非必需的参数。

```
@Route(path = "/greeting", methods = HttpMethod.GET)
String greeting(@Param("name") String name) {
  return "Hello " + name;
}
```

除了来自 HTTP 请求的查询字符串之外，参数还可以来自请求的路径。在注解@Route 的属性 path 中可以使用:id 的形式来声明路径参数。

```
@Route(path = "/order/:id", methods = HttpMethod.GET)
Order getOrder(@Param("id") String id) {
```

```
    return new Order(id);
  }
```

注解@Header 可以从 HTTP 请求头中获取值，如下面的代码所示。

```
@Route(path = "/userId", methods = HttpMethod.GET)
String userId(@Header("X-UID") Optional<String> userId) {
  return userId.orElse("<default>");
}
```

如果需要访问 HTTP 请求的内容，可以使用注解@Body 来绑定参数。参数的类型可以是表示二进制数据的 io.vertx.core.buffer.Buffer，或是 String，或是表示 JSON 对象的 io.vertx.core.json.JsonObject 或 io.vertx.core.json.JsonArray 对象。如果是其他类型，则使用 JSON 来进行反序列化。下面代码中的@Body 用来解析 JSON 格式的请求内容。

```
@Route(path = "/user", methods = HttpMethod.POST)
User createUser(@Body User user) {
  user.setId(UUID.randomUUID().toString());
  return user;
}
```

路由方法的返回值会作为 HTTP 请求的响应内容。对于 String 或 Buffer 类型的返回值，会直接作为 HTTP 响应的内容；其他类型的返回值会被转换成 JSON 格式。Uni 和 Multi 同样可以作为返回值的类型。

对于一个请求路径，可能有多个@Route 注解的属性 path 可以进行匹配。比如路径 /user/profile 和 /user/：id 都可以匹配请求路径 /user/profile。当出现这种情况时，Quarkus 会在日志中输出警告信息。可以使用注解@Route 的属性 order 来指定该路由在处理链条中的位置。

在下面的代码中，路径为/user/：id 的注解@Route 指定了属性 order 的值为100，而路径为/user/profile 的注解@Route 的属性 order 使用了默认值 0，因此路径 /user/profile 的路由的优先级更高，会被优先进行匹配。

```
@Route(path = "/user/profile", methods = HttpMethod.GET)
@Route(path = "/user/:id", methods = HttpMethod.GET, order = 100)
```

如果使用注解的方式不能满足需求，可以直接访问 HTTP 请求和响应的对象。下面代码中的路由并没有使用注解来获取查询参数的值，返回值类型也是 void，对 HTTP 请求和响应的操作都在方法内部完成。作为参数的 io.vertx.ext.web.RoutingContext 接口对象可以获取到与当前路由相关的上下文信息。

```
@Route(path = "/sayHi", methods = HttpMethod.GET)
void sayHi(RoutingContext context) {
  String name = context.request().getParam("name");
```

```
      context.response().end("Hi, " + name);
    }
```

RoutingContext 中包含了非常多的信息，其中包含的方法如表 7-5 所示。

表 7-5　RoutingContext 的方法

方　　法	说　　明
request	返回表示 HTTP 请求的 io.vertx.core.http.HttpServerRequest 对象
response	返回表示 HTTP 响应的 io.vertx.core.http.HttpServerResponse 对象
getBodyAsString、getBodyAsJson、getBody	返回不同类型的 HTTP 请求的内容
pathParam（String name）	获取路径参数的值
queryParam（String name）	获取查询参数的值
fileUploads（）	获取上传的文件

HttpServerRequest 可以访问请求中的不同信息，包括路径、查询参数、HTTP 头、Cookie 等。HttpServerResponse 中的方法用来生成 HTTP 响应，如表 7-6 所示。

表 7-6　HttpServerResponse 的方法

方　　法	说　　明
setStatusCode	设置响应的状态码
putHeader	设置 HTTP 响应头
write	写入响应的内容
end	结束响应
sendFile	发送文件

路由的方法默认是非阻塞的，也就是在 I/O 线程上执行。通过把注解 @Route 的属性 type 的值设置为 HandlerType.BLOCKING，可以创建阻塞的方法。下面代码中的路由返回方法执行时的线程名称。所得到的响应类似 vert.x-worker-thread-17，说明了阻塞方法在工作线程上运行。

```
@Route(path = "/blocking", methods = HttpMethod.GET,
       type = HandlerType.BLOCKING)
String blocking() {
  return Thread.currentThread().getName();
}
```

对于反应式路由中出现的异常，可以声明对应的路由。通过把注解 @Route 的属性 type 的值设置为 HandlerType.FAILURE，可以创建异常处理器。

在下面的代码中，getUser 方法会抛出 ResourceNotFoundException 异常，而 resourceNotFound

方法是该类异常的处理器。方法的参数声明了所处理的异常的类型。

```
@Route(path = "/user/:id", methods = HttpMethod.GET)
User getUser(@Param("id") String id) {
  throw new ResourceNotFoundException();
}


@Route(type = HandlerType.FAILURE)
void resourceNotFound(ResourceNotFoundException exception,
        HttpServerResponse response) {
  response.setStatusCode(404).end("Resource not found");
}
```

如果需要以 Server-Sent Event 的形式发送事件流。最简单的做法是使用 io. quarkus. vertx. web. ReactiveRoutes 的 asEventStream 方法来封装一个已有的 Multi 对象。在生成的事件中，ID 是自动产生的，data 则是 Multi 中元素的 JSON 序列化的形式。下面的代码给出了相关的示例。

```
@ApplicationScoped
public class DeliveryTaskRoutes {

  @Inject
  DeliveryTaskRepository deliveryTaskRepository;

  @Route(path = "/deliveryTasks")
  Multi<DeliveryTaskInfo> deliveryTasks() {
    return ReactiveRoutes.asEventStream(
        this.deliveryTaskRepository.listTasks().toMulti()
          .flatMap(list -> Multi.createFrom().iterable(list)));
  }
}
```

▶▶ 7.4.3 上传文件

反应式 REST API 的一个重要应用场景是文件上传。下面首先介绍如何用反应式路由来实现。

下面的代码给出了文件上传和下载的反应式路由。方法 upload 处理文件上传。RoutingContext 接口的 fileUploads 方法可以获取到代表上传文件的 Set < io. vertx. ext. web. FileUpload > 对象。从 FileUpload 接口中可以获取到上传文件的信息，包括文件的名称、内容类型、文件大小和临时文件的保存路径等。上传的文件会被保存在服务器的指定目录下，并以随机生成的 UUID 作为文件名。代码可以使用 FileUpload 的 uploadedFileName 方法来获取该路径。对于上传的临时文件，应用应该保存到其他的持久存储中，如数据库或云存储服务等。示例代码只是简单地把这些文件保存在服务器的文件系统上。在 encodeFilePath 方法中，上传文件的路径和内容类型会被编码成文件的标识符。

　　方法 file 处理文件的下载，路径参数 id 表示上传文件的标识符。从文件标识符中解码出文件的路径和内容类型。HttpServerResponse 对象的 sendFile 方法用来发送文件。对内容类型的设置是必需的，否则客户端无法正常进行识别。

```java
@ApplicationScoped
public class FileUploadRoutes {

  @Route(path = "/upload", methods = HttpMethod.POST,
        produces = "application/json", order = 10)
  UploadResult upload(RoutingContext context) {
    return new UploadResult(
        context.fileUploads().stream().map(
           fileUpload ->
               new UploadedFile(this.encodeFilePath(fileUpload))
      ).toArray(UploadedFile[]::new)
    );
  }

  @Route(path = "/file/:id", methods = HttpMethod.GET, order = 1)
  void file(RoutingContext context) {
    String fileId = context.request().getParam("id");
    if (fileId == null) {
      throw new InvalidFileIdException();
    }
    EncodedFile encodedFile = EncodedFile.decode(fileId);
    context.response()
       .putHeader(HttpHeaders.CONTENT_TYPE,
          encodedFile.getContentType())
       .sendFile(encodedFile.getFilePath());
  }

  @Route(path = "/file/:id", type = HandlerType.FAILURE)
  void invalidFileId(InvalidFileIdException e,
        HttpServerResponse response) {
    response.setStatusCode(400).end(e.getMessage());
  }

  private String encodeFilePath(FileUpload fileUpload) {
    return EncodedFile.builder()
       .filePath(fileUpload.uploadedFileName())
       .contentType(fileUpload.contentType())
```

```
        .build()
        .encode();
    }
}
```

下面的代码给出了文件上传相关的配置。配置项 uploads-directory 指定临时文件的保存路径，delete-uploaded-files-on-end 表示在请求结束后是否删除临时文件。该配置项的默认值是 true。因为上传文件直接保存在服务器上，该配置项需要被指定为 false，否则无法下载文件。

```
quarkus:
  http:
    body:
      handle-file-uploads: true
      uploads-directory: u
      delete-uploaded-files-on-end: false
```

反应式 RESTEasy 也提供了对 Multipart 表单数据的支持，可以用来上传文件。下面代码中的 FormData 表示 Multipart 的表单对象，注解@RestForm 表示表单中的一部分，@PartType 表示该部分的媒体类型。FormData 类中的字段 metadata 表示 JSON 格式的元数据，profileImage 表示上传的文件。FileUpload 接口与 Vert.x 中的 FileUpload 接口的作用相似，可以获取上传文件的信息。

```
public class FormData {

  @RestForm
  @PartType(MediaType.APPLICATION_JSON)
  public String metadata;

  @RestForm("file")
  public FileUpload profileImage;
}
```

下面代码中的资源用来处理上传请求。FormData 类型的参数通过注解@MultipartForm 进行绑定。

```
@Path("/")
public class FileUploadResource {
  @POST
  @Produces(MediaType.TEXT_PLAIN)
  @Consumes(MediaType.MULTIPART_FORM_DATA)
  @Path("upload")
  public String upload(@MultipartForm FormData formData) {
    return formData.profileImage.uploadedFile()
```

```
            .toAbsolutePath().toString();
    }
}
```

反应式 RESTEasy 使用与反应式路由相同的配置来进行文件上传。

7.5 开发反应式 gRPC

gRPC 服务器也可以用反应式的方式来实现。Quarkus 的扩展 grpc 在生成代码时，会同时生成使用 Mutiny 的服务器代码。所生成的 gRPC 类以 Mutiny 作为名称前缀。以派送服务为例，标准的 gRPC 的服务器端 Java 类名为 DeliveryServiceGrpc，而反应式 gRPC 的类名为 MutinyDelivery-ServiceGrpc。

反应式 gRPC 的方法不使用 StreamObserver，而是使用 Uni 和 Multi。表 7-7 给出了不同的 gRPC 交互模式下方法的声明。Request 和 Response 分别表示请求和响应的消息类型。

表 7-7　gRPC 交互模式的反应式方法的声明

交 互 模 式	方 法 声 明
一元 RPC	Uni <Response> unary(Request request)
服务器流	Multi <Response> serverStreaming(Request request)
客户端流	Uni <Response> clientStreaming(Multi <Request> request)
双向流	Multi <Response> bidiStreaming(Multi <Request> request)

实现 gRPC 服务器的做法与普通的 gRPC 没有区别，仍然是继承自生成的代码并实现相应的方法，如下面的代码所示。由于实际的服务层实现同样使用了 Mutiny 中的 Uni 或 Multi 类型，gRPC 服务器自身的实现中通常只需要把方法调用代理给服务层对象即可。下面代码是派送服务的 gRPC 服务器的示例。

```
@Singleton
public class DeliveryGrpcService extends
    MutinyDeliveryServiceGrpc.DeliveryServiceImplBase {

  @Inject
  DeliveryService deliveryService;

  @Override
  public Multi<UpdateRiderPositionResponse> updateRiderPosition(
    Multi<UpdateRiderPositionRequest> request) {
```

```
    return this.deliveryService.updateRiderPosition(request);
    }


    @Override
    public Uni <DisableRiderResponse> disableRider(
        DisableRiderRequest request) {
    return this.deliveryService.disableRider(request);
    }
}
```

自动生成的代码中同样包含了反应式客户端，通过生成类 MutinyDeliveryServiceGrpc 的 new-MutinyStub 方法来创建，唯一的参数同样是 Channel 对象。下面代码给出了反应式客户端的使用示例。

```
public Stream <UpdateRiderPositionResponse> callService() {
  MutinyDeliveryServiceStub stub = MutinyDeliveryServiceGrpc
    .newMutinyStub(ManagedChannelBuilder.forAddress("localhost", 9001)
        .usePlaintext()
        .build());
  Multi <UpdateRiderPositionResponse> response = stub
    .updateRiderPosition(Multi.createFrom()
     .item(UpdateRiderPositionRequest.newBuilder()
            .setRiderId("1").build()
    ));
  return response.subscribe().asStream();
}
```

7.6 使用反应式消息

反应式编程的一个重要使用场景是在异步消息的流处理中。Quarkus 集成了 SmallRye 的反应式消息库 SmallRye Messaging。

▶▶ 7.6.1 SmallRye 反应式消息库的基本用法

SmallRye 反应式消息库的编程模型与 CDI 紧密相关。开发人员通过创建 CDI Bean 来以声明式的方式定义反应式流，对数据进行处理。

❶ 基本概念

该消息库中的基本概念包括消息（Message）、通道（Channel）、连接器（Connector）和流（Stream）。图 7-1 给出了消息和通道的示意图。

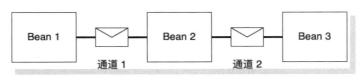

● 图 7-1　消息和通道

消息是不同组件之间传递的数据。应用可以产生和消费不同类型的消息。消息是特定类型的载荷的封装。

通道是消息传递的渠道。CDI Bean 可以从通道中接收消息，也可以发布消息到通道。每个通道都有一个应用唯一的名称来作为标识符。从具体的实现来说，通道可以分为内部通道和外部通道。内部通道存在于应用的内部，使用不同的 CDI Bean 来传递消息；外部通道则与外部的消息代理或传输层相连接，比如 Apache Kafka 或 AMQP 代理等。当消息被接收和处理成功之后，消息需要被确认。

连接器的作用是与外部的消息代理进行交互。连接器负责把通道映射到外部的消息来源或目的地。连接器可以接收外部消息代理中产生的消息，并转发到应用中；也可以把应用发布的消息转发到外部的消息代理。图 7-2 给出了连接器的示意图。

● 图 7-2　连接器

当把 CDI Bean 和通道连接起来之后，就得到了一个消息的流。消息顺着通道在不同的组件之间流转。整个流是反应式流，遵循订阅和请求的协议，并且实现了负压。

② 反应式流

反应式消息处理的核心是使用不同的组件来创建流。流中的组件是 CDI Bean 中的方法。这些组件可以分成三类。

- 只接收消息的组件。
- 只发布消息的组件。
- 对接收的消息进行处理之后再发布的组件。

接收消息的组件使用注解@org.eclipse.microprofile.reactive.messaging.Incoming 标注处理消息的方法，而发布消息的组件则使用对应的注解@org.eclipse.microprofile.reactive.messaging.Outgoing。同时添加了注解@Incoming 和@Outgoing 的方法是处理消息的组件。这两个注解的唯一属性是消息传递的通道名称。

下面代码中定义了一个简单的反应式流。source 方法上的注解@Outgoing 声明了该方法用来发布消息到通道 sequence。作为返回值的 Multi<Integer> 对象是消息中载荷的来源。process 方法是消息的处理器，接收来自通道 sequence 的消息并进行处理，然后发布载荷类型为 String 的消息到通道 repeat。sink 方法上的注解@Incoming 声明了该方法接收来自通道 repeat 的消息。该反应式流的运行结果是在控制台依次输出 a、aa 和 aaa。

```java
@ApplicationScoped
public class StringProcessing {

  @Outgoing("sequence")
  Multi<Integer> source() {
    return Multi.createFrom().items(1, 2, 3);
  }

  @Incoming("sequence")
  @Outgoing("repeat")
  String process(Integer count) {
    return "a".repeat(count);
  }

  @Incoming("repeat")
  void sink(String value) {
    System.out.println(value);
  }
}
```

注解@Incoming 和@Outgoing 对于所标注方法的声明有要求。具体的要求取决于方法在流处理中的作用。

如果方法上仅添加注解@Incoming，该方法的声明可以有如下两种形式。

- 不接受任何参数，但是返回表示订阅者的 org.reactivestreams.Subscriber 对象或用来创建订阅者的 org.eclipse.microprofile.reactive.streams.operators.SubscriberBuilder 对象。
- 只接受一个参数，并且返回值是 void。这个唯一的参数表示接收到的消息。

如果方法上仅添加注解@Outgoing，该方法只有一种形式，那就是不接受任何参数，返回表示发布者的 org.reactivestreams.Publisher 对象，或是创建发布者的 org.eclipse.microprofile.reactive.streams.operators.PublisherBuilder 对象。

如果方法上同时添加注解@Incoming 和@Outgoing，该方法可以有如下的形式。

- 不接受任何参数，返回表示处理器的 org.reactivestreams.Processor 对象或是创建处理器的 org.eclipse.microprofile.reactive.streams.operators.ProcessorBuilder 对象。
- 只接受一个参数，并返回任意类型的对象。这个唯一的参数表示接收到的消息，而返回值则是需要发布的消息。

- 只接受一个参数，返回类型是 CompletionStage，用来封装需要发布的消息。

3 消息的确认策略

上一节的代码只展示了最简单的使用反应式消息的情况。在处理过程中，代码只关注消息的载荷自身，并不关注消息的元数据或处理消息的确认。所有相关的工作都由底层框架来完成。如果希望对消息处理做一些复杂的控制，就需要用到表示消息的 org.eclipse.microprofile.reactive.messaging.Message<T>接口。Message<T>的类型参数 T 是载荷的类型。

除了载荷之外，消息还可以包含可选的元数据，以 org.eclipse.microprofile.reactive.messaging.Metadata 类表示。Metadata 实际上是一个对象的集合，可以包含任意类型的对象。元数据的内容及其含义由连接器的实现来确定。Message 的 of 方法可以创建出新的 Message 实例。

标注了@Incoming 和@Outgoing 的方法可以使用 Message 对象作为参数和返回值。使用载荷类型和 Message 类型的最大区别在于消息确认方式。当使用载荷类型时，消息的确认由底层框架来管理；当使用 Message 类型时，代码可以控制消息的确认。

一共有四种确认策略可供选择，由注解 @org.eclipse.microprofile.reactive.messaging.Acknowledgment 的唯一属性值来确定。该属性的类型是枚举类型 Strategy。表 7-8 给出了 Strategy 的枚举值及其说明。

表 7-8 消息的确认策略的枚举值

枚 举 值	说 明
POST_PROCESSING	当消息被处理之后再确认。对于处理器来说，只有发布的消息被确认之后，接收的消息才会被确认
PRE_PROCESSING	当消息被处理之前就确认消息
MANUAL	由用户代码进行手动确认
NONE	不进行任何确认

不同的确认策略对于方法的声明有要求。比如，MANUAL 策略要求参数必须是 Message 类型。如果不使用注解@Acknowledgment，对于不同的方法类型，会应用不同的默认策略。

- 如果方法的参数或返回值使用了 Message 类型，那么默认的确认策略是 MANUAL。
- 如果方法的参数或返回值类型是反应式流类型，如 Publisher、Processor 或 Multi，那么默认的确认策略是 PRE_PROCESSING。
- 其他情况下的默认策略是 POST_PROCESSING。

除了使用@Acknowledgment 声明确认策略之外，还可以在代码中手动确认消息。Message 接口的 ack 方法用来确认消息。该方法的返回值类型是 CompletionStage<Void>。当消息成功确认之后，CompletionStage 也会完成。通过该 CompletionStage 对象可以在消息确认之后进行处理。与 ack 对应的 nack 方法用来否定确认消息，参数是 Throwable 对象，返回值同样是 Completion-Stage〈Void〉对象，用来在否定确认完成之后进行处理。

如果处理方法的参数和返回值类型都是 Message 接口，通常的做法是在该方法产生的消息被确认之后，再对接收的消息进行确认。在下面的代码中，产生的消息在接收消息的基础上使用 withPayload 方法得到了接收消息的复制，仅对消息的载荷进行了修改，同时保持确认方式不变。当产生的消息被确认时，接收的消息同样会被确认。整个消息确认过程形成一个链条。当链条末端的消息处理器完成处理并确认之后，会依次沿着链条往前进行确认，最终对从来源中接收的消息进行确认。

```
@Incoming("input-strings")
@Outgoing("output-strings")
Message<String> manualAck(Message<String> input) {
  return input.withPayload(
                  input.getPayload().toUpperCase(Locale.ROOT));
}
```

❹ 广播和合并

默认情况下，通道中传递的消息只有一个接收者。如果希望发布一个消息到多个接收者，需要使用注解@io.smallrye.reactive.messaging.annotations.Broadcast 来启用消息的广播机制。@Broadcast 必须与@Outgoing 一同使用。

在下面的代码中，source 方法产生的消息被发布到通道 strings，该通道有两个不同的消息处理器。

```
@Outgoing("strings")
@Broadcast
public Multi<String> source() {
  return Multi.createFrom().items("a", "b", "C");
}

@Incoming("strings")
@Outgoing("uppercase")
public String toUppercase(String value) {
  return value.toUpperCase(Locale.ROOT);
}

@Incoming("strings")
@Outgoing("lowercase")
public String toLowercase(String value) {
  return value.toLowerCase(Locale.ROOT);
}
```

注解@Broadcast 的唯一属性值表示在发布消息之前，已经订阅的订阅者的最少数量。这样可以确保只有在足够数量的订阅者就绪之后再发布消息。该属性的默认值是 0，表示立即发布。

同样地，如果希望接收来自多个发布者的消息，需要使用注解 @io.smallrye.reactive.messaging.annotations.Merge 来启用消息的合并机制，@Merge 与@Incoming 一同使用。在下面的代码中，sink 方法接收来自 source1 和 source2 两个发布者的消息。

```
@Outgoing("values")
public Multi<String> source1() {
  return Multi.createFrom().items("a", "b", "c");
}


@Outgoing("values")
public Multi<String> source2() {
  return Multi.createFrom().items("A", "B", "C");
}


@Incoming("values")
@Merge
public void sink(String value) {
  System.out.println(value);
}
```

注解@Merge 的唯一属性表示合并时的策略，可选值有 ONE、MERGE 和 CONCAT。ONE 表示永远选择第一个来源，MERGE 表示进行合并，CONCAT 表示进行连接。默认值是 MERGE。合并和连接的区别参考 7.2.3 节中对 Multi 的介绍。

⑤ 连接器

连接器把应用和外部的消息代理连接起来。根据消息代理和传输层协议的不同，可以使用对应的连接器实现。每个连接器都有一个名称。连接器分成输入和输出两种。

- 输入的连接器从消息代理中获取消息并创建相应的 Message 对象。
- 输出的连接器把 Message 对象转换成消息代理所要求的格式，并发布到消息代理中。

连接器使用 MicroProfile Config 规范进行配置。每个通道都有对应的配置项，并且根据消息的流向有所不同。配置项的名称由几个部分组成。

- mp.messaging 是公共的前缀。
- 接收和发布消息的通道分别使用 incoming 或 outgoing。
- 通道名称。
- 连接器相关的配置项。

比如，名为 test 的接收消息的通道对应的配置项前缀是 mp.messaging.incoming.test。在连接器相关的配置项中，connector 指定连接器的名称，其余的配置项则与连接器的实现相关。

⑥ 与同步代码交互

如果应用中还有非反应式的代码，免不了需要与反应式流进行交互。此时可以使用 org
.eclipse.microprofile.reactive.messaging.Emitter 对象来发送消息到通道中。

在下面的代码中，Emitter < String > 是依赖注入的对象，注解@Channel 的作用是声明消息
发布的通道。Emitter 的 send 方法用来发送 String 类型的消息载荷到指定的通道。send 方法的返
回值类型是 CompletionStage < Void >，表示消息的确认状态。当消息被确认时，CompletionStage
对象会被完成。

```java
@ApplicationScoped
public class InputMessageSender {

  @Inject
  @Channel("input-messages")
  Emitter <String> emitter;

  public CompletionStage <Void> send(String message) {
    return this.emitter.send(message);
  }
}
```

下面代码中的 JAX-RS 资源是接收消息的 REST API。对于接收到的消息，会以阻塞的方式
等待消息被确认。

```java
@Path("/input")
public class InputMessageResource {

  @Inject
  InputMessageSender inputMessageSender;

  @POST
  @Consumes(MediaType.TEXT_PLAIN)
  @Produces(MediaType.TEXT_PLAIN)
  public Response input(String input) {
    try {
      this.inputMessageSender.send(input)
        .toCompletableFuture().join();
      return Response.ok().build();
    } catch (Exception e) {
      return Response.status(500, e.getMessage()).build();
    }
  }
}
```

除了发送消息载荷之外，还可以发送 Message 对象。发送 Message 对象的 send 方法并没有返回值。如果希望在消息确认之后得到通知，需要在 Message 对象中提供确认和否定确认的回调方法。

▶▶ 7.6.2 使用 Kafka 作为消息代理

送货微服务使用 Kafka 作为反应式消息的消息代理。下面介绍如何发布消息到 Kafka，以及从 Kafka 接收消息。Kafka 连接器的名称是 smallrye-kafka。

❶ 发布消息

在发布消息到 Kafka 时，只需要在 CDI Bean 中创建 @Outgoing 标注的方法即可。这是 SmallRye 消息库的标准用法，如下面代码中的 source 方法。

```
@Outgoing("test-strings")
Multi<String> source() {
  return Multi.createFrom().items("hello", "world");
}
```

实际的消息发布由 Kafka 连接器来完成。Kafka 连接器通过配置来启用，如下面的代码所示。其中最重要的配置是 value.serializer，用来确保所发布消息的载荷可以被正确地序列化到 Kafka。如果不指定主题名称，默认使用的主题名称与通道名称相同。

```
kafka:
  bootstrap:
    servers: ${KAFKA_SERVER}:${KAFKA_PORT:9092}
mp:
  messaging:
    outgoing:
      test-strings:
        connector: smallrye-kafka
        topic: test-strings
        value:
          serializer:
            org.apache.kafka.common.serialization.StringSerializer
```

上述消息发送方式只能指定所产生的 Kafka 记录中的值。如果希望同时指定 Kafka 记录的键，则需要使用 io.smallrye.reactive.messaging.kafka.Record 类型的对象。在下面的代码中，Kafka 记录的键的类型是 Long。在配置中需要设置 key.serializer 的值，因为默认的配置把记录的键作为 String 类型进行序列化。

```
@Outgoing("string-with-key")
Multi<Record<Long, String>> records() {
```

```
    return Multi.createFrom().items(Record.of(100L, "Hello"));
}
```

如果希望设置更多 Kafka 记录相关的内容，需要使用 Kafka 连接器特定的元数据类 io
.smallrye.reactive.messaging.kafka.OutgoingKafkaRecordMetadata。OutgoingKafkaRecordMetadata 可
以设置记录的键、主题、分片、时间戳和消息头。元数据的一个重要作用是在运行时设置所发
布的主题的名称，这比在配置中设置要更灵活。下面的代码设置了记录的键和主题。

```
@Outgoing("string-with-metadata")
Multi<Message<String>> withMetadata() {
  OutgoingKafkaRecordMetadata<String> metadata =
      OutgoingKafkaRecordMetadata.<String>builder()
          .withKey("xyz")
          .withTopic("test-metadata")
          .build();
  return Multi.createFrom()
              .item(Message.of("Metadata", List.of(metadata)));
}
```

如果希望发布 JSON 格式的消息，只需要产生 POJO 对象，并把 value.serializer 设置为 io
.quarkus.kafka.client.serialization.ObjectMapperSerializer 即可。

2 接收消息

在接收来自 Kafka 中的消息时，只需要在 CDI Bean 中创建@Incoming 标注方法即可。方法
的参数类型可以是记录的值类型。下面的代码接收来自通道 test-strings 的消息。Kafka 记录的
值的类型是 String。

```
@Incoming("test-strings")
void sink(String value) {
  System.out.println(value);
}
```

下面的代码是通道相关的配置，其中最重要的是配置项 value.deserializer，对记录的值进行
反序列化。

```
mp:
  messaging:
    incoming:
      test-strings:
        connector: smallrye-kafka
        value:
          deserializer:
org.apache.kafka.common.serialization.StringDeserializer
```

接收消息的方法的参数类型还可以是 SmallRye 中的 Record 类，用来获取 Kafka 记录对象。下面的代码展示了 Record 的用法。

```
@Incoming("string-with-key")
void record(Record<Long, String> record) {
  Long key = record.key();
  String value = record.value();
}
```

接收消息的方法的参数类型还可以是 Kafka 客户端的 ConsumerRecord 类，可以提供更多信息。下面的代码展示了 ConsumerRecord 的用法。

```
@Incoming("string-with-key")
void consumerRecord(ConsumerRecord<Long, String> record) {
  Long key = record.key();
  String value = record.value();
  Headers headers = record.headers();
}
```

如果希望获取关于接收到的消息的更多信息，可以使用 Message 作为接收消息的方法的参数类型。相应的消息的元数据类型是 io.smallrye.reactive.messaging.kafka.IncomingKafka Record-Metadata。从 IncomingKafkaRecordMetadata 中可以得到 Kafka 记录的键、主题、分片、消息头和时间戳等，也可以直接访问 Kafka 记录对象。下面的代码展示了 Message 的用法。

```
@Incoming("string-with-metadata")
CompletionStage<Void> withMetadata(Message<String> message) {
  IncomingKafkaRecordMetadata<String, String> metadata = message
      .getMetadata(IncomingKafkaRecordMetadata.class)
      .orElse(null);
  if (metadata != null) {
    String topic = metadata.getTopic();
    String key = metadata.getKey();
    Headers headers = metadata.getHeaders();
    Instant timestamp = metadata.getTimestamp();
    int partition = metadata.getPartition();
    KafkaConsumerRecord<String, String> record =
        metadata.getRecord();
  }
  return message.ack();
}
```

如果希望接收 JSON 格式的消息内容，需要创建自定义的序列化实现。Quarkus 的扩展 kafka-client 提供了基于 Jackson 的 ObjectMapper 的反序列化实现 ObjectMapperDeserializer。自定义的序列化实现类只需要继承该类即可。下面代码中的 UserDeserializer 负责 User 对象的序列化。

在使用时需要把配置项 value．deserializer 的值设置为 UserDeserializer 类的全名。

```
public class UserDeserializer
        extends ObjectMapperDeserializer < User > {

  public UserDeserializer() {
    super(User.class);
  }
}
```

❸ 提交偏移量

当接收到的消息被确认之后，Kafka 客户端需要提交对应的 Kafka 记录的偏移量。提交偏移量意味着在该偏移量之前的记录都已经被处理完成。Kafka 连接器可以使用不同的偏移量提交策略，表示不同的偏移量提交时机。由于提交偏移量的动作比较耗时，对每个偏移量都提交会影响应用的性能；如果偏移量的提交不及时，当应用崩溃并重启之后，由于从上次提交的位置开始继续读取，会产生较多的重复消息。提交策略由配置项 commit-strategy 来确定，该配置项的值可以是 throttled、latest 或 ignore。

（1）throttled

throttled 策略会追踪所有已接收的消息，并定时提交连续的已确认记录的最大偏移量。由于对消息的处理是异步进行的，消息的确认也是无序的。比如上一次提交的偏移量是 10，而偏移量从 11～20 的 10 条记录都已经接收并正在被处理。如果当前已经收到了偏移量 11～15，以及 18 和 20 的记录的确认，那么当需要提交偏移量时，选择的值是连续的最大偏移量 15。如果随后接收到了偏移量 16 和 17 的记录的确认，提交的偏移量会是 18。

这种策略在性能和重复消息之间做了权衡。偏移量提交的时间间隔由配置项 auto.commit.interval.ms 来确定，时间单位是 ms，默认值是 5000。如果 Kafka 没有启动自动提交，也就是配置项 enable.auto.commit 的值没有显式地设置为 true，该策略是默认值。

（2）latest

latest 策略在消息被确认之后就立刻提交对应记录的偏移量。这种策略只适用于同步消息处理的情况。如果消息处理是异步的，这种策略有可能会遗漏消息。比如，偏移量 11～15 的消息正在处理中，而偏移量 13 的记录首先完成处理并提交。如果此时应用崩溃并重启，会从偏移量 14 开始读取，对偏移量 11 和 12 的记录的处理实际上没有完成。这种策略的另外一个问题是性能较差，但是可以避免重复消息。

（3）ignore

ignore 策略不做任何的提交，而是依赖 Kafka 客户端本身的偏移量提交功能。如果配置项 enable.auto.commit 的值为 true，该策略是默认值。这种策略同样只适用于同步消息处理。

在选择策略时，如果消息的处理是异步的，应该禁用 Kafka 客户端的自动提交，并使用 throttled 策略。如果消息的处理是同步的，应该启用 Kafka 客户端的自动提交，并在方法上添加注解@Acknowledgment（Acknowledgment.Strategy.NONE）来进行标注。

❹ 错误处理

如果消息被否定确认，Kafka 连接器会应用错误处理策略。错误处理策略由配置项 failure-strategy 来确定。该配置项的可选值在表 7-9 中。

表 7-9　配置项 failure-strategy 的可选值

可　选　值	说　　明
fail	应用运行出错，不再继续处理记录。不会提交错误记录的偏移量。这是默认值
ignore	忽略该记录并继续处理。错误记录的偏移量被提交
dead-letter-queue	记录被写入到死信队列。错误记录的偏移量被提交

当使用 dead-letter-queue 策略时，可以进一步配置死信队列的主题。下面代码中的消息接收方法会否定确认消息。

```
@Incoming("error-values")
CompletionStage<Void> error(Message<String> message) {
  return message.nack(new RuntimeException("fail"));
}
```

下面的代码是相关的配置。错误的记录会被发送到 Kafka 主题 custom-errors。

```
mp:
  messaging:
    incoming:
      error-values:
        connector: smallrye-kafka
        value:
          deserializer: org.apache.kafka.common.serialization.StringDeserializer
        failure-strategy: dead-letter-queue
        dead-letter-queue:
          topic: custom-errors
```

▶▶ 7.6.3　送货微服务的实现

下面结合送货微服务的实现来说明反应式消息的用法。送货微服务使用聚合根实体 DeliveryTask 表示送货任务。当订单可以被派送时，订单微服务使用第 6 章介绍的 EventService 发送 DeliveryTaskCreatedEvent 事件，表示送货任务被创建。该事件被发布到 Kafka，由送货微服务的事件处理器接收并处理。

下面的代码给出了事件处理器的实现。Emitter <DeliveryTask> 表示接收 DeliveryTask 对象的消息通道 delivery-task-created。在 DeliveryTaskCreatedEvent 事件的处理方法 onDeliveryTaskCreated 中，DeliveryTaskCreatedEvent 事件的载荷 DeliveryTask 对象被发送到该通道。

```java
@ApplicationScoped
public class DeliveryTaskEventConsumer extends BaseEventConsumer {

  @Inject
  @Channel("delivery-task-created")
  Emitter<DeliveryTask> emitter;

  @Override
  protected String getConsumerId() {
    return "order-delivery-task";
  }

  @Override
  protected List<String> getTopics() {
    return List.of("outbox.event.DeliveryTask");
  }

  void onStart(@Observes StartupEvent e) {
    this.addEventHandler(DeliveryTaskCreatedEvent.TYPE,
        DeliveryTaskCreatedEvent.class,
        this::onDeliveryTaskCreated);
    this.start();
  }

  public void onDeliveryTaskCreated(
      DeliveryTaskCreatedEvent event) {
    this.emitter.send(event.getPayload());
  }

  void onShutdown(@Observes ShutdownEvent e) {
    this.stop();
  }
}
```

DeliveryTask 对象会触发整个反应式消息的处理流程，如图 7-3 所示。

对于每个派送任务，系统会根据骑手的实时位置信息在餐馆附近查找骑手。对于找到的骑手，系统会给这些骑手推送派送任务，并在一段时间之后检查任务的状态。在进行状态检查时，如果已经有骑手接受任务，则从所有接受任务的骑手中选择一个来指派任务；如果没有骑手接受任务，则扩大查找骑手的位置范围并重复上述步骤，直到有骑手接受任务或超过最大的重试次数。

　　整个处理流程使用 PostgreSQL、Redis 和 Kafka。PostgreSQL 保存派送任务和派送邀请的状态，Redis 保存骑手的位置信息并进行地理位置相关的查询，Kafka 作为反应式消息传递的消息代理。所有的实现都以反应式的方式来完成。

　　下面代码中的 DeliveryEventsHandler 是一个 CDI Bean，包含了完整的消息处理流程。每个方法都是反应式流中的组件。

　　方法 onDeliveryTask 接收来自通道 delivery-task-created 的 DeliveryTask 对象，并发布 DeliveryRiderSearch 对象到通道 delivery-rider-search。实际的处理工作由 DeliveryService 负责完成。DeliveryTask 对象会保存在数据库中，以便追踪其状态。DeliveryRiderSearch 表示查找骑手的请求。DeliveryRiderSearch 中除了 DeliveryTask 之外，还包含了当前的重试次数。

　　方法 onSearch 接收来自通道 delivery-rider-search 的 DeliveryRiderSearch 对象，并发布 DeliveryPickupInvitation 对象到通道 delivery-pickup-invitation。DeliveryService 的 searchForRiders 方法使用 Redis 中保存的骑手的实时位置信息来查找骑手。DeliveryPickupInvitation 表示发送给骑手的派送任务。DeliveryService 的 checkForRidersAcceptance 方法启动一个计划任务，在指定的时间间隔之后检查派送任务的状态。

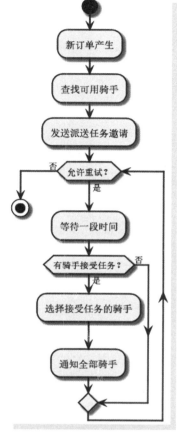

● 图 7-3　派送任务的处理流程

　　方法 onPickupInvitationAccepted 接收来自通道 delivery-pickup-invitation-accepted 的 DeliveryPickupInvitationAcceptedEvent 对象。DeliveryPickupInvitation-AcceptedEvent 表示骑手接受了派送任务。DeliveryService 的 acceptDeliveryPickupInvitation 方法在数据库中记录派送邀请的状态。

```
@ApplicationScoped
public class DeliveryEventsHandler {

    private static final Logger LOGGER =
        Logger.getLogger(DeliveryEventsHandler.class);

    @Inject
    DeliveryService deliveryService;
```

```
@Incoming("delivery-task-created")
@Outgoing("delivery-rider-search")
public Uni<DeliveryRiderSearch> onDeliveryTask(
    DeliveryTask deliveryTask) {
  LOGGER.infov("New delivery task: {0}", deliveryTask);
  return this.deliveryService.taskCreated(deliveryTask);
}


@Incoming("delivery-rider-search")
@Outgoing("delivery-pickup-invitation")
@Merge
public Multi<DeliveryPickupInvitation> onSearch(
    DeliveryRiderSearch search) {
  LOGGER.infov("Search for riders: {0}", search);
  this.deliveryService.checkForRidersAcceptance(search);
  return this.deliveryService.searchForRiders(search);
}


@Incoming("delivery-pickup-invitation-accepted")
public Uni<Void> onPickupInvitationAccepted(
    DeliveryPickupInvitationAcceptedEvent event) {
  LOGGER.infov("Pickup invitation accepted: {0}", event);
  return this.deliveryService
      .acceptDeliveryPickupInvitation(event.getDeliveryTaskId(),
          event.getRiderId());
}
}
```

下面的代码给出了检查派发任务状态的部分实现。在每次检查时，首先使用 DeliverySer-vice 的 selectRider 方法来选择骑手。如果找到骑手，则调用 successCallback 指定的回调方法；如果找不到骑手，则检查当前的重试次数。如果允许继续重试，则使用 retrySearchEmitter 发送一个新的 DeliveryRiderSearch 对象；如果超过重试上限，则调用 failureCallback 指定的回调方法来处理错误。

```
private static class CheckDeliveryPickupAcceptanceTask
    implements Runnable {

  @Override
  public void run() {
    Optional<String> result = this.deliveryService
          .selectRider(this.deliveryTask).await()
          .indefinitely();
```

```
        if (result != null && result.isPresent()) {
          LOGGER.infov("Select rider {0} for delivery task {1}",
              result.get(),
              this.deliveryTask);
          this.successCallback.accept(this.deliveryTask,
              result.get());
        } else {
          if (this.attempt < 3) {
            this.deliveryService.retrySearchEmitter.send(
                DeliveryRiderSearch.builder()
                    .deliveryTask(this.deliveryTask)
                    .tryCount(this.attempt + 1)
                    .build());
          } else {
            LOGGER.infov("No riders for delivery task {0}",
                this.deliveryTask);
            this.failureCallback.accept(this.deliveryTask,
                DeliveryTaskStatus.FAILED_NO_RIDERS);
          }
        }
      }
    }
```

下面的代码给出了 DeliveryService 中 retrySearchEmitter 的定义。该 Emitter 用来发送 DeliveryRiderSearch 类型的消息到通道 delivery-rider-search。

```
@Inject
@Channel("delivery-rider-search")
Emitter<DeliveryRiderSearch> retrySearchEmitter;
```

DeliveryEventsHandler 的 onSearch 方法可以接收来自两个源的消息，因此 onSearch 方法上需要添加注解@Merge。

除了送货微服务之外，管理骑手的微服务也同样使用反应式消息来实现。通道 delivery-pickup-invitation-accepted 中的消息由骑手微服务负责发送。两个微服务使用同一个 Kafka 进行消息传递。

▶▶7.6.4 反应式消息的单元测试

由于反应式编程的异步使用方式，编写单元测试会相对复杂一些。在单元测试中，最基础的工作是验证 Multi 和 Uni 中的事件及其状态。在进行验证时，最直接的做法是使用 Uni.await().indefinitely() 或 Multi.subscribe().asIterable()方法以阻塞式的方式来获取其中的值，再进行验证。

更好的做法是使用 io.smallrye.mutiny.helpers.test 包中的订阅器帮助类 AssertSubscriber 和 UniAssertSubscriber，分别订阅 Multi 和 Uni 对象。这两个帮助类提供了额外的方法来进行验证。以 AssertSubscriber 为例，表 7-10 给出了相关的验证方法。UniAssertSubscriber 也有类似的方法。

表 7-10　AssertSubscriber 的验证方法

方　　法	说　　明
assertItems	验证已经从 Multi 对象中按照指定的顺序接收到元素
assertCompleted	验证 Multi 对象已经完成
assertFailedWith	验证 Multi 对象已经以指定的异常类型失败
assertTerminated	验证 Multi 对象已经结束

AssertSubscriber 和 UniAssertSubscriber 类的对象都使用 create 方法来创建。下面的代码用来测试 DeliveryService 中查找骑手的逻辑。首先使用 updateRiderPosition 方法更新测试骑手的位置，再使用 findRiders 方法来进行查找。对于表示查找结果的 Uni <List <String >> 对象，添加由 UniAssertSubscriber.create 方法创建的订阅器，最后使用 assertItem 方法来验证查找的结果。

```
RiderSearchRequest searchRequest = RiderSearchRequest.builder()
    .lng(0).lat(0).radius(10).count(1).build();
UniAssertSubscriber <List<String>> subscriber =
        this.deliveryService.updateRiderPosition(
    Multi.createFrom().items(
        TestHelper.updateRiderPositionRequest(
            "rider1", 0.00001, 0.00001),
        TestHelper.updateRiderPositionRequest(
            "rider2", 0.00002, 0.00002),
        TestHelper.updateRiderPositionRequest(
            "rider3", 0.00003, 0.00003)
    )
)
    .collect().asList()
    .flatMap((list) ->
        this.deliveryService.findRiders(searchRequest))
    .subscribe().withSubscriber(UniAssertSubscriber.create());
subscriber.awaitItem().assertItem(List.of("rider1"));
```

在测试反应式消息流时，为了提高测试的执行速度，并不一定需要使用 Kafka，而是使用 SmallRye 提供的内存连接器 InMemoryConnector。InMemoryConnector 在内存中保存所发送和接收到的全部消息。

在运行测试时需要把实现中的 Kafka 连接器替换成 InMemoryConnector。下面代码中的 In-MemoryConnectorResource 是 QuarkusTestResourceLifecycleManager 接口的实现，用来在运行测试

之前替换连接器。在 start 方法中,InMemoryConnector 的 switchIncomingChannelsToInMemory 和 switchOutgoingChannelsToInMemory 方法分别用来把接收和发送消息的通道切换成使用 InMemory-Connector。这两个方法实际上只是修改了配置项,把通道的配置项 connector 的值设置为 small-rye-in-memory。

```java
public class InMemoryConnectorResource
        implements QuarkusTestResourceLifecycleManager {

    @Override
    public Map<String, String> start() {
        Map<String, String> env = new HashMap<>();
        Map<String, String> connector1 = InMemoryConnector
            .switchIncomingChannelsToInMemory(
                "delivery-pickup-invitation-accepted");
        Map<String, String> connector2 = InMemoryConnector
            .switchOutgoingChannelsToInMemory(
                "delivery-pickup-invitation");
        env.putAll(connector1);
        env.putAll(connector2);
        return env;
    }

    @Override
    public void stop() {
        InMemoryConnector.clear();
    }
}
```

下面的代码是派送流程的测试用例。注解@QuarkusTestResource 声明了在测试运行之前需要启动的资源,除了上面提到的 InMemoryConnectorResource 之外,还有启动 Redis 和 PostgreSQL 的容器的测试资源。注入的 InMemoryConnector 对象可以在代码中访问内存连接器。

在进行测试时,首先使用 DeliveryService 的 updateRiderPosition 方法来添加两个骑手。对于发布消息的通道,使用 InMemoryConnector 的 sink 方法来创建一个消息的接收者;对于接收消息的通道,则使用 source 方法来创建一个消息的发送者。使用 Emitter < DeliveryTask > 对象的 send 方法发送一个 DeliveryTask 对象作为消息,然后等待来自通道 delivery-pickup-invitation 的消息。InMemorySink 的 received 方法用来获取当前已接收到的消息。由于有两个骑手满足条件,因此通道 delivery-pickup-invitation 的期望消息数量为 2。接着使用 InMemorySource 的 send 方法发送 DeliveryPickupInvitationAcceptedEvent 消息到通道 delivery-pickup-invitation-accepted,表示有骑手接受派送任务。最后检查派送任务的状态是否为期望的 SELECTED。

```java
@QuarkusTest
@QuarkusTestResource(RedisResource.class)
@QuarkusTestResource(PostgreSQLResource.class)
@QuarkusTestResource(InMemoryConnectorResource.class)
@DisplayName("Delivery pickup invitation")
public class DeliveryPickupInvitationTest {

  @Inject
  @Channel("delivery-task-created")
  Emitter<DeliveryTask> emitter;

  @Inject
  DeliveryService deliveryService;

  @Inject
  @Any
  InMemoryConnector connector;

  @Test
  void testDeliveryPickup() {
    String riderId = this.uuid();
    this.deliveryService.updateRiderPosition(
        Multi.createFrom().items(
            TestHelper.updateRiderPositionRequest(
                riderId, 0.00001, 0.00001),
            TestHelper.updateRiderPositionRequest(
                this.uuid(), 0.00002, 0.00002)
        )).collect().asList().await().indefinitely();
    InMemorySink<DeliveryPickupInvitation> invitation =
        this.connector
            .sink("delivery-pickup-invitation");
    InMemorySource<DeliveryPickupInvitationAcceptedEvent> event =
        this.connector
            .source("delivery-pickup-invitation-accepted");
    String taskId = this.uuid();
    this.emitter.send(DeliveryTask.builder()
        .id(taskId)
        .restaurantAddress(
            Address.builder().lng(0).lat(0).build()).build())
        .toCompletableFuture().join();
    Awaitility.await()
        .pollInterval(Duration.ofSeconds(2))
        .atMost(Duration.ofSeconds(10))
        .until(() -> invitation.received().size() == 2);
```

```
        event.send(DeliveryPickupInvitationAcceptedEvent.builder()
          .deliveryTaskId(taskId).riderId(riderId).build());
      Awaitility.await()
          .pollInterval(Duration.ofSeconds(5))
          .atMost(Duration.ofSeconds(30))
          .until(() -> {
            DeliveryTaskInfo taskInfo =
                this.deliveryService.getTask(taskId)
                .await().indefinitely();
            return taskInfo != null &&
                Objects.equals(taskInfo.getStatus(),
                    DeliveryPickupInvitationStatus.SELECTED.name());
          });


    }

    private String uuid() {
      return UUID.randomUUID().toString();
    }
  }
```

如果希望使用 Kafka 进行测试，只需要添加新的 Quarkus 测试资源来启动 Kafka 容器即可。

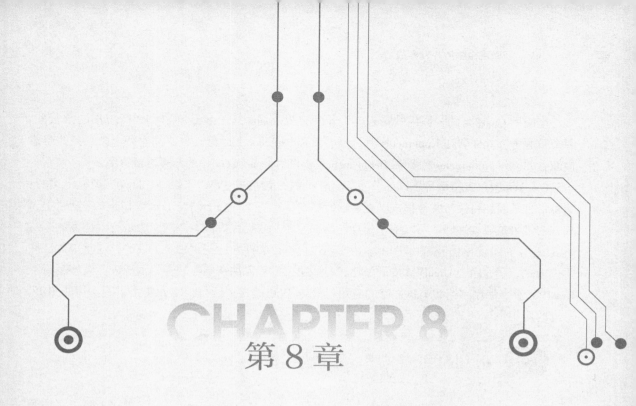

CHAPTER 8
第 8 章

Quarkus应用部署

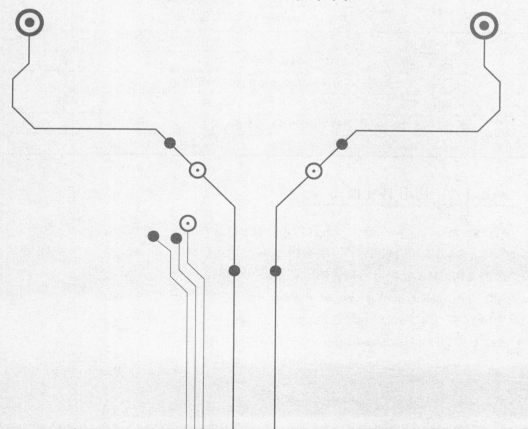

在使用 Quarkus 的云原生微服务应用开发完成之后，下一步是部署和运行应用的微服务。每个微服务独立部署在 Kubernetes 上。为了在 Kubernetes 上运行，需要创建每个微服务的容器镜像，并创建 Kubernetes 的资源 Deployment。本章对 Quarkus 应用的部署进行介绍。

Quarkus 应用支持两种不同的分发模式：一种是传统的 JVM 模式，在 Java 虚拟机上运行；另外一种是原生可执行文件模式，直接运行在操作系统上，并不需要 Java 虚拟机的支持。JVM 模式的优势是兼容性好，可以使用任意的第三方库。原生可执行文件的优势是启动速度快、占用资源少、并且应用打包的体积小。由于原生可执行文件在性能上的突出优势，通常都建议使用该模式。不过由于 GraalVM 的局限性，一些第三方库无法在未经配置的情况下，直接运行在 GraalVM 上。使用了这些第三方库的应用只能以 JVM 模式来运行，比如使用了不支持的 JDBC 驱动的应用。

8.1 应用打包方式

Quarkus 应用有不同的打包方式，由配置项 quarkus.package.type 确定。表 8-1 列出了该配置项的可选值，默认值是 jar。除了 native 之外，其他打包方式都以 JVM 模式运行。

表 8-1 Quarkus 应用的打包方式

属 性 值	说 明
jar	可运行的 JAR 文件
legacy-jar	Quarkus 1.12 之前的 JAR 文件格式
uber-jar	包含全部依赖的单个 JAR 文件
mutable-jar	在容器中开发时的 JAR 格式
native	原生可执行文件

▶▶ 8.1.1 使用 JVM 模式

直接运行 ./mvnw package 命令会在构建的输出目录中产生子目录 quarkus-app。该目录中包含了 Quarkus 应用运行所需的全部文件。Maven 项目的默认输出目录是 target，也可以使用配置项 quarkus.package.output-directory 来修改。这个目录中包含的内容如图 8-1 所示。

表 8-1 给出了目录 quarkus-app 中的文件和子目录的说明。

● 图 8-1 Quarkus 的 jar 打包内容

表 8-1 　jar 打包内容的文件和目录

文件或目录	说　明
quarkus-run.jar	应用运行的 JAR 文件
quarkus-app-dependencies.txt	所有使用的第三方依赖的列表
quarkus/generated-bytecode.jar	构建过程中生成的字节代码
app	包含应用自身字节代码的 JAR 文件
lib/boot	应用启动时所需的依赖
lib/main	应用运行时所需的其他依赖

　　Quarkus 会在构建时进行很多预处理，从而提高应用的启动速度。JAR 文件 quarkus-run.jar 的 META-INF/MANIFEST.MF 文件中包含了运行 JAR 文件所必要的配置，包括设置启动类名的属性 Main-Class 和 CLASSPATH 的属性 Class-Path。在大部分时候并不需要指定启动类的名称，而由 Quarkus 自动查找。如果必须设置启动类，可以使用配置项 quarkus.package.main-class。属性 Class-Path 的值引用的是子目录 lib 下的 JAR 文件。当希望在其他机器上运行应用时，需要复制整个 quarkus-app 目录。

　　使用下面的命令可以生成 legacy-jar 类型的打包应用。

```
./mvnw package -Dquarkus.package.type=legacy-jar
```

　　legacy-jar 是 Quarkus 1.12 版本之前使用的默认打包方式。这种打包方式会在构建目录下生成一个扩展名为 "-runner" 的 JAR 文件，并把所有的第三方依赖保存在目录 lib 中。

　　使用下面的命令可以生成类型为 uber-jar 的打包应用。Uber JAR 文件也称为 Fat JAR，会把应用的全部依赖打包在一个 JAR 文件中，这样就不再需要使用独立的子目录 lib 来存放依赖的 JAR 文件，分发起来更加简单。

```
./mvnw package -Dquarkus.package.type=uber-jar
```

▶▶8.1.2　创建原生可执行文件

　　创建 Quarkus 应用的原生可执行文件需要使用 GraalVM。可执行文件的生成由 Quarkus 的 Maven 插件来完成。

❶ 安装和配置 GraalVM

　　一共有三种不同的 GraalVM 版本可以使用，分别是 Oracle 提供的 GraalVM 的企业版和社区版，以及 Mandrel。Oracle 提供的两个版本是 GraalVM 的通用实现，而 Mandrel 则专门为了构建 Quarkus 应用的原生可执行文件而设计。

　　Mandrel 在 Oracle 的 GraalVM 社区版的基础上做了一些修改，去掉了 GraalVM 的多语言编程的支持。由于 Quarkus 应用不需要这些功能，去掉之后的体积更小。Mandrel 目前仅可以创建运行在 Linux 上的可执行文件。对于面向 Kubernetes 的云原生应用来说，Mandrel 的这个局限性并不是问题。

　　GraalVM 有基于 OpenJDK 8 和 11 两个不同的版本可供选择，Quarkus 只支持 OpenJDK 11 的版本。GraalVM 提供了 Linux、macOS 和 Windows 版本，只需要下载对应的版本并解压即可。在解压了之后，需要添加环境变量 GRAALVM_HOME 指向解压之后的目录路径。有一些工具提供了安装 GraalVM 的支持，比如 Linux 和 macOS 上的 SDKMAN。

　　在安装 GraalVM 之后，需要使用安装之后的目录 bin 中的命令行工具 gu 来安装原生镜像功能，如下面的代码所示。

```
gu install native-image
```

　　安装完成之后会在目录 bin 中出现命令行工具 native-image。在 Quarkus 应用的开发中，并不需要直接使用 GraalVM，而是依靠 Quarkus 提供的 GraalVM 集成功能。

　　❷ 使用 Maven 创建原生可执行文件

　　在生成的 Maven 项目中，已经包含了名为 native 的 profile，定义了原生可执行文件构建和测试相关的配置。使用下面的命令来构建原生可执行文件。在运行之前需要确保环境变量 GRAALVM_HOME 指向已安装的 GraalVM。

```
./mvnw package -Pnative
```

　　真正起作用的是把配置项 quarkus.package.type 的值设置为 native。上述命令的效果实际上等同于运行下面的命令。

```
./mvnw package -Dquarkus.package.type = native
```

　　当构建完成之后，可以在目录 target 下看到以 "runner" 为扩展名的可执行文件。需要注意的是，构建可执行文件的过程耗时会比较长，而且会占用很多的 CPU 和内存资源。直接运行该文件可以启动应用来进行测试。

　　使用 GraalVM 生成的原生可执行文件只能在当前环境上运行。由于生产环境中使用的是运行在 Linux 容器中的原生可执行文件，在 Windows 和 macOS 上生成的原生可执行文件并不能运行在容器中，而只能在开发环境上进行测试。

　　如果本地开发环境是 Linux，可以直接安装 GraalVM 来生成原生可执行文件。如果本地开发环境是 Windows 或 macOS，更好的做法是使用容器来构建原生应用，GraalVM 运行在容器中。

　　下面的命令使用自动发现的容器运行时来启动包含了 GraalVM 的容器，然后在容器中构建原生应用。构建完成之后，在目录 target 中产生的是 Linux 平台上的原生可执行文件。不过这种方式创建的可执行文件并不能在当前开发环境上运行，而是必须同样运行在容器中。

```
./mvnw package -Pnative -Dquarkus.native.container-build = true
```

❸ 原生可执行文件测试

对于开发人员来说，大部分时候是使用 Quarkus 的开发模式来编写代码和进行本地测试。在生产环境中运行的是原生可执行文件。由于 GraalVM 的限制，在 JVM 模式下运行正常的 Quarkus 应用，所构建出来的原生可执行文件在运行时有可能产生问题。比如，在运行时使用反射 API 获取的类，如果没有事先注册，在原生可执行文件中无法使用。这就要求开发人员需要对原生可执行文件也进行必要的测试。

为了保证原生可执行文件的正确性，应该运行自动化的集成测试。集成测试的做法是启动可执行文件，再通过应用的开放 API 与之交互，并运行测试用例。这种做法与第 5 章介绍的 REST API 的单元测试是相似的，只不过应用的运行模式发生了变化。

Maven 项目的 native profile 已经包含了与集成测试相关的配置，通过 Maven 的 failsafe 插件来完成。运行下面的命令可以启动集成测试。

```
./mvnw verify -Pnative
```

在可执行文件上运行的测试需要添加注解@io.quarkus.test.junit.NativeImageTest。只有与开放 API 相关的测试用例才需要执行。一般的做法是继承应用已有的 API 测试类，并添加注解 @NativeImageTest。比如，RestaurantResourceTest 是餐馆服务的 API 的测试类，下面代码中的 RestaurantResourceTestIT 则是对应的集成测试类。

```
@NativeImageTest
public class RestaurantResourceTestIT
    extends RestaurantResourceTest {


}
```

如果测试类的一些方法不适合在原生可执行文件上进行测试，可以添加注解 @io.quarkus.test.junit.DisabledOnNativeImage 来忽略该方法。

❹ 应用代码的 **GraalVM** 支持

由于 GraalVM 的限制，Quarkus 应用在某些情况下需要做一些特殊的处理。Quarkus 提供了一些辅助功能来帮助处理 GraalVM 的问题。

在默认情况下，GraalVM 不会把 CLASSPATH 中的资源添加到原生可执行文件中，而是需要显式地进行配置。Quarkus 对此进行了优化，会默认添加目录 META-INF/resources 中的文件。如果资源文件在其他的路径下，则需要进行配置。

配置的方式是在目录 src/main/resources 下添加一个文件 resources-config.json，其中声明所要添加的资源文件的名称模式。

下面代码中的文件 resources-config.json 的作用是添加全部的 JSON 文件，属性 pattern 是匹配文件路径的正则表达式。

```
{
  "resources": [
    {
      "pattern": ".* \\.json $"
    }
  ]
}
```

最后需要配置 GraalVM 的命令 native-image 来使用该配置文件。具体的做法是设置配置项 quarkus.native.additional-build-args 的值，表示传递给命令 native-image 的额外参数。

下面代码是添加了该配置项的 application.properties 文件，参数-H 的作用是传递额外的参数值。

```
quarkus.native.additional-build-args
=-H:ResourceConfigurationFiles = resources-config.json
```

使用反射 API 来加载的类需要显式的声明。最简单的做法是添加注解 @io.quarkus.runtime.annotations.RegisterForReflection 来进行注册。如果需要注册的类来自第三方库，无法修改其源代码，可以使用属性 targets 来指定实际的类。

在下面的代码中，实际注册的类是 ExternalClass。

```
@RegisterForReflection(targets = ExternalClass.class)
public class ExternalReflectionConfiguration {
}
```

另外一个做法是使用配置文件 reflection-config.json。下面的代码给出了该配置文件的示例。

```
[
  {
    "name" : "io.vividcode.quarkus.TestClass",
    "allDeclaredConstructors" : true,
    "allPublicConstructors" : true,
    "allDeclaredMethods" : true,
    "allPublicMethods" : true,
    "allDeclaredFields" : true,
    "allPublicFields" : true
  }
]
```

与添加资源的做法相同，需要添加新的命令行参数 -H:ReflectionConfigurationFiles = reflection-config.json 来启用该配置。

在默认情况下，Quarkus 会在构建时初始化全部类。如果有些类必须在运行时初始化，可以使用命令行参数 --initialize-at-run-time 来指定类名。

8.2 创建容器镜像

云原生应用都需要以容器镜像的形式来发布。每个微服务发布各自的容器镜像。

Quarkus 的 Maven 插件提供了构建镜像的支持。Quarkus 可以使用 Docker、Jib 或 S2I 来构建镜像，只需要添加不同的扩展即可。表 8-2 给出了与构建容器镜像相关的配置项，这些配置项的前缀是 quarkus.container-image。

表 8-2　构建容器镜像相关的配置项

配 置 项	默 认 值	说 明
build		是否创建容器镜像
push		是否发布容器镜像到注册中心
builder		构建容器镜像的扩展名称，可选值有 docker、jib 和 s2i。只有当同时添加了多个扩展时才需要使用该配置项
group	${user.name}	容器镜像的分组
name	应用的名称	容器镜像的名称
tag	应用的版本	容器镜像的标签
registry		注册中心的地址
username		注册中心的访问用户名
password		注册中心的访问密码
insecure	false	是否允许使用不安全的注册中心
image		完整的镜像名称

使用 Docker 构建镜像需要扩展 container-image-docker 的支持。通过 Maven 插件生成的 Quarkus 应用模板中已经包含了 4 个 Dockerfile 文件，位于目录 src/main/docker 下。这 4 个 Dockerfile 文件适用于不同的场景。

使用文件 Dockerfile.jvm 创建的容器镜像中的 Quarkus 应用运行在 JVM 模式。该镜像使用的基础镜像是 RedHat 提供的通用基础镜像 8（Universe Base Image，UBI）的精简版，压缩之后的大小仅有 37MB。在基础镜像之上，容器镜像添加了 OpenJDK 11 和 Fabric8 提供的脚本 run-java.sh 来运行 Java 应用。这个 Dockerfile 要求打包格式为 jar。构建生成的目录 quarkus-app 中的内容会被复制到镜像中。

下面的命令使用文件 Dockerfile.jvm 创建容器镜像。

```
./mvnw package -Dquarkus.container-image.build=true
```

使用文件 Dockerfile.legacy-jar 创建的容器镜像的内容与 Dockerfile.jvm 对应的镜像相似，只不过 Quarkus 应用的打包方式是 legacy-jar。

下面的命令使用文件 Dockerfile.legacy-jar 创建容器镜像。配置项 quarkus.docker.dockerfile-jvm-path 的作用是指定 JVM 模式下的 Dockerfile 文件的路径。

```
./mvnw package -Dquarkus.package.type=legacy-jar
  -Dquarkus.container-image.build=true
  -Dquarkus.docker.dockerfile-jvm-path=src/main/docker/Dockerfile.legacy-jar
```

使用文件 Dockerfile.native 创建的容器镜像相对于 JVM 模式运行的应用要简单很多。只需要把生成的原生可执行文件复制到基础镜像中。下面的命令创建包含原生可执行文件的容器镜像。

```
./mvnw package -Pnative -Dquarkus.container-image.build=true
```

使用文件 Dockerfile.native-distroless 创建的镜像同样使用原生可执行文件，只不过使用的基础镜像并不相同。基础镜像 quay.io/quarkus/quarkus-distroless-image：1.0 去掉了软件包管理工具，尺寸更小。

下面的命令使用文件 Dockerfile.native-distroless 来创建容器镜像。配置项 quarkus.docker.dockerfile-native-path 的作用是指定原生可执行文件模式下的 Dockerfile 的路径。

```
./mvnw package -Pnative -Dquarkus.container-image.build=true -Dquarkus.docker.docker-
file-native-path=src/main/docker/Dockerfile.native-distroless
```

如果使用容器来运行 GraalVM 以创建可执行文件，相关的工作需要分成两步来完成，如下面的代码所示。

```
./mvnw package -Pnative -Dquarkus.native.container-build=true
./mvnw package -Dquarkus.container-image.build=true
```

Jib 是 Google 维护的创建容器镜像的工具。Jib 有两个重要的优势：第一个优势是 Jib 会把容器镜像划分成多个层次，从而可以充分复用已经推送到注册中心中的内容，使得构建速度非常快。另外一个优势是在推送镜像到注册中心时，Jib 并不需要使用特定的客户端工具，这就简化了运行环境的配置。这一点对持续集成服务来说尤为重要，简化了服务器的配置。使用 Jib 需要启用扩展 container-image-jib。

不过需要注意的是，Jib 的设计目标是直接推送镜像到注册中心。如果希望在本地保存创建的镜像，仍然需要 Docker 的支持。

如果希望往产生的容器镜像中添加附加的文件，可以把这些文件存放在目录 src/main/jib 下。这些文件会被复制到容器中，并保存目录结构不变。比如目录 src/main/jib/opt/config 下的文件会被复制到容器的路径/opt/config。

8.3 部署到 Kubernetes

在创建了应用的容器镜像之后，下一步是部署到 Kubernetes。需要部署的组件除了应用自身，还包括依赖的支撑服务。以餐馆微服务为例，除了服务本身，还包括 PostgreSQL 和 Apache Kafka。下面首先介绍 Quarkus 应用自身的部署。

▶▶ 8.3.1 发布 Docker 镜像

 如果使用 Docker 构建镜像，在本地开发环境上产生的镜像会缓存在 Docker 的后台守护进程中。当在 Kubernetes 上部署时，这些本地缓存的镜像并不能直接使用。根据部署环境的不同，可以通过不同的方式来使用镜像。

在开发环境上，一般使用的是 minikube 这样的面向开发人员的 Kubernetes 集群。它们有各自特殊的方式来处理镜像。

在使用 minikube 时，可以直接使用 minikube 内的容器运行时来构建镜像。基本的做法是把本机上容器工具的客户端指向 minikube 内的容器运行时。当在本机上进行构建时，镜像会被推送到 minikube 内的容器运行时。

不同的容器运行时的设置方式有所不同，以 Docker 为例来进行说明。首先运行命令 mini-kube docker-env 来输出修改本机上的 Docker 客户端的命令。下面的代码是在 macOS 上运行的结果。

```
export DOCKER_TLS_VERIFY = "1"
export DOCKER_HOST = "tcp://192.168.64.23:2376"
export DOCKER_CERT_PATH = "/Users/alexcheng/.minikube/certs"
export MINIKUBE_ACTIVE_DOCKERD = "minikube"


# To point your shell to minikube's docker-daemon, run:
# eval $(minikube -p minikube docker-env)
```

输出的内容中已经提供了详细的说明，只是设置了一些环境变量。只需要复制粘贴到命令行之上运行即可。

对 Docker 的设置完成之后，在当前的命令行中使用 Maven 来构建镜像。所产生的镜像可以在 Kubernetes 中直接使用。对 Docker 的设置只对当前命令行有效。如果切换了新的命令行，需要重新运行 minikube docker-env 输出的命令。

另外一种做法是使用命令 minikube image load 把本机上构建的镜像推送到 minikube。下面的代码给出了相关命令的用法。

```
minikube image load my-app:1.0.0          // 推送镜像
minikube image list                       // 列出全部镜像
minikube image rm my-app:1.0.0            // 删除镜像
```

早期的 minikube 版本中并不支持 image load 命令，而是使用命令 minikube cache 来推送镜像到 minikube。推送的镜像保存在文件系统中，在 minikube 启动时读取。在不重启 minikube 的情况下，使用命令 minikube cache reload 来重新加载镜像。下面的代码给出了命令 minikube cache 的使用示例。

```
minikube cache add my-app:1.0.0           // 推送镜像
minikube cache reload                     // 重新加载镜像
minikube cache list                       // 列出全部镜像
minikube cache delete my-app:1.0.0        // 删除镜像
```

如果在本机上使用 Docker 来创建 Quarkus 应用的镜像，上述做法已经可以满足需求。如果使用 jib 来创建镜像，那么需要使用镜像注册中心。

Minikube 提供了在 Kubernetes 集群上运行注册中心的附加组件 registry，只需要运行下面的命令来启用该组件即可。

```
minikube addons enable registry
```

Docker 的注册中心实现是开源的，可以在集群内部安装自己的私有注册中心。除了 Docker 的实现之外，也可以使用 CNCF 下的 Harbor 项目。云平台在支持 Kubernetes 的同时，一般都提供各自的注册中心服务。当在云平台上运行部署应用时，使用该平台自身的注册中心，可以简化运维。尤其是在获取镜像的身份认证方面，可以利用云平台内部的认证机制，而不需要使用用户名密码或证书来认证。

当使用注册中心时，只需要通过表 8-2 给出的配置项指定注册中心的地址、用户名和密码即可。

如果应用安装在用户的私有环境中，无法访问外部的网络，可以使用命令 docker export 把镜像导出成压缩文件，保存在移动存储设备中。在内部网络中，把镜像的压缩文件复制到 Kubernetes 集群的每个节点上，再使用命令 docker import 把镜像导入到缓存中。

▶▶ 8.3.2　容器镜像的标签

在持续集成中，每次构建出来的容器镜像都应该有唯一的标签。容器镜像是不可变的，通过镜像 ID 可以唯一标识。镜像的标签实际上是镜像的指针。同一个标签在不同时刻可以指向不同的镜像。

以 Docker 为例，如果之前已经使用命令 docker pull 拉取某个标签的镜像，当该标签指向的镜像发生变化时，Docker 并不会主动更新，而是仍然使用之前拉取的旧镜像。必须再次运行命令 docker pull 来更新镜像。

Kubernetes 有自己的镜像拉取策略，通过属性 ImagePullPolicy 来确定。该属性的可选值有 Always、IfNotPresent 和 Never。

- 如果值为 Always，则每次启动新容器之前都会拉取镜像，确保标签所指向的镜像是最新的。
- 如果值为 IfNotPresent，则只会在镜像不存在时进行一次拉取，之后都使用缓存的镜像。
- 如果值为 Never，则不会从注册中心拉取镜像，而是使用缓存的镜像。

在使用镜像时，实际上都是带着标签的。如果不指定标签，那么默认使用的是标签 latest。Docker 的命令 docker pull 和 Kubernetes 使用同样的规则。

在实际的开发中，并不建议使用标签 latest。这是因为镜像的使用者无法确定标签 latest 所指向的容器镜像的内容。如果在测试或生产环境中使用了标签 latest，那么过一段时间之后重新运行测试或再次部署时，所得到的结果可能完全不同，因为对应的镜像可能被更新了。为了保证测试和部署的可重复性，所有的测试和部署都应该使用带标签的形式来引用镜像。

镜像标签最常用的格式是使用语义化版本号。目前绝大部分公开镜像都使用版本号作为标签。语义化版本使用 major.minor.patch 的形式，比如 1.2.3。对应的镜像标签除了完整的版本之外，也包括只包含 major 和 major.minor 的形式。比如版本 1.2.3 对应的标签包括 1.2.3、1.2 和 1。当有新版本发布时，已有的标签指向的镜像也会改变。如果发布了版本 1.2.4，除了新增的标签 1.2.4 之外，标签 1.2 和 1 对应的镜像也会改变。

在实际开发中，单纯使用版本号并不足以区分不同的构建版本，因为同一个版本在开发过程中可能多次构建。通常的做法是在版本号之后添加扩展名，作为附加的区分信息。常用的扩展名包括构建时间、构建号和 Git 提交的标识。

在这三种扩展名形式中，并不推荐使用构建时间，因为时间本身并不能提供更多有价值的信息。使用构建号的好处是方便与已有的项目管理系统和 bug 追踪系统进行集成。测试团队一般工作在特定的构建号之上。推荐的做法是使用 Git 提交标识符作为扩展名。从镜像标签可以快速定位到产生该镜像的代码。

▶▶ 8.3.3 创建 Kubernetes 部署资源

Quarkus 的扩展 kubernetes 提供了与 Kubernetes 的集成。在启用了该扩展之后，Maven 构建会在目录 target/kubernetes 下产生两个文件 kubernetes.json 和 kubernetes.yml。这两个文件是应用所对应的 Kubernetes 资源的描述，只不过格式不同。在文件中声明了两个资源，分别是应用在 Kubernetes 上的 Deployment 和 Service。

通过 kubectl 命令可以在 Kubernetes 集群上创建应用的资源，如下所示。

```
kubectl apply -f target/kubernetes/kubernetes.yml
```

自动生成的 Kubernetes 资源声明中已经包含了基本的标签和注解等信息。如果需要对生成的 Kubernetes 资源声明进行修改，可以使用以 quarkus.kubernetes 为前缀的配置项。表 8-3 列出了常用的配置项。

表 8-3　Kubernetes 相关的配置项

配　置　项	说　　明
namespace	名称空间
labels	标签
annotations	注解
env	环境变量
replicas	副本的数量
service-type	服务的类型
pvc-volumes	持久存储卷
image-pull-policy	镜像拉取策略
image-pull-secrets	镜像拉取密钥
resources	CPU 和内存资源的请求值和限制值

下面的代码给出了 Kubernetes 相关配置的用法。

```yaml
quarkus:
  kubernetes:
    image-pull-policy: IfNotPresent
    namespace: happy-takeaway
    labels:
      type: service
    env:
      vars:
        my-test-value: hello
    resources:
      requests:
        memory: 256Mi
        cpu: 250m
      limits:
        memory: 512Mi
        cpu: 500m
```

Quarkus 的扩展 kubernetes 可以生成应用在 Kubernetes 上部署的资源文件。不过生成的资源文件只负责部署应用本身，并不包括应用所依赖的支撑服务。支撑服务的连接信息与部署环境相关，并且对应用来说是未知的。应用运行时的容器通过环境变量来获取这些信息。在部署时，支撑服务的连接信息保存在 Kubernetes 的 ConfigMap 或 Secret 中。在应用的部署声明中，环境变量的值来自 ConfigMap 或 Secret。只需要保证 ConfigMap 或 Secret 的名称不变，在不同的环境中就可以使用同样的应用部署声明，而 ConfigMap 或 Secret 的实际值可以根据环境来进行修改。

以餐馆微服务为例，所有的与数据库连接相关的环境变量可以保存在名为 restaurant-service-db 的 Secret 中，而 Kafka 相关的环境变量可以保存在另外一个名为 restaurant-service-kafka 的 Secret 中。相关的配置如下面的代码所示。

```
quarkus:
  kubernetes:
    env:
      secrets:
        - restaurant-service-db
        - restaurant-service-kafka
```

通过扩展 kubernetes 生成的 Kubernetes 资源中的相关内容如下所示。

```
envFrom:
 - secretRef:
     name: restaurant-service-db
 - secretRef:
     name: restaurant-service-kafka
```

来自 ConfigMap 的环境变量可以用类似的方式来配置，相应的配置项名称是 quarkus.kubernetes.env.configmaps。

如果只希望引用 ConfigMap 或 Secret 中的部分值，或是需要修改特定名称的项所对应环境变量的名称，可以定义单个项与环境变量的对应关系。下面代码给出了相关的配置，环境变量 DB_HOST 的值来自名为 restaurant-service 的 Secret 中的名为 db-host 的条目。

```
quarkus:
  kubernetes:
    env:
      mapping:
        db-host:
          from-secret: restaurant-service
          with-key: db-host
```

所产生的 Kubernetes 资源中的相关内容如下所示。

```
env:
  - name: DB_HOST
    valueFrom:
      secretKeyRef:
        key: db-host
        name: restaurant-service
```

使用 ConfigMap 中特定值的配置方式与 Secret 相似，只需要把配置项名称从 from-secret 换成 from-configmap 即可。

▶▶ 8.3.4 完整的应用部署

 Quarkus 生成的 Kubernetes 资源声明只能部署应用本身，支撑服务需要独立安装。这些支撑服务中，有些是微服务独有的，比如数据库；有些则是很多微服务共享的，比如 Apache Kafka 这样的消息代理。这些支撑服务也可以使用 YAML 文件来描述。直接通过 YAML 文件来创建资源的做法，只适合于非常简单的应用。当应用变得复杂时，需要更系统的方式来管理应用部署相关的各种资源。目前在 Kubernetes 上最常用的部署方式是使用 Helm。

Helm 中的每个软件包称为图表（Chart）。Helm 的一个优势是促进了应用软件包的共享。社区贡献了很多运行不同应用的图表，发布在公共的图表仓库中。绝大部分公开的应用都可以在仓库中找到相应的 Helm 图表。通过 Artifact Hub 可以发布和查找 Helm 图表。

虽然公开的 Helm 图表仓库中包含了常用支撑服务的图表，但是安装应用的每个微服务的图表需要手动创建。限于篇幅，这里不对 Helm 图表的创建进行具体的介绍。为了简化开发，可以首先使用 Quarkus 的扩展 kubenetes 来生成应用的 Kubernetes 资源文件，再以生成的 YAML 文件为基础来编写 Helm 图表。

通过 Helm 的图表可以方便地安装单个应用。但是当需要同时安装多个互相关联的应用时，单独使用 Helm 很难进行管理。在安装 Helm 的图表时，配置项的值通过 YAML 文件来传递。一个常见的需求是在安装两个不同的图表时，使用同样的配置值。一个典型的场景是访问数据库的用户名和密码。同样的用户名和密码，在 PostgreSQL 的图表，以及使用该 PostgreSQL 的餐馆管理服务的图表中都会被用到。合理的做法是只在一个地方维护这些配置项的值，不仅减少了代码重复，配置修改时也会变得更简单。

在目前的版本中，Helm 并没有提供一种比较有效的方式来在两个独立的图表之间共享配置。比较可行的做法是把 PostgreSQL 的图表作为餐馆管理服务的子图表，这样以全局变量的形式在父图表和子图表之间传递值。不过这种做法的限制比较多，有些图表之间并不存在直接的父子关系。Helmfile 是解决这一问题的工具。

Helmfile 通过 helmfile.yaml 文件来管理多个 Helm 发行。对于微服务架构的应用来说，由于所要部署的组件很多，一般使用多个 helmfile.yaml 文件来管理，每个 helmfile.yaml 文件负责一个组件的安装。

应用中的组件可以分成三类，第一类是共享的支撑服务，第二类是单个微服务独自使用的支撑服务，第三类是微服务自身。以餐馆管理服务来说，Kafka 是共享的服务，而餐馆管理服务有独自使用的 PostgreSQL 数据库。每个共享服务由单独的 helmfile.yaml 文件来管理，而微服务及其独自使用的支撑服务则放在同一个 helmfile.yaml 文件中。

所有组件的 Helmfile 文件都组织在目录 apps 下。该目录的结构如下面的代码所示。每个目录表示一个组件。目录的名称包含了 00_、01_和 02_这样的前缀。前缀代表的是组件所在的层。

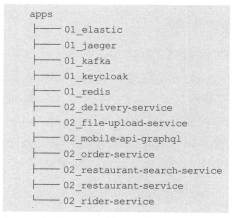

```
apps
├──── 01_elastic
├──── 01_jaeger
├──── 01_kafka
├──── 01_keycloak
├──── 01_redis
├──── 02_delivery-service
├──── 02_file-upload-service
├──── 02_mobile-api-graphql
├──── 02_order-service
├──── 02_restaurant-search-service
├──── 02_restaurant-service
└──── 02_rider-service
```

表 8-4 给出了目录前缀的说明。

表 8-4　目录前缀的说明

目录前缀	名　　称	说　　明
00	集群配置层	用来对 Kubernetes 集群进行配置，包括创建服务账号，设置权限和创建基本的 ConfigMap 和 Secret 等
01	共享的支撑服务层	安装共享的支撑服务
02	微服务层	安装独立的微服务

分层的划分标准是根据组件更新的频率。更新频率相同的组件被划分在同一层中。集群配置层的 helmfile.yaml 文件一般只需要运行一次，对新创建的 Kubernetes 集群进行初始化。共享的支撑服务层的 helmfile.yaml 文件只在更新支撑服务的配置或版本时才需要运行。微服务层的 helmfile.yaml 文件则在每次部署时都会运行。

下面代码中的 helmfile.support.yaml 文件包含了全部的支撑服务。属性 environments 下的每个值代表一个声明的环境。每个环境有其对应的配置项的值。属性 helmfiles 指定了包含的 helmfile.yaml 文件的路径。

```
environments:
  default:
  dev:
  test:
  prod:

helmfiles:
- path: "apps/01_*/helmfile.yaml"
```

下面的命令通过 helmfile 命令安装支撑服务，对应的环境是 dev。Helmfile 会按照字典顺序依次执行 apps 目录下以 01_ 为前缀的目录下的 helmfile.yaml 文件。

```
helmfile -e dev -f helmfile.support.yaml apply
```

如果支撑服务之间存在依赖关系，那么需要调整它们的 helmfile.yaml 文件的执行顺序。比如，Jaeger 需要使用 Elasticsearch 作为存储，因此 Jaeger 的安装需要在 Elasticsearch 之后进行。如果使用通配符来包含 helmfile.yaml 文件，可能需要修改目录的名称，以保证 Elasticsearch 的目录名称在按照字典顺序时出现在 Jaeger 对应的目录的前面。在上述例子中，Elasticsearch 对应的目录名称 01_elastic 本来就在 Jaeger 对应的目录名称 01_jaeger 之前，因此不需要进行修改。如果不希望使用通配符，可以在属性 helmfiles 的列表中，按照期望的执行顺序来排列所有的 helmfile.yaml 文件。

▶▶ 8.3.5　持续集成与部署

在使用 Helmfile 安装了微服务架构的应用之后，下一个需要考虑的问题是如何对应用进行更新。由于微服务架构的应用通常作为在线服务的后台，因此一个很重要的要求是确保应用对外提供的服务不中断。如果微服务的容器在运行时由于内部错误而终止，Kubernetes 的故障恢复机制会保证新的 Pod 被启动，从而自动修复问题。由于每个微服务的部署通常会有多个副本，这些副本同时出现错误的可能性极低，可以保证应用的服务不中断。

另外一种可能会导致应用服务中断的情况是部署新版本。在新旧版本的切换过程中，可能出现短暂的中断。由于在线服务一般要求能够快速地推出新功能和修复问题，不同版本之间的部署间隔会相对较短，这一点与传统的应用是不同的。微服务架构的应用中的每个微服务都可以独立部署，一个应用可能由数十或数百的微服务组成，这使得部署的数量会非常大。

在部署时要考虑两个重要问题，分别是确保服务不中断和必要时的版本回退。

最简单的保证服务不中断的方式是使用 Kubernetes 中的 Deployment 资源提供的滚动更新策

略，这也是默认的更新策略。这种策略的特点是逐个替换 Deployment 对应的 ReplicaSet 中的 Pod。在整个更新过程中，新旧版本的 Pod 会同时存在，并保证整个 ReplicaSet 中 Pod 的数量。

滚动更新策略的行为由两个属性来配置。属性 maxUnavailable 表示在更新过程中允许的不可用的 Pod 数量的最大值，maxSurge 表示允许创建的 Pod 数量的最大值。这两个属性的值可以是具体的 Pod 数量，也可以是期望的 Pod 数量的百分比。这两个属性的默认值都是 25%。如果 Deployment 中的副本数量是 4，这两个属性的值都是默认的 25%，那么在更新过程中，Pod 数量的最大值是 5，最小值是 3。旧版本的 Pod 被终止，而新版本的 Pod 会被创建。

滚动更新策略可以确保服务的不中断，不过有一些限制。新旧两个版本的 Pod 在更新过程中会同时运行，这就意味着这个过程中接收到的请求会被新旧两个版本的代码同时处理。这就要求新旧两个版本的代码在 API 的格式和行为上是相互兼容的。如果属性 maxUnavailable 的值不为 0，那么在更新过程中，实际处理请求的 Pod 数量会减少，导致所能处理的请求的负载变小。由于逐个 Pod 依次更新，整体的更新过程会相对较长。

Kubernetes 的 Deployment 还支持另外一种更新策略，也就是重建（Recreate）。在这种策略中，全部的已有 Pod 都会首先被终止，然后再创建新版本的 Pod。这种策略的好处是更新速度比较快，因为新版本的 Pod 可以并发创建，另外也不会出现新旧版本同时运行的情况。缺点在于会出现服务的中断。从最后一个旧版本的 Pod 被终止之后，到第一个新的 Pod 可用之前，中间的这段时间没有 Pod 处理请求。这种策略适用于服务的版本更新无法保持向后兼容，或者服务有固定的维护窗口的情况。

Kubernetes 的 Deployment 资源已经提供了对版本回退的支持。Kubernetes 会记录下对 Deployment 资源的修改历史。如果当前版本 Deployment 出现问题，可以回退到之前的版本。下面的代码把 Deployment 回退到上一个版本。

```
kubectl rollout undo deployment/myapp
```

还可以回退到之前的指定版本，如下面的代码所示。

```
kubectl rollout undo deployment/myapp --to-revision=1
```

云原生应用在部署时依靠 Deployment 资源提供的服务不中断的功能。每个部署的版本都有对应的镜像标签。当出现问题需要回退时，通常的做法是直接部署之前的版本，并不使用 Deployment 的回退功能。这要求新旧版本的 API 格式是兼容的。

如果需要对 API 的版本进行不兼容的更新，比如从版本 1 升级到版本 2，通常的做法是保持两个版本同时运行。不同的客户端可以根据需要选择访问的 API 版本。

在上述的部署模式中，新旧版本只会在更新过程中并存。这种方式只适合于较小的功能更新或错误修复。对于较大的功能更新或新功能，新版本需要有更长时间的测试，也需要用户的参与。这种部署方式称为金丝雀部署或灰度发布。这种部署方式的特点是新旧版本同时存在，并会持续一段时间。一部分用户的请求会由新版本来处理，其他用户的请求则仍然由旧版本来处理。在最早的时候，只有很少的一部分用户的请求由新版本处理。系统会对新版本的使用情况进行监控，并修复可能出现的问题。在新版本稳定之后，逐步增大使用新版本的用户的比例，并继续监控使用情况和修复问题。重复上述的过程，直到全部用户都使用新版本，就完成了整个部署过程。服务网格可以帮助更好地进行这样的部署。

上述部署方式在一个生产环境中进行新版本的部署。虽然当新版本出现问题时，可以再次部署之前的版本来进行修复。但是滚动更新的特征决定了修复的时间比较长，不能及时地修复问题。解决这个问题的做法是使用蓝绿部署。

在蓝绿部署中，有两个完全相同的生产环境，分别称为蓝色和绿色环境。这两个环境中一个是实际的生产环境，另外一个则是交付准备环境。生产环境上运行的是当前正在使用的版本，而交付准备环境上运行的是上一次部署的版本。两个版本是同时运行的。下面以蓝色和绿色来进行说明。假设当前的版本运行在蓝色环境，新的版本会在绿色环境上部署和测试。新版本准备就绪之后，只需要切换负载均衡器来指向绿色环境即可。下一次部署会在蓝色环境上进行。两个环境交替使用。当新版本出现问题时，只需要切换负载均衡器来指向另外一个环境即可。这种修复问题的方式的速度非常快，因为另外一个环境上的应用已经在运行中，可以立刻开始处理请求。

在部署时离不开持续集成和持续部署服务器。与传统应用相比，云原生应用在持续集成和部署时有一些特殊的要求。在持续集成时需要发布容器镜像到注册中心，因此可能需要安装Docker 或其他的容器运行时客户端。持续部署的环境除了需要安装 Helm 和 Helmfile 等工具之外，还需要可以连接到应用部署的 Kubernetes 集群。

可以使用的持续集成服务实现有很多，既可以在本地安装，也可以使用在线服务。这些服务实现中有一部分是为传统应用所设计和开发，后来扩展到云原生应用的构建和部署。典型的开源实现和在线服务包括 Jenkins、Bamboo、Travis CI、GitLab CI 和 GitHub CI 等。随着云原生技术的流行，出现了一些专门为 Kubernetes 设计的 CI/CD 工具⊖，典型的工具包括 Netflix 支持的 Spinnaker 和 Thoughtworks 支持的 GoCD。Jenkins 也开发了专门为云原生设计的 Jenkins X 版本。除此之外，云平台也会提供自己的 CI/CD 服务，可以方便地与云平台进行集成。

下面介绍一下 Quarkus 应用的持续集成和部署。在持续集成时，任何支持 Maven 或 Gradle 的工具都可以使用。这一点和传统 Java 应用没有区别。如果使用 jib 来发布容器镜像到注册中心，就不需要在持续集成服务器上安装 Docker 客户端。目前很多持续集成服务都使用容器的方式来构建应用，也就是说构建过程自身就已经运行在容器中。如果在构建过程中需要使用

⊖ 持续交互基金会（CD Foundation）下维护了很多相关的项目，详见 https://cd.foundation/。

Docker 客户端来创建和发布镜像，实际上要求 Docker 运行在容器中。这种做法虽然是可行的，也就是利用 Docker in Docker 技术来实现，但是这种技术要求外部的容器以特权模式（Privileged Mode）来运行，意味着授予容器访问主机资源的全部权限，存在很大的安全隐患。使用 jib 可以避免这个问题。如果确实需要从 Dockerfile 中创建镜像，可以使用 Google 提供的 kaniko 项目，支持在容器中创建镜像。

对于发布的容器镜像的标签，持续集成服务可以直接提供相关的信息，包括当前的 Git 分支名称、Git 提交 ID 和构建号等。这些信息一般以环境变量的形式来提供，可以在构建脚本中直接引用。

与持续集成相比，持续部署则要复杂一些。这主要是因为不同应用在部署时有其独特的需求。每一次部署都可能对正在使用应用的用户产生影响。限于篇幅，本书不对具体的 CI/CD 工具进行介绍。

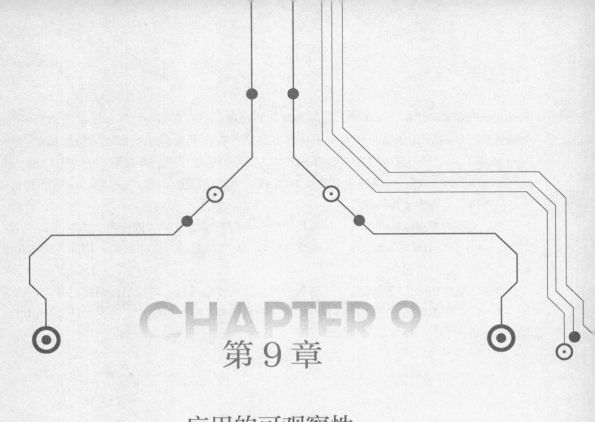

CHAPTER 9
第 9 章

应用的可观察性

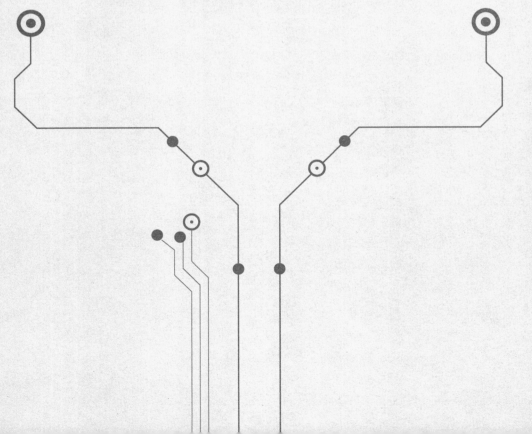

对于一个微服务架构的云原生应用来说，完成开发和部署到 Kubernetes 之后，下一步是对运行的应用进行维护。在维护中的一个重要任务是获取到应用运行时的各种信息。这些信息可以帮助运维人员对应用的状态进行监控，以便及时发现和处理问题。为了运维的需要，应用必须提供附加的数据。这些数据与应用的业务流程无关，只是满足运维的需求。

9.1 健康检查

当云原生应用运行在 Kubernetes 上时，Kubernetes 需要实时监控应用的健康状态，并作出相应的处理。一般来说，云原生应用需要进行两种类型的健康检查。

- 应用的存活性（liveness），用来检查应用是否还在运行中。
- 应用是否已可用（readiness），用来检查应用是否可以接收请求。

如果 liveness 的检查失败，说明应用出现了不可恢复的错误，需要重启应用来修复错误；如果 readiness 的检查失败，而 liveness 的检查成功，说明应用处于暂时无法处理请求的状态，不应该继续发送请求到该实例。对提供开放 API 的应用来说，在 readiness 检查失败的情况下，需要暂时把该应用的实例从负载均衡池中去除，不把请求发送到该实例。

上述 liveness 和 readiness 的概念，与 Kubernetes 上 Pod 的 liveness 和 readiness 状态是相同的。

▶▶ 9.1.1 MicroProfile Health 规范

MicroProfile Health 规范定义了检查应用健康状态的机制。该规范的内容很简单，只是定义了两个 API 终端 /health/live 和 /health/ready 来分别检查应用的 liveness 和 readiness 状态。除此之外，还提供终端 /health 来提供上述两个终端的综合信息。

应用的健康状态可能由多个方面来确定，包括使用的数据库、消息中间件和第三方服务的状态。每个方面称为一个健康检查过程。每个检查过程都有两种状态，分别是成功（UP）和失败（DOWN）。应用最终的健康状态由全部检查过程的状态来确定。只有当全部检查过程的状态都是 UP 时，全局的健康状态才能是 UP。

每个健康检查 API 终端使用 HTTP 状态码和 JSON 格式的响应来表示状态。成功状态的响应状态码是 200，而失败状态则是 503。如果检查时出现内部错误，状态码是 500。除了状态码之外，响应还需要包含 JSON 格式的内容。

下面的代码是响应内容的示例。JSON 内容的属性 status 表示状态，值可以是 UP 或 DOWN，属性 checks 表示所进行的检查过程。每个检查过程的属性 name 表示名称，status 表示状态，data 表示检查相关的附加信息。

```
{
  "status": "UP",
  "checks": [
    {
      "name": "database",
      "status": "UP",
      "data": {
        "key": "value",
        "foo": "bar"
      }
    }
  ]
}
```

除了对健康检查 API 终端的规范之外，MicroProfile Health 还定义了相关的 Java API。应用开发时只需要使用 Java API 即可。Quarkus 应用需要添加扩展 smallrye-health。相关 API 的实现基于 SmallRye Health 库。当添加该扩展之后，就可以直接访问 Quarkus 提供的健康检查终端，对应的访问路径如表 9-1 所示。

表 9-1　健康检查的访问路径

访 问 路 径	说　　明
/q/health/live	liveness 检查
/q/health/ready	readiness 检查
/q/health	全部健康检查的综合信息
/q/health-ui	健康检查的界面

Quarkus 的很多扩展都内置提供了对健康检查的支持，并且是默认启用的。当访问健康检查终端时，可以看到应用中扩展提供的相关信息。支持健康检查的扩展包括 Apache Kafka、Artemis、数据源、Elasticsearch、MongoDB、Neo4j、Redis、反应式消息和 gRPC 等。

由扩展提供的健康检查可以通过配置项来启用或禁用。相关的配置项以 health.enabled 作为扩展名。比如，Kafka 对应的配置项的名称为 quarkus.kafka.health.enabled。

▶▶9.1.2　自定义的健康检查过程

在有些情况下，会需要创建自定义的健康检查过程。检查过程的实现很简单，只需要创建实现 org.eclipse.microprofile.health.HealthCheck 接口的 CDI Bean，并添加注解@org.eclipse.microprofile.health.Readiness 或@org.eclipse.microprofile.health.Liveness 表示检查过程的类型。@Readiness 和@Liveness 可以同时添加在一个 CDI Bean 上。

HealthCheck 接口的定义如下所示，只包含一个返回 org.eclipse.microprofile.health.Health-CheckResponse 对象的 call 方法。HealthCheckResponse 对象的作用是生成规范要求的 JSON 格式的内容。

```
public interface HealthCheck {

  HealthCheckResponse call();
}
```

下面代码中的 PaymentServiceHealthCheck 用来检查第三方支付服务的健康状态。注解 @Readiness表示该检查过程只对应 readiness 状态。PaymentServiceClient 是调用支付服务的客户端。在 call 方法中，根据调用结果产生不同的 HealthCheckResponse 对象。HealthCheckResponse.builder 方法返回用来创建 HealthCheckResponse 对象的构建器，可以使用 withData 方法来添加附加信息。

```
@ApplicationScoped
@Readiness
public class PaymentServiceHealthCheck implements HealthCheck {

  @Inject
  @RestClient
  PaymentServiceClient paymentServiceClient;

  @Override
  public HealthCheckResponse call() {
    String checkName = "payment-service";
    try (Response ignored = this.paymentServiceClient.status()) {
      return HealthCheckResponse.up(checkName);
    } catch (Exception e) {
      return HealthCheckResponse.builder()
          .down()
          .name(checkName)
          .withData("reason", e.getMessage())
          .build();
    }
  }
}
```

访问健康检查终端可以看到新添加的检查过程，响应的内容如下所示。

```
{
  "status":"DOWN",
  "checks":[
    {
```

```
    "name":"payment-service",
    "status":"DOWN",
    "data":{
      "reason":"Unknown error, status code 500"
    }
  }
 ]
}
```

▶▶9.1.3 SmallRye Health 的扩展功能

SmallRye Health 在规范的基础上做了一些扩展。首先是新的检查类型 wellness，用来表示一些 liveness 和 readiness 不能概括的检查过程。类似于注解@Liveness 和@Readiness，使用注解@io.smallrye.health.api.Wellness 来标注实现了 HealthCheck 接口的 CDI Bean。通过 API 的终端／q/health/well 来访问检查状态。

SmallRye Health 可以创建自定义的检查分组，并发布在对应的 API 终端。检查分组使用注解@io.smallrye.health.api.HealthGroup 来标注。比如，PaymentServiceHealthCheck 上可以添加注解@HealthGroup（"external-service"）来声明自定义分组 external-service。相应的检查状态可以通过 API 终端 /q/health/group/external-service 来访问，也可以通过 API 终端 /q/health/group 来查看全部自定义分组的综合状态。

SmallRye Health 支持异步非阻塞的检查过程。异步检查的 CDI Bean 需要实现 io.smallrye.health.api.AsyncHealthCheck 接口。该接口的 call 方法返回的是 Uni＜HealthCheckResponse＞对象。下面代码中的 SimpleAsyncHealthCheck 实现了类型为 liveness 的检查过程，在延迟 2s 之后会返回随机的成功或失败状态。

```
@ApplicationScoped
@Liveness
public class SimpleAsyncHealthCheck implements AsyncHealthCheck {

  @Override
  public Uni<HealthCheckResponse> call() {
    return Uni.createFrom().item(() ->
          ThreadLocalRandom.current().nextBoolean())
      .map(state -> HealthCheckResponse.builder()
         .name("random").staus(state).build())
      .onItem().delayIt().by(Duration.ofSeconds(2));
  }

}
```

SmallRye Health 的最后一个特性是支持在运行时动态添加或删除检查过程。io.smallrye.

health.api.HealthRegistry 接口用来管理检查过程的对象。

下面代码展示了使用 REST API 来管理检查过程。HealthRegistry 对象以依赖注入的方式来提供，注解 @ Liveness 表明对应的是 liveness 类型的检查过程。在 enable 方法中，使用 HealthRegistry 的 register 方法来添加检查过程，而在 disable 方法中，使用 remove 方法来删除。每个检查过程都有唯一的标识符。在添加和删除时可以指定该标识符和 HealthCheck 对象，也可以仅传递 HealthCheck 对象自身。如果仅使用 HealthCheck 对象，该对象的类名作为实际的标识符。

```java
@Path("/health-check")
public class HealthCheckResource {

  @Inject
  @Liveness
  HealthRegistry healthRegistry;

  @Inject
  DynamicEnabledHealthCheck healthCheck;

  @POST
  @Path("enable")
  public Response enable() {
    this.healthRegistry.register(this.healthCheck);
    return Response.noContent().build();
  }

  @POST
  @Path("disable")
  public Response disable() {
    this.healthRegistry.remove(this.healthCheck);
    return Response.noContent().build();
  }
}
```

▶▶9.2 分布式追踪

在微服务架构的应用中，很多业务流程都需要由多个微服务协同来完成。对于客户端发送的请求，后端的实现可能涉及多个相互调用的微服务。不同的业务流程使用的微服务各不相同。即便是同样的业务流程，对于不同的请求，实际使用的微服务也不尽相同。微服务之间的调用与应用中方法之间的调用是相似的。但是由于微服务之间的调用会跨越微服务之间的边界，追踪微服务之间的调用会更加复杂。

▶▶9.2.1　分布式追踪的基本概念

在微服务架构的应用中，分布式追踪的支持是一个重要的功能。分布式追踪中最基本的概念是痕迹（Trace）和跨度（Span）。痕迹是操作的历史轨迹，通常与一个业务行为相对应，也可以是任意感兴趣的动作。痕迹中的每个工作单元被称为跨度。

同一个痕迹中的不同跨度之间可能存在引用关系。最典型的引用关系是父子关系，也就是父跨度所对应操作的结果，依赖于子跨度所对应操作的结果。这种父子关系可以与编程语言中的方法调用所形成的调用栈进行类比。需要被追踪的方法是整个痕迹的入口。每当这个方法调用其他方法时，会创建新的子跨度。这种方式递归下去，就形成了完整的痕迹。痕迹可以看成是跨度组成的有向无环图。

为了能够记录完整的痕迹，在记录属于同一痕迹的不同跨度时，需要在不同的进程之间传递与痕迹相关的上下文对象。该上下文对象的作用是把可能产生在不同服务中的跨度串联起来。当某个服务处理请求时，会尝试从请求中抽取上下文对象。如果找到的话，该上下文对象会作为当前服务所创建的跨度对象的父跨度。当某个服务对外发送请求时，会把当前的跨度上下文对象注入请求中，提供给下游的服务来使用。

上下文对象需要以序列化的形式来传递。具体的格式取决于使用的分布式追踪系统。由于分布式追踪的开源和商用实现很多，为了避免供应商锁定和提高互操作性，需要相应的规范。

CNCF 的 OpenTracing 项目提供了与分布式追踪相关的规范和 API。MicroProfile OpenTracing 规范定义了 MicroProfile 实现与 OpenTracing 规范的集成。SmallRye 的 OpenTracing 项目是 MicroProfile OpenTracing 规范的实现，Quarkus 的扩展 smallrye-opentracing 则集成了 SmallRye 提供的实现。

OpenTracing 的 API 中有 3 个最重要的类型，分别是 Tracer、Span 和 SpanContext。Tracer 接口用来创建 Span，并负责在进程边界上注入和抽取 SpanContext 对象。当调用其他服务时，需要在请求中注入 SpanContext；当接收到请求时，需要从请求中抽取 SpanContext。

Span 表示的跨度中包含如下属性。

- 操作名称。
- 起始时间戳。
- 结束时间戳。
- 跨度的标签，以名值对的形式出现。
- 跨度的日志，以名值对加上时间戳的形式出现。
- 跨度的上下文对象。

对于 Quarkus 应用来说，当添加了扩展 smallrye-opentracing 之后，已经自动启用了与 Open-

Tracing 的集成。

▶▶ 9.2.2　追踪 JAX-RS 和 gRPC

JAX-RS 的服务器实现和客户端已经默认启用了追踪支持。Quarkus 的扩展会提供一个 Tracer 类型的 CDI Bean。对于接收到的 JAX-RS 请求，Tracer 对象会从请求中抽取 SpanContext，并创建一个新的 Span。新创建的 Span 会作为抽取的 SpanContext 的子 Span，同时会成为当前的活动 Span。当请求处理完成之后，该 Span 会被结束。

新创建的 Span 的操作名称有两种不同的生成策略，分别是 class-method 和 http-path。策略 class-method 使用的是 JAX-RS 的方法名称，具体的格式如下所示：

< HTTP 方法 > : < Java 包名 > . < Java 类名 > . < Java 方法名 >

策略 http-path 使用请求的路径，具体的格式如下所示：

< HTTP 方法 > : < 类上的注解@Path 的值 > / < 方法上的注解@Path 的值 >

生成策略由配置项 mp.opentracing.server.operation-name-provider 来确定，默认值是 class-method。

创建的 Span 会添加一些默认的标签。表 9-2 给出了这些标签的名称和对应的值。

表 9-2　Span 默认的标签

标　签	对 应 的 值
Tags.SPAN_KIND	Tags.SPAN_KIND_SERVER
Tags.HTTP_METHOD	由 HTTP 请求确定
Tags.HTTP_URL	由 HTTP 请求确定
Tags.HTTP_STATUS	由 HTTP 响应确定
Tags.COMPONENT	jxrs
Tags.ERROR	当出现错误时，值为 true

如果不希望追踪某些请求，可以使用配置项 mp.opentracing.server.skip-pattern 来设置禁用追踪路径的正则表达式模式。

在发送请求时，客户端首先创建一个新的 Span，该 Span 的 SpanContext 会被注入发送的请求中。如果当前存在活动 Span，新创建的 Span 会作为活动 Span 的子 Span。当发送的请求处理完成，新创建的 Span 会被结束。

只有使用 javax.ws.rs.client.Client 和 MicroProfile Rest Client 发送的请求才会进行追踪。对 javax.ws.rs.client.Client 的追踪支持需要通过调用 org.eclipse.microprofile.opentracing.ClientTracingRegistrar.configure(ClientBuilder clientBuilder) 方法来显式启用。MicroProfile Rest Client 已经默

认启用了追踪支持。

Span 的名称是 HTTP 方法的名称。Span 也会添加与接收请求时 Span 相同的标签，只不过 Tags.SPAN_KIND 标签的值是 Tags.SPAN_KIND_CLIENT。

与 JAX-RS 相比，gRPC 服务的追踪要复杂一些。餐馆管理服务提供了 REST API 来确认订单，实际的确认请求发送给订单管理服务。餐馆管理服务已经启用了 Quarkus 扩展 smallrye-opentracing。由于订单服务使用 gRPC，扩展 smallrye-opentracing 并没有提供支持。在默认实现中，一个请求只能看到餐馆管理服务的接收方对应的 Span。为了对 gRPC 进行追踪，需要用到 io.opentracing.contrib 的 opentracing-grpc 库，这个库通过 gRPC 的拦截器来实现追踪。Quarkus 的扩展 grpc 提供了对拦截器的支持，只需要创建代表客户端拦截器的 io.grpc.ClientInterceptor 或服务器端拦截器的 io.grpc.ServerInterceptor 类型的 CDI Bean。这些 Bean 会被自动添加并启用。

下面的代码中创建了 ClientTracingInterceptor 类型的 CDI Bean，具体的实现由 opentracing-grpc 库提供。

```
public class GrpcTracingConfiguration {

  @Produces
  @ApplicationScoped
  public ClientTracingInterceptor clientTracingInterceptor(Tracer tracer) {
    return new ClientTracingInterceptor(tracer);
  }
}
```

▶▶ 9.2.3 使用 OpenTracing API

对于其他的非 JAX-RS 组件，使用注解 @org.eclipse.microprofile.opentracing.Traced 可以启动追踪。注解 @Traced 可以添加在类或者方法上。当添加在类上时，该类的全部方法都会被追踪。实际上，JAX-RS 的追踪也是使用 @Traced 来实现的。所有的 JAX-RS 方法都隐式地具有注解 @Traced。

注解 @Traced 的属性 value 表示是否启用追踪，默认值是 true。对于 JAX-RS 的方法，可以使用 @Traced（false）来禁用追踪。如果类上已经使用了注解 @Traced 来启用追踪，其中的方法可以使用 @Traced（false）来禁用追踪。

另外一个属性 operationName 表示 Span 中操作的名称，默认值的格式是 "＜Java 包名＞.＜Java类名＞.＜Java 方法名＞"。

本节介绍的 OpenTracing API 基于最新的 0.33 版本。

Span 接口中的主要方法如表 9-3 所示。

表 9-3　Span 接口的方法

方　　法	说　　明
SpanContext context( )	返回对应的 SpanContext 对象
Span setOperationName(String operationName)	设置操作名称
Span setTag(String key, String value)	设置 Span 的标签
Span log(Map < String, ? > fields)	添加日志字段，使用当前的时间戳
Span setBaggageItem(String key, String value)	添加 baggage 条目
void finish( )	设置完成的时间戳，并记录 Span

SpanContext 表示 Span 的状态中必须要在进程边界之间传递的部分，其中的内容分成两部分。

- 区分 Span 的字段，包括痕迹和 Span 的标识符。
- 用户自定义的 baggage 条目，由 Span 的 setBaggageItem 方法添加。

SpanContext 中的实际内容与具体的实现相关。

OpenTracing 使用 Scope 来管理 Span 的活动状态。Scope 接口继承自 Closeable 接口。Scope 的活动状态由 ScopeManager 来管理。

ScopeManager 接口的声明如下所示。方法 activate 用来将一个 Span 对象设置为活动的。返回的 Scope 对象必须在合适的时机被关闭。方法 activeSpan 返回当前活动的 Span 对象。如果当前活动的 Span 对象不为 null，它会隐式地作为新创建的 Span 对象的父 Span。

```
public interface ScopeManager {

  Scope activate(Span span);

  Span activeSpan();
}
```

如果注解@Traced 不能满足需求，可以直接使用 Tracer 接口。典型的场景是设置 Span 的标签或日志。

下面的代码给出了使用 Tracer 的基本方式。在实际的方法调用之前，使用 Tracer 的 buildSpan 方法得到创建 Span 的 SpanBuilder 对象，方法的参数是操作的名称。SpanBuilder 对象的 withTag 方法为 Span 添加标签，start 方法启动该 Span 对象并计时。Tracer 的 activateSpan 方法把 Span 对象设置为活动的，返回值是 Scope 对象。Scope 对象由 try-with-resources 语句进行自动关闭。实际的方法调用封装在 try-catch-finally 语句中。当出现异常时，logException 方法设置标签 error 的值为 true，并添加异常相关的日志。在 finally 中结束 Span 对象。

```
@ApplicationScoped
public class ManualTracing {
```

```
@Inject
Tracer tracer;

public void call() throws Exception {
  Span span = this.tracer.buildSpan("manual")
      .withTag("type", "random")
      .start();

  try (Scope scope = this.tracer.activateSpan(span)){
    this.remoteCall();
  } catch (Exception e) {
    this.logException(scope.span(), e);
    throw e;
  } finally {
    span.finish();
  }
}

private void logException(Span span, Exception e) {
  Map<String, Object> errorLogs = Map.of(
      "event", Tags.ERROR.getKey(),
      "error.object", e
  );
  span.log(errorLogs);
  Tags.ERROR.set(span, true);
}

private void remoteCall() throws Exception {
  if (ThreadLocalRandom.current().nextBoolean()) {
    throw new Exception("Random fail");
  }
}
}
```

　　默认使用的 ScopeManager 实现是 ThreadLocalScopeManager，也就是使用 ThreadLocal 来保存当前线程的活动 Scope 对象。当调用 ScopeManager 的 activate 方法来激活新的 Span 对象时，之前的活动 Scope 对象会被保存起来。在当前的活动 Scope 对象关闭时，之前保存的 Scope 对象会被恢复，作为新的活动 Scope 对象。

　　使用 ThreadLocal 的做法对于同步的方法调用是足够的。如果方法调用在不同的线程中完成，那么需要特殊处理。在下面的代码中，对于 RemoteService 的 call 方法的调用在 ExecutorService 中完成。

```
@ApplicationScoped
@Traced
public class CallInThreadPool {

  @Inject
  RemoteService remoteService;

  private final ExecutorService executorService =
      Executors.newSingleThreadExecutor();

  public void call() {
    Future <?> future = this.executorService.submit(() ->
      this.remoteService.call());
    try {
      future.get();
    } catch (InterruptedException | ExecutionException e) {
      // ignore
    }
  }
}
```

当在一个 JAX-RS 资源中调用类的 CallInThreadPool 的 call 方法时, 实际上会产生两个不同的痕迹。因为 RemoteService 的 call 方法在线程池中完成, 其中工作线程的 ThreadLocal 中并没有包含活动 Scope 对象, 因此会创建一个新的 Span 对象, 与之前的 Span 并无关联。

为了解决这个问题, 可以使用 io.opentracing.contrib 的 opentracing-concurrent 库的相关封装类, 比如封装 ExecutorService 的 io.opentracing.contrib.concurrent.TracedExecutorService 类。在下面的代码中, TracedExecutorService 对象在创建时需要提供一个封装的 ExecutorService 对象和 Tracer 对象。

```
@ApplicationScoped
@Traced
public class CallInOpenTracingExecutor {

  @Inject
  RemoteService remoteService;
  private final ExecutorService executorService;

  CallInOpenTracingExecutor(Tracer tracer) {
    this.executorService = new TracedExecutorService(
        Executors.newSingleThreadExecutor(), tracer);
  }
}
```

```
public void call() {
  // 省略代码
  }
}
```

在使用了 TracedExecutorService 之后，在 JAX-RS 中创建的 Span 对象可以被传递到 ExecutorService 的工作线程中。使用了 TracedExecutorService 之后，每个请求只会产生一个痕迹。除此之外，还有 TracedRunnable、TracedCallable、TracedExecutor 和 TracedScheduledExecutorService 等封装类。

9.3 性能指标数据

应用的性能是开发人员需要关注的重要指标。提升性能的前提是了解应用的性能，进而知道整个系统的瓶颈在哪里。这就需要收集足够多的性能指标数据，并以可视化的形式展现出来。在底层框架的支持上，开发人员根据应用的需求收集所需的性能指标数据。这些指标数据被发送到专用的服务器，并由运维人员根据数据创建出分析和监控的图表等。

性能指标通常可以分成两类，分别是业务无关和业务相关。业务无关的性能指标所提供的信息比较底层，比如 CPU 利用率、数据库操作的执行时间、API 请求的响应时间、API 请求的总数等。业务相关的性能指标的抽象层次较高，比如订单的总数、总的交易金额、某个业务端到端的处理时间等。业务无关的性能指标可以由底层框架来提供，而业务相关的则需要开发人员添加相应的捕获代码。

Quarkus 应用可以使用 Micrometer 或 MicroProfile Metrics 规范来收集性能指标数据。推荐的方式是使用 Micrometer。

▶▶9.3.1 使用 Micrometer

Micrometer 为 Java 平台上的性能数据收集提供了一个通用的 API，类似于 SLF4J 在日志记录上的作用。应用程序只需要使用 Micrometer 的通用 API 来收集性能指标。Micrometer 负责完成与不同监控系统的适配工作。当希望切换监控系统时，并不需要修改代码，这就避免了供应商锁定的问题。Micrometer 还支持同时推送数据到多个不同的监控系统。

❶ Micrometer 的基本概念

Micrometer 中有两个最核心的概念，分别是计量器（Meter）和计量器注册表（Meter Registry）。计量器用来收集不同类型的性能指标数据，而计量器注册表负责创建和维护计量器。计量器与监控系统无关，每个监控系统有自己独有的计量器注册表实现。

每个计量器都有自己的名称。由于不同的监控系统有自己独有的命名规则，Micrometer 使用英文句点"."分隔计量器名称中的不同部分，如 a.b.c。Micrometer 会根据不同监控系统的需求进行必要的名称转换。

每个计量器在创建时可以指定一系列标签。标签以名值对的形式出现。除了名称之外，标签增加了另外一个维度的信息，可以进行查询和过滤。比如，表示 API 请求的性能指标，可以使用标签来记录请求的状态码和 HTTP 方法等。除了每个计量器独有的标签之外，每个计量器注册表还可以添加通用标签。所有该注册表导出的数据都会带上这些通用标签。

在 Quarkus 应用中使用 Micrometer 时，需要添加扩展 micrometer 和不同监控系统对应的扩展。实战应用使用的监控系统是流行的 Prometheus，对应的扩展是 micrometer-registry-prometheus。

使用 Micrometer 时需要一个表示计量器注册表的 io.micrometer.core.instrument.MeterRegistry 对象。MeterRegistry 对象一般由框架自动提供，并不需要应用代码来手动创建。Quarkus 的扩展 micrometer 已经提供了类型为 MeterRegistry 的 CDI Bean。

计量器用来收集性能指标信息。Micrometer 提供了不同类型的计量器实现。下面对常用的计量器进行介绍。

❷ 计数器

计数器（Counter）表示单个只允许增加的值。通过 MeterRegistry 的 counter 方法创建表示计数器的 Counter 对象。Counter 所表示的计数值是 double 类型，其 increment 方法可以指定增加的值。默认情况下增加的值是 1.0。

下面的代码展示了如何统计创建的订单的总数。OrderService 的构造器参数 MeterRegistry 的值由依赖注入在运行时提供。MeterRegistry 的 counter 方法在创建时可以指定名称和标签。Tag 接口表示标签。Tag.of 方法根据标签的名称和值创建出 Tag 对象。当每次 createOrder 方法被调用时，Counter 的总数会加上 1.0。

```java
public class OrderService {

  private final Counter orderCreatedCounter;

  OrderService(MeterRegistry meterRegistry) {
    this.orderCreatedCounter = meterRegistry
        .counter("order.created",
          List.of(Tag.of("entity", "order")));
  }

  public CreateOrderResponse createOrder(
      CreateOrderRequest request) {
```

```
    this.orderCreatedCounter.increment();
    // 代码省略
 }

 }
```

MeterRegistry 的 counter 方法只能指定计数器的名称和标签。如果希望进行更多的配置，可以使用 Counter.builder 方法来创建 Counter 对象的构建器。上面代码中的 Counter 对象，可以用如下代码中的方式来创建，并指定描述信息。

```
this.orderCreatedCounter = Counter.builder("order.created")
    .tag("entity", "order")
    .description("Number of created orders")
    .register(meterRegistry);
```

如果已经有一个方法返回计数值，可以直接从该方法中创建类型为 FunctionCounter 的计数器。FunctionCounter 的值不能直接修改，而是在每次取样时调用指定的方法来得到。

在下面的代码中，MeterRegistry 的 more 方法返回的对象中包含了一些不常用计量器的创建方法，包括 FunctionCounter。在创建 FunctionCounter 时，需要提供一个类型为 T 的对象，以及一个可以获取计数器值的 ToDoubleFunction < T > 方法。下面代码中的 UserService 中提供了 getCount 方法来获取计数器的值。FunctionCounter 也有对应的构建器对象，使用 FunctionCounter.builder 方法创建。

```
meterRegistry.more()
    .counter("user.created",
        List.of(Tag.of("entity", "user")),
        this,
        UserService::getCount);
```

另外一种更简单的做法是使用注解@io.micrometer.core.annotation.Counted。当注解@Counted 添加在方法上之后，每次的方法调用都会使得对应的计数器加 1。注解@Counted 的属性如表 9-4 所示。

表 9-4　注解@Counted 的属性

属　　性	说　　明
value	计数器的名称
recordFailuresOnly	是否只记录方法调用出错的情况
extraTags	额外的标签
description	描述信息

下面的代码是添加在 createOrder 方法上的@Counted。注解@Counted 的优势在于不需要显

式地使用 MeterRegistry 和 Counter 对象，简洁易用。

```
@Counted(
    value = "order.created",
    extraTags = {"entity", "order"},
    description = "Number of created orders"
)
```

注解@Counted 所生成的 Counter 对象会包含一些自动生成的标签，包括 class、method、exception 和 result，如下面所示。

```
order_created_total{class = "io.vividcode.happytakeaway.order.service.OrderService",entity = "order",exception = "none",method = "createOrder",result = "success",} 1.0
```

❸ 计量仪

计量仪（Gauge）表示单个变化的值。与计数器的不同之处在于，计量仪的值并不总是增加的。与创建 Counter 对象类似，Gauge 对象可以从计量器注册表中创建，也可以使用 Gauge.builder 方法返回的构建器来创建。

下面的代码展示了 Gauge 对象的基本用法。在创建 Gauge 对象时，除了名称、标签和描述之外，最重要的是指定如何在取样时获取值。第一种做法是指定一个类型为 T 的对象，以及类型为 ToDoubleFunction < T > 的方法。在每次取样时，以指定的对象作为参数来调用该方法，并把得到的返回值作为 Gauge 对象的值。这也是下面的代码所使用的方法。第二种做法是指定一个 Supplier <Number > 对象来提供值。在每次取样时，调用 Supplier 的 get 方法来作为 Gauge 对象的值。由于 Gauge 的值不能直接修改，因此并不需要维护所创建的 Gauge 对象的引用。

```
@ApplicationScoped
public class SimpleGaugeService {

  SimpleGaugeService(MeterRegistry meterRegistry) {
    Gauge.builder("random.value", this,
        SimpleGaugeService::getValue)
      .tag("type", "random")
      .description("A simple gauge")
      .register(meterRegistry);
  }

  private double getValue() {
    return ThreadLocalRandom.current().nextDouble() * 100;
  }
}
```

④ 计时器

计时器（Timer）通常用来记录事件的持续时间。计时器会记录两类数据：事件的数量和总的持续时间。在使用计时器之后，就不再需要单独创建一个计数器。计时器可以从注册表中创建，或者使用 Timer. builder 方法返回的构建器来创建。Timer 提供了不同的方式来记录持续时间。

如果要记录任务的执行在一个方法调用中完成，可以直接记录任务的完成时间。表 9-5 给出了 Timer 中的相关方法。

表 9-5　Timer 中记录时间的方法

方　　法	是否有返回值	是否抛出检查异常
void record(Runnable f)	否	否
<T> T record(Supplier <T> f)	是	否
<T> T recordCallable(Callable <T> f) throws Exception	皆可，无返回值时返回 null	是

下面的代码展示了 Timer 的用法。OrderService 的 doCreateOrder 方法完成创建订单的任务，createOrder 方法使用 Timer 的 record 方法来记录 doCreateOrder 方法的执行时间。

```java
@ApplicationScoped
public class OrderService {

  private final Timer orderCreatedTimer;

  OrderService(MeterRegistry meterRegistry) {
    this.orderCreatedTimer = Timer.builder("order.created")
      .tag("entity", "order")
      .description("Created order")
      .register(meterRegistry);
  }

  public CreateOrderResponse createOrder(
      CreateOrderRequest request) {
    return this.orderCreatedTimer.record(() ->
      this.doCreateOrder(request));
  }

  private CreateOrderResponse doCreateOrder(
      CreateOrderRequest request) {
    // 省略代码
  }
}
```

如果要记录时间的任务由多个组件在不同的线程中共同完成，那么需要使用 Timer.Sample 来保存计时状态。在任务的起始位置创建一个 Timer.Sample 对象，并在不同的线程之间传递该对象，在任务结束时停止该对象并记录时间。

在下面代码 AsyncService 的 runTask 方法中，Timer.start 方法用来创建一个 Timer.Sample 对象并启动计时。该对象被传递给表示异步任务的 AsyncTask 对象。当任务执行完成时，Timer.Sample 的 stop 方法停止计时，并把结果记录在作为参数的 Timer 对象中。

```java
@ApplicationScoped
public class AsyncService {

  @Inject
  MeterRegistry meterRegistry;

  private final ExecutorService executorService =
      Executors.newSingleThreadExecutor();

  public void runTask() {
    Timer.Sample sample = Timer.start(this.meterRegistry);
    this.executorService.submit(
      new AsyncTask(this.meterRegistry, sample));
  }

  private static class AsyncTask implements Runnable {

    private final MeterRegistry meterRegistry;
    private final Timer.Sample sample;

    private AsyncTask(MeterRegistry meterRegistry, Sample sample) {
      this.meterRegistry = meterRegistry;
      this.sample = sample;
    }

    @Override
    public void run() {
      // 省略代码
      this.sample.stop(this.meterRegistry.timer("async.task"));
    }
  }
}
```

如果一个任务的耗时很长，直接使用 Timer 并不是一个好的选择，因为 Timer 只有在任务完成之后才会记录时间。更好的选择是使用 LongTaskTimer。LongTaskTimer 可以在任务进行中记录已经耗费的时间，它通过 MeterRegistry 的 more().longTaskTimer 方法来创建。LongTaskTimer 的用法与 Timer 是相似的, 同样可以使用 record 和 recordCallable 方法, 以及 LongTaskTimer. Sample 对象来记录任务的执行时间。

如果希望记录单个方法的执行时间, 更简单的做法是使用注解@io. micrometer. core. annotation. Timed。注解@Timed 除了 value、description 和 extraTags 属性之外, 还有表 9-6 中的其他属性。

表 9-6　注解@Timed 的属性

属　　性	说　　明
longTask	是否使用 LongTaskTimer
percentiles	计算的百分比
histogram	是否记录百分比直方图

下面的代码给出了注解@Timed 的使用示例。

```
@Timed(
    value = "order.created",
    extraTags = {"entity", "order"},
    description = "Created orders",
    histogram = true
)
```

⑤ 分布概要

分布概要 (Distribution Summary) 用来记录事件的分布情况。计时器本质上也是一种分布概要。表示分布概要的类 DistributionSummary 可以从注册表中创建, 也可以使用 DistributionSummary. builder 方法提供的构建器来创建。分布概要根据每个事件所对应的值, 把事件分配到对应的桶 (Bucket) 中。Micrometer 默认的桶的值的范围是从 1 到最大的 long 值。可以通过属性 minimumExpectedValue 和 maximumExpectedValue 来控制值的范围。如果事件所对应的值较小, 可以通过属性 scale 设置一个值来对数值进行放大。比如, 如果值的范围在 0 ~ 1 之间, 可以把 scale 设置成 100 来进行放大, 并把 maximumExpectedValue 设置为 100。

与分布概要密切相关的是直方图和百分比 (Percentile)。大多数时候, 人们并不关注具体的数值, 而是数值的分布区间。比如在查看 HTTP 服务的响应时间的性能指标时, 选择几个重要的百分比, 如 50%、75% 和 90% 等。所关注的是这些百分比数量的请求在多长时间内完成。

Micrometer 支持两种使用直方图和百分比的方式。如果后台的监控系统提供了对百分比的计算支持, 那么只需要发布直方图中桶的原始数据即可。运维人员可以通过监控系统提供的查询方式来计算出百分比。Prometheus 属于这一类。对于 Timer 和 DistributionSummary 的构建器，使用 publishPercentileHistogram 方法来启用这种模式。这种模式的优点是可以在后台聚合来自不同实例的数据。由于相应的计算在监控系统中完成，并不需要占用应用过多的资源。

如果后台的监控系统不支持百分比的计算，Micrometer 可以在客户端计算出百分比。对于 Timer 和 DistributionSummary 的构建器，使用 publishPercentiles 方法来指定需要计算的百分比数值。这种模式的不足在于计算时只会考虑当前实例中的数据，同时也会占用应用自身的资源。

❻ 使用 MeterFilter

对于 MeterRegistry 中的对象，可以使用 io.micrometer.core.instrument.config.MeterFilter 接口来进行处理。MeterFilter 所能进行的处理包括对名称和标签进行转换，保留或移除计量器，以及修改计量器相关的配置。MeterFilter 提供了一些通用的实现，可以满足常用的需求。表 9-7 给出了 MeterFilter 中提供的实现。

表 9-7　MeterFilter 提供的实现

方　　法	说　　明
commonTags	所有计量器对象都具有的标签
renameTag	对于具有指定名称前缀的性能指标，重命名标签
ignoreTags	移除指定的标签
replaceTagValues	替换标签的值
accept	保留满足条件的性能指标
deny	移除满足条件的性能指标
denyUnless	把满足条件的性能指标加入白名单
maximumAllowableMetrics	限制允许的性能指标的最大数量
maximumAllowableTags	限制允许的标签的最大数量
denyNameStartsWith	移除特定名称前缀的性能指标
acceptNameStartsWith	保留特定名称前缀的性能指标

在下面的代码中，所生成的 MeterFilter 添加了公共的标签。创建的 MeterFilter 对象会被自动发现和启用。

```
@Singleton
public class MetricsConfiguration {

    @Produces
```

```
@Singleton
public MeterFilter configureCommonTags() {
  return MeterFilter.commonTags(
      List.of(Tag.of("service", "order")));
  }
}
```

❼ 内置的性能指标数据

Micrometer 内置提供了很多系统和第三方服务相关的性能指标数据。Micrometer 可以自动发现 CLASSPATH 上的 MeterBinder 实现，并生成相应的指标数据。是否启用自动发现功能由配置项 quarkus.micrometer.binder-enabled-default 来确定。表 9-8 列出了支持的 MeterBinder 实现的配置项，省略了前缀 quarkus.micrometer。把这些配置项的值设置为 true 可以启用对应的性能指标数据。

表 9-8 MeterBinder 的配置

配　置　项	说　　明
binder.jvm	JVM，包括线程和垃圾回收
binder.system	系统
binder.http-client.enabled	HTTP 客户端
binder.http-server.enabled	HTTP 服务器
binder.kafka.enabled	Kafka
binder.vertx.enabled	Vert.x

除了 Micrometer 之外，Quarkus 应用也可以使用 MicroProfile Metrics 规范来提供性能指标数据。不过除了与遗留的系统进行集成之外，并不推荐在新的应用中使用 MicroProfile Metrics，而是使用 Micrometer。实际上，MicroProfile Metrics 规范下一个版本的发展方向也是与 Micrometer 作集成。基于这个原因，本书不对 MicroProfile Metrics 进行具体的介绍。

▶▶ 9.3.2　使用 Prometheus

目前有非常多的性能指标监控系统可供使用，既有开源项目，也有商业的解决方案。除了安装在 Kubernetes 集群上之外，还可以使用在线服务。实战应用使用的是流行的 Prometheus。Prometheus 是 CNCF 的开源项目。

与其他监控系统的不同，Prometheus 采取的是主动抽取数据的方式。因此客户端需要暴露 HTTP 服务，并由 Prometheus 定期来访问以获取数据。Quarkus 提供了路径 /q/metrics 来访问 Prometheus 数据。

需要配置 Prometheus 来抓取应用提供的数据。下面的代码是 Prometheus 的配置文件，其中属性 scrape_interval 设置抓取数据的时间间隔，scrape_configs 设置需要抓取的目标，这里使用的是静态的应用服务器地址，metrics_path 中的路径 /q/metrics 来自 Quarkus 的扩展 metrics。

```
global:
  scrape_interval: 10s

scrape_configs:
  - job_name: "simple"
    metrics_path: "/q/metrics"
    static_configs:
      - targets:
        - "localhost:8080"
```

运行 Prometheus 之后，从其界面上可以查看抓取的数据。

Prometheus 的一般工作模式是拉模式，也就是由 Prometheus 主动地定期获取数据。对于一些运行时间较短的任务来说，拉模式不太适用。这些任务的运行时间可能短于 Prometheus 的数据抓取间隔，导致数据无法被收集。这个时候应该使用推送网关（Push Gateway），主动推送数据。推送网关是一个独立的应用，作为应用和 Prometheus 服务器之间的中介。应用推送数据到推送网关，Prometheus 从推送网关中拉取数据。

在 Kubernetes 上部署时，可以安装 Prometheus 或 Prometheus Operator。Prometheus Operator 会对 Prometheus 进行配置，收集 Kubernetes 集群的相关性能指标数据。在部署 Quarkus 应用时，需要让 Prometheus 能够发现该应用并进行抓取。

第一种方式是在应用的 Kubernetes Deployment 资源上添加注解，Prometheus 可以根据注解来发现应用的部署并自动抓取相关的数据。如果使用扩展 kubernetes 来生成 Kubernetes 的 Deployment 资源文件，所生成的资源文件中已经包含了所需的注解。如果是手动创建部署资源文件，则需要添加下面代码所示的注解。这些注解给出了 Prometheus 抓取的端口和路径等信息。

```
metadata:
  annotations:
    prometheus.io/port: "8080"
    prometheus.io/scheme: http
    prometheus.io/scrape: "true"
    prometheus.io/path: /q/metrics
```

Prometheus Operator 并不支持在 Deployment 资源上添加注解的方式来发现应用，而是需要创建特有的自定义资源服务监视器（Service Monitor）。下面的代码给出了自定义资源 Service-Monitor 的使用示例。

```
apiVersion: monitoring.coreos.com/v1
kind: ServiceMonitor
metadata:
  name: test-app
spec:
  selector:
    matchLabels:
      app: test-app
  endpoints:
  - port: api
    path: /q/metrics
    scheme: http
```

9.4 日志管理与异常处理

当系统在运行出现问题时，进行错误排查的首要目标是系统的日志。日志在系统维护中的重要性不言而喻。与单体应用相比，微服务架构应用的每个服务都独立运行，会产生各自的日志。这就要求把来自不同服务的日志记录聚合起来，形成统一的查询视图。云原生应用运行在 Kubernetes 上，对日志记录有不同的要求。

▶▶9.4.1 记录日志和相关配置

在 Java 应用开发中，记录日志已经成为必不可少的一部分。记录日志离不开日志库的支持。Quarkus 框架自身使用 JBoss Logging 抽象层和 JBoss Log Manager 实现。Quarkus 应用可以直接使用 JBoss Logging 的 API 来记录日志，也可以使用其他的 API，包括 JDK 的 java.util.logging 包、SLF4J 和 Apache Commons Logging。当使用其他日志 API 时，需要添加对应的第三方依赖作为日志 API 与 JBoss Log Manager 之间的转换层。

JBoss Logging 的 API 的日志记录类是 org.jboss.logging.Logger，可以使用依赖注入的方式来引用。使用这种方式注入的 Logger 对象使用所在的类名作为名称。

```
@ApplicationScoped
public class RestaurantService {

  @Inject
  Logger logger;

  public String createRestaurant(CreateRestaurantRequest request) {
    String restaurantId = UUID.randomUUID().toString();
```

```
    this.logger.infov("Restaurant {0} created", restaurantId);
    return restaurantId;
  }
}
```

如果希望使用自定义的 Logger 名称，可以添加注解@io.quarkus.arc.log.LoggerName，如下面的代码所示。

```
@LoggerName("restaurant-service")
Logger logger;
```

日志记录的配置分成两个级别。第一个级别是全局的默认配置。相关的配置项见表 9-9。

表 9-9　日志相关的配置项

配　置　项	默　认　值	说　　明
quarkus.log.level	INFO	默认的日志级别
quarkus.log.min-level	DEBUG	最小的日志级别

如果希望把 quarkus.log.level 的值设置成低于 DEBUG，quarkus.log.min-level 的值也需要进行相应的调整。配置项 quarkus.log.min-level 可以用来优化日志的记录。比如，quarkus.log.min-level 的默认值是 DEBUG，也就是说 isTraceEnabled 方法的检查的结果永远是 false，这样就可以移除掉不可能执行的代码。

第二个级别是每个日志分类的配置。所对应的配置项以 quarkus.log.category."<category-name>" 作为前缀。一个分类的配置也会对子分类生效，除非有更加具体的子分类的配置。比如，分类 io.vividcode 的配置会对子分类 io.vividcode.happytakeaway 也生效。每个日志分类的配置项如表 9-10 所示。

表 9-10　日志分类相关的配置项

配　置　项	默　认　值	说　　明
level	INFO	日志级别
min-level	DEBUG	最小的日志级别
use-parent-handlers		该日志记录器是否需要把输出也发送给其父记录器
handlers		启用的日志处理器

日志记录器负责把日志事件传递到不同的目的地。Quarkus 支持三种不同的日志处理器，分别是控制台（Console）、文件（File）和 Syslog 服务器。控制台处理器是默认启用的，其余两个默认是禁用的。

每个日志处理器都有对应的配置项。表 9-11 给出了一些相关的配置项，省略了前缀 quarkus.log。

表 9-11　日志记录器相关的配置项

配　置　项	说　　明
console.format	日志记录的格式
file.enable	是否启用文件处理器
file.format	文件日志记录的格式
file.rotation.max-file-size	日志文件尺寸的最大值
file.rotation.max-backup-index	保存的备份文件的最大数量
file.rotation.file-suffix	日志文件的扩展名
file.rotation.rotate-on-boot	在应用启动时是否轮转日志文件
syslog.enable	是否启用 Syslog 处理器
syslog.endpoint	Syslog 服务器地址
syslog.format	Syslog 日志记录的格式

对于控制台处理器来说，除了纯文本的日志格式之外，还可以使用 JSON 格式。JSON 格式的好处是便于日志管理平台进行处理。启用 JSON 格式的日志记录需要添加 Quarkus 扩展 logging-json。对于开发人员来说，JSON 格式的日志记录的可读性较差，推荐的做法是在开发和测试时，仍然使用文本格式，仅在生产环境下使用 JSON 格式。可以通过配置项 quarkus.log.console.json 来启用或禁用 JSON 格式。

在单体应用中，日志通常被写入文件中。当出现问题时，最直接的做法是在日志文件中根据错误产生的时间和错误消息进行查找。如果应用同时运行在多个虚拟机之上，需要对多个应用实例产生的日志记录进行聚合，并提供统一的查询视图。有很多的开源和商用解决方案提供了对日志聚合的支持，典型的是 ELK 技术栈，也就是 Elasticsearch、Logstash 和 Kibana 的集成。这三个组成部分代表了日志管理系统的三个重要功能，分别是日志的收集、保存与索引，以及查询。

对于微服务架构的云原生应用来说，日志管理的要求更高。应用被拆分成多个微服务，每个微服务在运行时可能有多个实例。在 Kubernetes 上，需要收集的是 Pod 中产生的日志，并把这些日志聚合在一起。

在单体应用中，日志消息的主要消费者是开发人员，因此日志消息侧重的是可读性，一般采用半结构化的字符串形式。在输出日志时，通过模式布局从日志事件中提取出感兴趣的属性，并格式化成日志消息。日志消息是半结构化的，通过正则表达式可以从中提取相关的信息。

当需要进行日志的聚合时，半结构化的日志消息变得不再适用，因为日志消息的消费者变成了日志收集程序，JSON 这样的结构化日志成了更好的选择。如果可以完全控制日志的格式，推荐使用 JSON。对于来自外部应用的日志消息，如果是纯文本格式的，仍然需要通过工具来解析并转换成 JSON。Quarkus 已经提供了 JSON 格式日志的支持，只需要在生产环境上启用即可。

当应用在容器中运行时，日志并不需要写到文件中，而是直接写入标准输出流。Kubernetes 会把容器中产生的输出保存在节点的文件中，可以由工具进行收集。

▶▶ 9.4.2 使用 MDC 传递数据

在多线程和多用户的应用中，同样的代码会处理不同用户的请求。在记录日志时，应该包含与用户相关的信息。当某个用户出现问题时，可以通过用户的标识符在日志中快速查找相关的记录，更方便定位问题。在日志记录中，映射调试上下文（Mapped Diagnostic Context，MDC）和嵌套调试上下文（Nested Diagnostic Context，NDC）解决了这个问题。正如名字里面所说明的一样，MDC 和 NDC 最早是为了错误调试的需要而引入的，不过现在一般作为通用的数据存储方式。MDC 和 NDC 在作用上是相似，只不过 MDC 用的是哈希表，而 NDC 用的是栈，因此 NDC 中只能包含一类值。MDC 和 NDC 使用 ThreadLocal 来实现，与当前线程绑定。

由于 MDC 比 NDC 更灵活，实际中一般使用 MDC 较多。JBoss Logging 的 API 提供了对 MDC 和 NDC 的支持。同一个线程中运行的不同代码，可以通过 MDC 来共享数据。以 REST API 为例，当用户通过认证之后，可以把已认证用户的标识符保存在 MDC 中，后续的代码都可以从 MDC 中获取用户的标识符，而不用通过方法调用时的参数来传递。

MDC 类中包含了对哈希表进行操作的静态方法，如 get、put、remove 和 clear 等。大部分情况下把 MDC 当成一个哈希表来使用即可，如下面的代码所示。

```
MDC.put("userId", "00001");

this.logger.infov("User {0} created a new order",
  MDC.get("userId"));
```

NDC 在使用时更加简单一些，最常用的是 push 和 pop 两个方法，分别进行进栈和出栈操作。

```
NDC.push("hello world");
this.logger.infov("Got value {0}", NDC.pop());
```

MDC 和 NDC 中的值，除了直接在代码中使用之外，还可以直接在日志记录的格式中使用，从而出现在日志记录中。表 9-12 给出了在日志记录中使用的格式。

表 9-12　日志记录的格式

格　　式	说　　明
%X{key}	MDC 中特定属性名对应的值
%X	MDC 中的全部值，以名值对的形式输出
%x	NDC 中的全部值

如果希望在日志中记录当前用户的 ID，可以修改配置项 quarkus.log.console.format 的值，并加上 %X{userId} 来引用 MDC 中名为 userId 的属性。

由于 MDC 保存在 ThreadLocal 中，如果当前线程通过 Java 中的 ExecutorService 来提交任务，任务的代码有可能无法获取到 MDC 的值。这个时候需要手动传递 MDC 中的值。

在下面的代码中，首先使用 MDC.getMap 方法获取到当前线程的 MDC 中数据的副本，在任务的代码中使用 MDC.put 方法来设置 MDC 的值。通过这种方式，可以在不同线程之间传递 MDC。

```
public Future<?> runTask() {
  Map<String, Object> contextMap = MDC.getMap();
  return this.executorService.submit(() -> {
    contextMap.forEach(MDC::put);
    this.logger.info("Run task");
  });
}
```

▶▶ 9.4.3　使用 Sentry 记录异常

异常处理是 Java 应用开发中的重要一环。当有异常被抛出时，就意味着应用在运行时出现了需要处理的错误。除了应用自身对异常的处理之外，一般的做法是把异常的堆栈信息输出到日志中，再利用上一节介绍的日志管理机制来进行处理。记录异常日志的目的是对运行时出现的错误进行分析和处理。

使用日志来记录异常存在一些局限性。这是因为记录日志时只是把异常的信息当成半结构化的数据来处理，无法进行更加有效的分析。

Sentry 是开源的记录应用错误的服务。对于应用来说，既可以使用 Sentry.io 提供的在线服务，也可以在自己的服务器上部署。Sentry 提供了容器镜像，在 Kubernetes 上运行部署也很简单。

如果使用 Sentry.io 提供的在线服务，首先需要注册账号和创建新的项目。在项目的配置界面中，可以找到客户端密钥（DSN）。这个密钥是 Sentry SDK 发送数据到服务器所必需的。

最简单地使用 Sentry 的方式是与日志记录集成。在记录日志时，通常都会记录下相关的异常对象。通过与 Sentry 的集成，日志事件中包含的异常会被自动发送到 Sentry。启用 Sentry 的日志集成需要添加扩展 logging-sentry。

集成 Sentry 需要添加相关的配置项，以 quarkus.log.sentry 作为前缀。表 9-13 给出了这些配置项的说明。除了这些配置项之外，quarkus.log.sentry 的值需要设置为 true 来启用。

表 9-13　Sentry 相关的配置项

配　置　项	默　认　值	说　　　明
dsn		客户端密钥
level	WARN	日志记录级别
minimum-event-level	WARN	事件的最小级别
minimum-breadcrumb-level	INFO	面包屑事件的最小级别
in-app-packages		异常堆栈信息中，属于应用代码的包的名称
environment		当前的运行环境，如开发、测试、交付准备或生产环境
release		应用的版本号
server-name		服务器的名称
debug		启用 Sentry 的调试模式

除了与日志实现集成之外，还可以通过 Sentry 的 Java 客户端来手动记录事件。Sentry 类包含了不同的静态方法来捕获不同类型的事件，如表 9-14 所示。

表 9-14　Sentry 类中捕获事件的方法

方　　法	捕获的事件类型
captureMessage	String 类型的简单消息
captureEvent	SentryEvent 表示的事件
captureException	Throwable 类型的异常对象

表 9-14 中的 String 和 Throwable 类型都很好理解。SentryEvent 是 Sentry 提供的事件 POJO 类，包含了事件所具备的属性。下面的代码展示了记录事件的示例。

```
public void captureEvent() {
    SentryEvent event = new SentryEvent();
    Message message = new Message();
    message.setMessage("This is a test message");
```

```
    event.setMessage(message);
    event.setLevel(SentryLevel.INFO);
    event.setTag("type", "test");
    event.setExtra("value", "123");
    Sentry.captureEvent(event);
}
```

Sentry 使用作用域来为事件添加信息。Sentry 的 configureScope 方法对 Scope 对象进行配置。当捕获事件时，事件会自动添加 Scope 对象中的信息。

```
Sentry.configureScope(scope -> {
  scope.setTag("env", "test");
  scope.setExtra("extraInfo", "data");
});
```

Sentry 还支持使用面包屑（Breadcrumb）来记录一系列的事件，作为问题产生的轨迹。这些事件类似于传统的日志，但是包含了结构化数据。当 Sentry 捕获事件时，记录的面包屑会被作为事件的一部分。下面代码展示了面包屑的用法，首先创建 Breadcrumb 对象，设置其中的属性，再通过 Sentry 的 addBreadcrumb 方法来添加。

```
Breadcrumb breadcrumb = new Breadcrumb();
breadcrumb.setType("httpRequest");
breadcrumb.setData("method", "GET");
breadcrumb.setMessage("event");
Sentry.addBreadcrumb(breadcrumb);
```

图 9-1 给出了 Sentry 的界面，列出了接收到的消息。

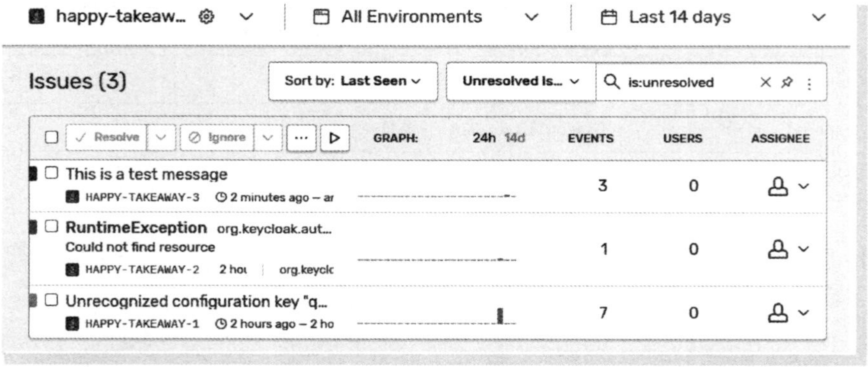

● 图 9-1 Sentry 的消息列表界面

图 9-2 给出了 Sentry 中事件的详细信息。

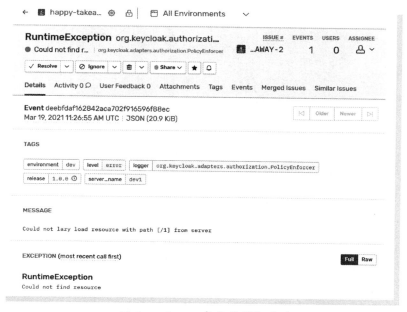

● 图 9-2　Sentry 事件的详细信息

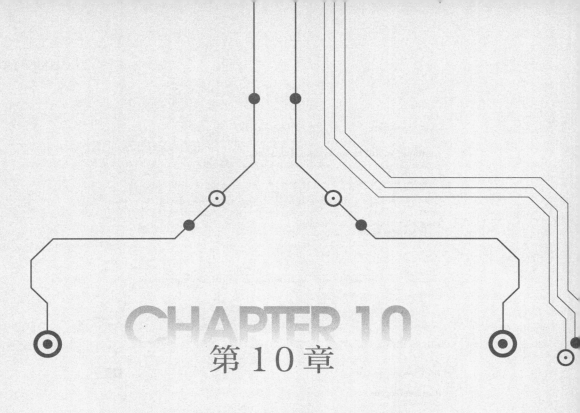

CHAPTER 10
第 10 章

应用安全及弹性服务

本章介绍与应用安全和弹性服务相关的内容。微服务应用一般作为在线服务的后端实现，需要处理很多用户的信息。每个用户只能访问自身的数据。这些都需要安全机制来进行限制。在微服务架构的应用中，服务可能因为各种原因而出错。弹性服务确保了服务调用的健壮性。

提到应用的安全，一般会讨论三个方面的内容，分别是认证（Authentication）、授权（Authorization）和审计（Audit）。审计功能一般通过日志记录来完成，因此不做过多的介绍，可以参考 9.4 节中关于日志的内容。

10.1 用户管理

实现安全相关的功能离不开对用户的管理。有些应用使用如 LDAP 这样的第三方服务来管理用户，有些应用选择自主管理用户。Quarkus 应用可以使用属性文件或数据库来保存用户信息。

❶ 属性文件

最简单的保存用户信息的方式是使用属性文件。用户名、密码和角色信息保存在文件中。这种方式使用简单，但是安全性很低，并且无法在运行时动态修改信息。这种做法主要用在开发和测试中。通过属性文件可以快速地创建用户和指定角色，方便验证不同的场景。属性文件需要 Quarkus 扩展 elytron-security-properties-file 的支持。

有两种方式来声明用户相关的信息。第一种方式是嵌入式，也就是把用户名、密码和角色的信息直接保存在 application.properties 文件中。

下面的代码给出了属性文件的示例。以 quarkus.security.users.embedded.users 为前缀的配置项用来指定用户名对应的密码；以 quarkus.security.users.embedded.roles 为前缀的配置项用来指定用户名对应的角色。多个角色以逗号分隔。下面的属性文件中定义了两个用户 sys_admin 和 test_user，并分别指定了对应的角色。

```
quarkus.security.users.embedded.enabled = true
quarkus.security.users.embedded.plain-text = true
quarkus.security.users.embedded.users.sys_admin = password
quarkus.security.users.embedded.users.test_user = password
quarkus.security.users.embedded.roles.sys_admin = admin
quarkus.security.users.embedded.roles.test_user = user
```

第二种方式是使用独立的属性文件来保存用户的密码和角色信息。在下面的配置文件中，quarkus.security.users.file.users 和 quarkus.security.users.file.roles 分别指定用户密码和角色的属性文件的名称。

```
quarkus.security.users.file.enabled = true
quarkus.security.users.file.plain-text = true
quarkus.security.users.file.users = dev-users.properties
quarkus.security.users.file.roles = dev-roles.properties
```

下面代码是指定用户密码的 dev-users.properties 文件的内容，文件 dev-roles.properties 的内容是相似的。

```
sys_admin = password
test_user = password
```

上述两种方式都使用明文来保存密码。这对于开发和测试来说并不是个问题。实际上，该 Quarkus 扩展支持使用不同的摘要算法对密码进行处理，比如使用 MD5 算法。具体的算法是把用户名、认证域（Realm）和密码以冒号连接之后，使用摘要算法进行计算，再转换成十六进制的 HEX 格式。认证域通过配置项 quarkus.security.users.embedded.realm-name 或 quarkus.security.users.file.realm-name 来设置，默认值是 Quarkus。以 MD5 算法为例，上述配置的 sys_admin 的密码是 HEX（MD5（"sys_admin:Quarkus:password"））。

❷ 使用数据库

另外一种保存用户信息的常见方式是使用数据库。在 Quarkus 应用中，可以选择使用 JDBC 或 Hibernate。下面以 Hibernate 为例来进行说明。

首先需要添加相关的 Quarkus 扩展。大部分扩展与使用 JPA 访问数据库相关，包括 Hibernate、Panache、Flyway 和 PostgreSQL，具体的用法可以参考第 4 章。与安全相关的是扩展 quarkus-security-jpa。

下面代码中的 UserEntity 是表示用户的 JPA 实体类。除了 JPA 的注解之外，UserEntity 上的注解@io.quarkus.security.jpa.UserDefinition 表示该实体是安全相关的身份标识信息的来源。添加了注解@UserDefinition 的类必须包含使用三种特定类型的注解进行标注的字段，如表 10-1 所示。

表 10-1　用户管理相关的注解

注　解	说　明
@Username	表示用户名的字段，只支持 String 类型
@Password	表示密码的字段，只支持 String 类型
@Roles	表示用户的角色，每个元素都是逗号分隔的角色列表

注解@Password 的属性 value 表示密码的类型，值的类型是枚举类型 io.quarkus.security.jpa.PasswordType，可选值有 MCF 和 CLEAR。MCF 表示密码值使用 Modular Crypt Format 的 bcrypt

方式，而 CLEAR 表示密码以明文形式存储，不应该在生产环境中使用。MCF 是默认值。

注解@Roles 的字段类型除了 String、Collection <String > 之外，也可以是其他 JPA 实体的集合类型。可以用一个独立的 JPA 实体来表示角色。该实体类中必须包含一个类型为 String，并且添加了注解@RolesValue 的字段来表示实际的角色值。

下面的代码给出了表示用户的 UserEntity 类。UserEntity 中的静态方法 add 用来添加新的用户。对于请求中给出的密码，实际保存的密码由 BcryptUtil.bcryptHash 方法来进行哈希。

```java
@Entity
@Table(name = "users")
@UserDefinition
public class UserEntity extends PanacheEntityBase {

  @Id
  public String id;

  @Username
  public String username;

  @Password
  public String password;

  @Roles
  public String role;

  @PrePersist
  public void generateId() {
    if (this.id == null) {
      this.id = UUID.randomUUID().toString();
    }
  }

  public static UserEntity add(CreateUserRequest request) {
    UserEntity user = new UserEntity();
    user.username = request.getUsername();
    user.password = BcryptUtil.bcryptHash(request.getPassword());
    user.role = request.getRole();
    user.persist();
    return user;
  }
}
```

在应用的代码中，可以使用 UserEntity 来创建新用户。用户的认证则由扩展 quarkus-security-jpa 自动完成，不需要编写代码。

10.2 身份认证

认证指的是验证用户的身份。在访问每个用户的私有资源时，访问者需要认证自己的身份，这就需要提供用户的私有凭证。典型的凭证是密码。如果访问时提供的用户名和密码，与该用户注册时的记录相匹配，则完成了身份认证，允许继续访问。由于 HTTP 请求和响应是无状态的，每次请求都需要携带认证信息，一般放在 HTTP 头 Authorization 中。

在进行身份认证时，总共需要如下几个步骤。

1）从请求中抽取进行认证的凭据。

2）调用身份标识提供者服务来验证凭据。

3）当验证成功之后，创建用户对应的身份标识对象。

下面对 Quarkus 的认证机制进行介绍。

▶▶ 10.2.1 Quarkus 的认证机制

对基于 HTTP 协议的 REST API 来说，Quarkus 进行认证的入口是 io. quarkus. vertx. http. runtime. security. HttpAuthenticator 类的 attemptAuthentication（RoutingContext）方法。该方法在 Vert.x 的处理器中被调用，从而启动认证过程。Quarkus 的认证过程是可扩展的，提供了两个扩展点接口。

- io. quarkus. vertx. http. runtime. security. HttpAuthenticationMechanism 接口，表示不同的认证机制，如 Basic 认证、表单认证和基于 JWT 的令牌认证等。
- io. quarkus. security. identity. IdentityProvider 接口，表示不同的用户身份认证方式，如属性文件和 JPA 等。

图 10-1 给出了 Quarkus 的认证过程中不同类的交互方式。

对于 HttpAuthenticationMechanism 对象来说，它的 Uni <SecurityIdentity > authenticate（RoutingContext context，IdentityProviderManager identityProviderManager）方法进行实际的认证。该方法的参数 RoutingContext 是 Vertx 的路由上下文对象，而 io. quarkus. security. identity. IdentityProviderManager 用来管理不同类型的 IdentityProvider 对象。当存在多个 HttpAuthenticationMechanism 对象时，这些对象的 authenticate 方法会被依次调用来尝试进行认证，直到其中一个对 authenticate 方法的调用所返回 Uni <SecurityIdentity > 中包含了实际的 SecurityIdentity 对象。

IdentityProviderManager 接口的声明如下面的代码所示。方法 authenticate 和 authenticateBlocking 都可以用来进行身份认证，只不过前者是非阻塞的，而后者是阻塞的。

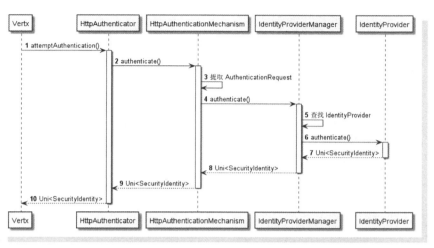

● 图 10-1 Quarkus 认证的过程

```
public interface IdentityProviderManager {

    Uni<SecurityIdentity> authenticate(
        AuthenticationRequest request);

    SecurityIdentity authenticateBlocking(
        AuthenticationRequest request);

}
```

参数类型 AuthenticationRequest 是一个标记接口，表示不同类型的身份认证请求。不同类型的 IdentityProvider 实现所能处理的 AuthenticationRequest 类型也有所不同。下面的代码给出了 IdentityProvider 接口的类型声明。IdentityProvider 接口的类型参数 T 声明了所能处理的 AuthenticationRequest 类型。方法 authenticate 对 AuthenticationRequest 对象进行认证。

```
public interface IdentityProvider
    <T extends AuthenticationRequest> {

    Class<T> getRequestType();

    Uni<SecurityIdentity> authenticate(
        T request, AuthenticationRequestContext context);

}
```

在 IdentityProviderManager 的实现中，根据 AuthenticationRequest 的实际类型，找到支持该身份认证请求类型的 IdentityProvider 对象，再调用 IdentityProvider 的 authenticate 方法来进行实际

的认证。如果身份认证失败，IdentityProvider 会抛出 io.quarkus.security.AuthenticationFailedException 异常。

常见的 AuthenticationRequest 类型如表 10-2 所示，所在的 Java 包均为 io.quarkus.security.identity.request。

表 10-2　常见的 AuthenticationRequest 类型

类　　型	说　　明
AnonymousAuthenticationRequest	匿名用户
UsernamePasswordAuthenticationRequest	包含用户名和密码的认证请求
CertificateAuthenticationRequest	使用 TLS 证书的认证请求
TokenAuthenticationRequest	使用令牌的认证请求
TrustedAuthenticationRequest	使用信任源的认证请求，只包含用户名，比如加密的 Cookie

对于同一种 AuthenticationRequest 类型，可能会有多个 IdentityProvider 的实现提供支持。这些 IdentityProvider 对象会依次被调用。如果其中的一个 IdentityProvider 抛出了 AuthenticationFailedException 异常，认证过程终止；如果抛出的是其他异常，则认证过程会继续。举例来说，UsernamePasswordAuthenticationRequest 类型的认证请求可以由支持属性文件和数据库的 IdentityProvider 对象来进行验证。如果使用数据库的 IdentityProvider 在验证时出现了数据库无法访问的情况，所抛出的异常并不会影响整个认证过程。认证过程会继续使用属性文件对应的 IdentityProvider 进行尝试。如果基于属性文件的验证成功完成，该认证请求被认为通过了验证。

接口 io.quarkus.security.identity.SecurityIdentity 表示当前已经通过认证的用户。SecurityIdentity 接口的方法如表 10-3 所示。

表 10-3　SecurityIdentity 接口的方法

类　　型	说　　明
Principal getPrincipal()	返回表示当前用户的 java.security.Principal 对象
boolean isAnonymous()	是否为匿名用户
Set<String> getRoles()	返回当前用户所具有的角色
boolean hasRole(String role)	判断用户是否具有指定的角色
Set<Credential> getCredentials()	返回当前用户所具有的凭证
<T extends Credential> T getCredential (Class<T> credentialType)	返回当前用户所具有的特定类型的凭证
Map<String, Object> getAttributes()	返回当前用户所对应的全部属性
<T> T getAttribute(String name)	返回当前用户所对应的特定名称的属性值
Uni<Boolean> checkPermission(Permission permission)	检查用户是否具有某个权限
boolean checkPermissionBlocking(Permission permission)	checkPermission 方法的阻塞实现

SecurityIdentity 接口中的方法可以获取到当前用户相关的信息。当进行角色判断时，应该使用 hasRole 方法，因为 getRoles 方法并不总是能返回包含全部角色的集合。

在应用代码中，可以通过依赖注入的方式来访问表示当前用户的 io.quarkus.security.identity.SecurityIdentity 对象。即便当前没有已经登录的用户，SecurityIdentity 也是可用的，只不过 isAnonymous 方法会返回 true，表示匿名用户。

下面通过一个具体的例子来说明认证的实现方式。REST API 使用 HTTP Basic 认证，而用户信息保存在应用自己的数据库中。实际的认证过程如图 10-2 所示。

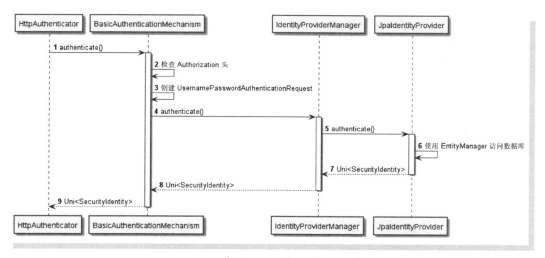

● 图 10-2　使用 Basic 认证和 JPA 的流程

HTTP Basic 认证的实现类是 BasicAuthenticationMechanis。在 BasicAuthenticationMechanism 的 authenticate 方法中，首先从 HTTP 请求中获取到 Authorization 头的值，并检查是否以 basic 开头。如果满足条件的话，从 HTTP 头的值中解析出用户名和密码，并创建对应的 UsernamePasswordAuthenticationRequest 对象，再调用 IdentityProviderManager 的 authenticate 方法。

使用 JPA 的 io.quarkus.security.jpa.runtime.JpaIdentityProvider 是处理 UsernamePasswordAuthenticationRequest 类型的 IdentityProvider 接口的实现。在具体的实现中，使用 Hibernate 访问数据库，并判断用户名和密码是否匹配。如果验证成功，则创建一个新的 io.quarkus.security.runtime.QuarkusSecurityIdentity 对象作为 SecurityIdentity 的实现。

▶▶ 10.2.2　基于 JWT 的令牌认证

JWT 是 JSON Web Token 的首字母缩写。JWT 的作用是在不同的参与者之间安全地传递 claim。JWT 本身是一系列 claim 紧凑的、URL 安全的表示形式。JWT 中的 claim 以 JSON 对象的方式来进行编码。JWT 可以与 JSON Web Signature（JWS）和 JSON Web Encryption（JWE）一块使用，使得 claim 可以添加数字签名，通过消息认证码（Message Authentication Code，MAC）来保证完整性，以及进行加密。

claim 是关于一个特定的参与者或对象的定义或主张。JWT 规范中定义了一些常用的 claim，也可以使用公开或私有的 claim。JWT 中的 claim 分成三种，分别是已注册的 claim、公开 claim 和私有 claim。

已注册的 claim 是 JWT 规范中直接定义的，目前一共有 7 种，如表 10-4 所示。为了内容紧凑，这些 claim 的名称都由 3 个字符组成。

表 10-4　JWT 中已注册的 claim

JSON 属性名称	名　　称	说　　明
iss	签发者	签发 JWT 的实体
sub	主体	JWT 的主体。主体的值要么全局唯一，要么在其签发者的范围内是唯一的
aud	接收者	JWT 所预期的接收者
exp	过期时间	超过该时间之后，JWT 不能被处理
nbf	生效时间	在该时间之前，JWT 不能被处理
iat	签发时间	JWT 的签发时间
jti	标识符	JWT 的唯一标识符，用来防止 JWT 被重复处理

除了已注册的 claim 之外，JWT 对于 claim 的名称并没有限制。为了避免名称冲突，公开的 claim 需要在 IANA 注册，或是使用带名称空间的形式。私有 claim 的名称则比较随意，但是存在产生名称冲突的可能。

已签名的 JWT 通过数字签名来防止数据被篡改。加密 JWT 可以防止数据被读取。关于 JWT 的具体格式，这里不做具体的介绍。大多数时候只需要把 JWT 令牌当成不透明的字符串即可。

JWT 有很多实际的应用场景。一种场景是作为客户端数据的格式，另外一种是在联合身份管理（Federated Identity Management）中作为令牌，如 OpenID Connect 和 OAuth 2。本章主要介绍第一种应用场景。

当需要在浏览器端保存数据时，最常用的方式是 Cookie。服务器端在 HTTP 响应的 Set-Cookie 头中设置指定 Cookie 的值。浏览器在每次发送 HTTP 请求时，会自动以 HTTP 头 Cookie 来发送当前域名和路径所对应的 Cookie 值。Cookie 一般用来保存用户当前会话的标识符，如 Java 应用常用的 JSESSIONID。

由于会话标识符是很难猜测的随机字符串，不用担心被轻易伪造，可以作为用户的标识。

如果应用直接使用用户名作为 Cookie 的值,那么只需要以暴力尝试的方式猜测出用户名,就可以冒名顶替成其他用户。HTTP 会话是目前解决用户身份认证的常用做法,既方便了用户的使用,又保证了安全性。HTTP 会话也可以保存一些与会话相关的数据,Java 的 Servlet API 提供了相关的操作。但是会话最大的问题是可扩展性比较不好,这也是有状态服务的通病。在一个集群中,需要使用分布式会话实现,或是会话复制,或是黏性会话(Sticky Session)。这些做法都会增加实现和管理的复杂度。更好的做法是使用无状态的会话,这样可以更简单地实现水平扩展。

JWT 很好地解决了这个问题。在经过数字签名之后,可以保证 JWT 中的内容不被篡改,这样就避免了安全性的问题。除了用户标识符之外,其他会话相关的数据也可以保存在 JWT 中。这样就把状态相关的信息迁移到了客户端,免去了服务器端维护状态信息所带来的复杂度。

▶▶ 10.2.3　使用 MicroProfile JWT

Quarkus 使用 MicroProfile JWT 规范来处理 JWT。该规范对 JWT 做了一些的限制。第一个限制是对签名和加密时使用的算法做出了规定。在签名 JWT 时,JWT 头中 alg 的值必须是 RS256或 ES256。在加密 JWT 中,alg 的值必须是 RSA-OAEP,而 enc 的值必须是 A256GCM。

第二个限制是 JWT 的 claim 中必须包含 iss、iat、exp 和 upn。upn 对应的是 java.security.Principal 接口中包含的用户主体的名称。除了上述 claim 之外,groups 表示用户所在的分组,相当于角色。

下面介绍如何在应用中使用自己创建的 JWT 令牌。JWT 令牌的使用分成两部分,分别是令牌的签发和验证。需要在 Quarkus 应用中添加两个扩展 smallrye-jwt 和 smallrye-jwt-build。

当用户登录时,如果登录成功,API 会返回包含当前用户信息的 JWT 令牌。下面代码中的TokenGenerator 用来生成 JWT 令牌。UserDetails 表示经过身份认证之后的用户信息。生成 JWT令牌使用的是扩展 smallrye-jwt-build 中提供的 io.smallrye.jwt.build.Jwt 类。生成 JWT 令牌时设置了 sub、upn 和 groups。最后的 sign 方法对 JWT 令牌进行签名。

```java
@ApplicationScoped
public class TokenGenerator {
  public String generate(UserDetails userDetails) {
    return Jwt.claims()
        .subject(userDetails.getUserId())
        .upn(userDetails.getUsername())
        .groups(userDetails.getRoles())
        .sign();
  }
}
```

JWT 令牌在签名时必须使用 RS256 或 ES256 算法，因此需要创建 RSA 算法的公钥和私钥对。签名令牌时使用私钥。下面代码给出了与生成令牌相关的配置。配置项 smallrye.jwt.sign.key.location 指向 PEM 格式的私钥文件的路径。以 smallrye.jwt.new-token 为前缀的配置项设置新创建的 JWT 令牌的默认值，其中 issuer 表示签发者，lifespan 表示以秒为单位的有效时间，audience表示期望的接收者。

```
smallrye:
  jwt:
    sign:
      key:
        location: META-INF/resources/privateKey.pem
    new-token:
      issuer: ${app.token-issuer}
      lifespan: 600
      audience: restaurant-service
```

客户端在访问 API 时需要提供 JWT 令牌。一般由两种方式来传递令牌。

- 以 Bearer 令牌的形式添加在 HTTP Authorization 头。
- 使用 HTTP 的 Cookie 头。

对 JWT 令牌的认证操作由扩展来进行，并不需要应用代码进行处理。

在代码中可以通过注入的 org.eclipse.microprofile.jwt.JsonWebToken 对象来访问经过认证的 JWT 令牌。JsonWebToken 接口继承自 java.security.Principal，可以获取 JWT 中包含的信息。

下面的代码展示了 JsonWebToken 的用法。除了直接使用 JsonWebToken 对象之外，还可以使用注解@org.eclipse.microprofile.jwt.Claim 来提取令牌中的指定 claim。对于标准的 claim，可以使用属性 standard 来引用枚举类型 org.eclipse.microprofile.jwt.Claims 中的值；对于非标准的 claim，可以使用属性 value 来指定 claim 的名称。

```
@Path("/token")
@RequestScoped
public class TokenInfoResource {
  @Inject
  JsonWebToken jwt;

  @Inject
  @Claim(standard = Claims.iss)
  String issuer;

  @GET
  @Produces(MediaType.APPLICATION_JSON)
  public Map<String, String> userId() {
```

```
    return Map.of(
        "subject", this.jwt.getSubject(),
        "issuer", this.issuer
    );
    }
}
```

在验证令牌时需要配置公钥,与令牌签名时使用的私钥相对应。相关的配置如下所示。配置项 mp.jwt.issuer 表示所期望的令牌签发者,作为附加的令牌验证条件。

```
mp:
  jwt:
    verify:
      publickey:
        location: META-INF/resources/publicKey.pem
      issuer: ${app.token-issuer}
```

默认情况下,扩展会从 HTTP 的 Authorization 头中获取令牌。如果希望使用 Cookie,则需要进行额外的配置,如下面的代码所示。配置项 token.header 指定包含令牌的 HTTP 头,token.cookie 指定 Cookie 的名称,always-check-authorization 指定是否总是检查 Authorization 头。

```
smallrye:
  jwt:
    token:
      header: Cookie
      cookie: Token
    always-check-authorization: true
```

▶▶ 10.2.4 使用 Keycloak

一些应用选择自己管理用户的信息。虽然有很多第三方库可以使用,这仍然是个充满挑战性的任务,尤其是集成来自其他服务的用户信息,如 LDAP 和社交网络账号等。由于用户身份管理是大部分应用必不可少的功能,这样的需求催生了大量开源和商用的联合身份管理(Federated Identity Management)软件和服务,其中流行的选择包括 RedHat 开发的 Keycloak 和 SaaS 服务 Auth0 等。实战应用使用 Keycloak。

Keycloak 是开源的身份认证和访问控制软件。Keycloak 的优势在于可以部署在集群内部。如果不希望使用第三方的在线服务,Keycloak 是一个不错的选择。Keycloak 支持 OpenId Connect 和 OAuth 2.0 规范。

Keycloak 部署运行之后,通过 Keycloak 的界面可以创建新的用户和客户端。这里使用的是新创建的领域 happy-takeaway。客户端表示的是进行访问的实体。图 10-3 是标识符为 restaurantservice 的客户端的创建页面。在客户端的设置中，客户端协议选择 openid-connect，访问类型要设置为 confidential。

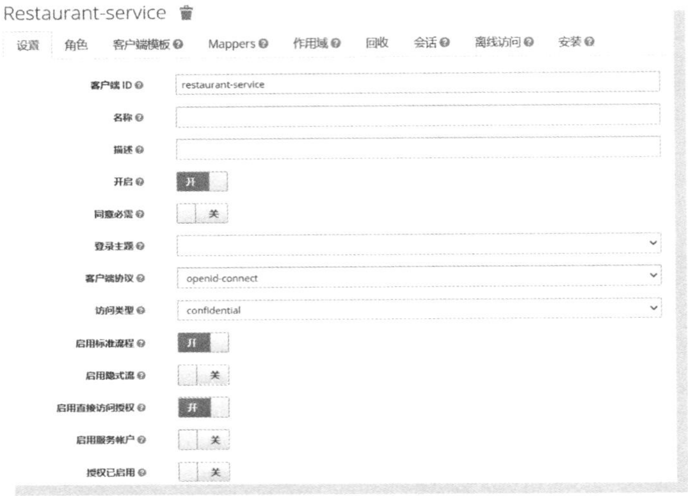

● 图 10-3　Keycloak 的客户端创建页面

在客户端的凭据标签页中，可以选择不同的认证客户端的方式，如图 10-4 所示。最简单的方式是使用 Client Id and Secret 的形式，相当于用户名和密码。

● 图 10-4　Keycloak 的客户端的认证方式

在 Keycloak 的管理界面中，还可以添加用户和角色，并为用户分配角色。

在 Quarkus 应用中使用 Keycloak 需要添加扩展 oidc 和 keycloak-authorization，分别提供 OpenID Connect（OIDC）和 Keycloak 的支持。

根据客户端类型和使用场景的不同，OpenID Connect 有不同的认证流程。以 Web 应用来说，通常的流程是将用户跳转到 OIDC 提供者的界面来进行授权。在完成授权之后，OIDC 提供者把访问令牌发送给应用提供的回调地址。应用使用令牌来完成访问。对后台服务的 API 来说，并不需要关注访问者是如何获取访问令牌的，只需要对令牌进行验证，并提取其中包含的信息即可。在使用 Keycloak 时，相关的集成工作已经由扩展 keycloak-authorization 完成，只需要添加相关的配置即可。

在下面的代码中，auth-server-url 表示认证服务器的地址，使用的格式类似 https://local-host:8543/auth/realms/happy-takeaway；client-id 是客户端的标识符，credentials.secret 是客户端的密钥。

```
quarkus:
  oidc:
    auth-server-url: ${OIDC_AUTH_SERVER}
    client-id: ${OIDC_CLIENT_ID}
    credentials:
      secret: ${OIDC_SECRET}
    tls:
      verification: none
  keycloak:
    policy-enforcer:
      enable: true
```

下面的代码是餐馆管理服务中的 OwnerIdProvider 接口的实现。注入的 org.eclipse.microprofile.jwt.JsonWebToken 对象，表示当前请求中的 JWT 访问令牌。该令牌中的 sub 包含了用户的标识符，通过 getSubject 方法获取。DefaultOwnerIdProvider 的作用域声明是@RequestScoped。这是因为用户认证信息是每个请求独有的。

```
@RequestScoped
public class DefaultOwnerIdProvider implements OwnerIdProvider {

  @Inject
  JsonWebToken jwt;

  @Override
  public String get() {
    return this.jwt.getSubject();
  }
}
```

扩展 oidc 会对 JWT 令牌进行必要的验证。最基本的验证是令牌可以被正确解析，并且没有过期。除此之外，还可以通过配置项来定义额外的验证。表 10-5 给出了验证相关的配置项，省略了前缀 quarkus.oidc。

表 10-5　扩展 oidc 的相关配置

配　置　项	说　　明
token.issuer	期望的 iss 的值
token.audience	期望的 aud 的值，可以是单个值或数组
token.token-type	期望的令牌类型

在访问令牌中，用户的角色保存在 claim 中。扩展 oidc 可以从令牌中自动提取角色，默认查看 groups。如果没有 groups，则会查找 Keycloak 生成的令牌中特有的路径 realm_access/roles 和 resource_access/{client_id}/roles。如果角色不在上述 claim 中，可以通过配置项 quarkus.oidc.roles.role-claim-path 来设置。

在进行身份认证时，首先需要调用 Keycloak 的 API 来获取访问所需的令牌。获取令牌的 URL 是 /auth/realms/<realm>/protocol/openid-connect/token。在发送的请求中需要提供 Keycloak 客户端的认证信息，以及所代表的用户的认证信息。图 10-5 给出了请求中的查询参数。

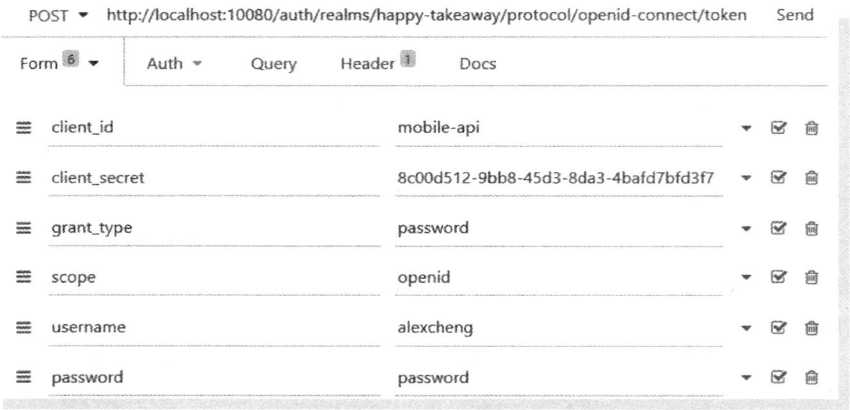

● 图 10-5　从 Keycloak 获取令牌

获取令牌请求的返回内容如下面的代码所示，其中的属性 access_token 表示进行访问的 JWT 令牌。

```
{
  "access_token": "<令牌>",
  "expires_in": 300,
  "refresh_expires_in": 1800,
  "refresh_token": "<令牌>",
  "token_type": "Bearer",
  "id_token": "<令牌>",
  "not-before-policy": 0,
  "session_state": "31c329a7-be35-4c0a-8633-c877007e26d4",
  "scope": "openid email profile"
}
```

当访问微服务的 API 时，把属性 access_token 的值以 Bearer 令牌的形式添加在 HTTP Authorization 头，就可以完成身份认证。

10.3　用户授权管理

用户通过身份认证之后，另外一个相关的话题是如何进行授权。认证解决的问题是证明用户的身份，而授权解决的是用户能做什么事情。在一个应用中，不同用户的权限是不同的。通常的做法是创建不同的角色，然后为用户分配不同的角色。每个角色有与之对应的权限。这称为基于角色的访问控制（Role-based Access Control，RBAC）。Quarkus 应用提供了不同的方式来定义访问策略。

第一种做法是根据路径来应用不同的访问策略。这种策略的优势是可以通过配置来完成，不足之处是授权策略的粒度较粗，只能以路径作为判断条件。

与访问策略相关的第一个配置是 quarkus.http.auth.policy，用来定义访问策略。该配置的值是一个 Map，其中的键是策略的名称，对应的值是策略的配置分组。配置分组中只包含一个配置项 roles-allowed，表示允许角色的名称列表。

在下面的代码中，访问策略 admin-only 只允许角色 admin。

```
quarkus.http.auth.policy.admin-only.roles-allowed = admin
```

第二个配置是 quarkus.http.auth.permission，用来定义访问权限。该配置的值同样是一个 Map，其中的键是访问权限的名称，对应的值是策略映射的配置分组。配置分组中包含表 10-6 中的配置项。

表 10-6　访问权限相关配置

配　置　项	说　　明
enabled	是否启用该权限集
policy	策略的名称
paths	路径的列表
methods	HTTP 方法的列表

在表 10-6 的配置项中，policy 的值可以是内置的 permit、deny 和 authenticated，分别表示允许任何用户、禁止任何用户以及仅允许认证用户。除了内置的策略之外，还可以是在 quarkus.http.auth.policy 中定义的访问策略的名称。

在配置项 paths 中，如果路径以 /* 来结尾，则表示匹配的路径前缀。比如，/api/* 表示所有以 /api/ 为前缀的路径。

下面的代码给出了相关的配置项的值，其中定义了访问策略 admin-only 和访问权限 api。访问权限 api 的策略名称是 admin-only，因此路径 /api/* 只允许具有 admin 角色用户的 GET

请求。

```
quarkus.http.auth.policy.admin-only.roles-allowed = admin
quarkus.http.auth.permission.api.paths = /api/*
quarkus.http.auth.permission.api.policy = admin-only
quarkus.http.auth.permission.api.methods = GET
```

第二种做法是使用注解来设置访问策略。可以在类或方法上添加 javax.annotation.security 和 io.quarkus.security 包中的注解来声明方法调用的执行策略。表 10-7 给出了这些注解的说明。

表 10-7　访问策略相关的注解

注　解	说　明
@PermitAll	允许任何角色
@DenyAll	不允许任何角色
@RolesAllowed	只允许指定的角色
@Authenticated	允许任何已认证的用户，等同于@RolesAllowed("**")

如果某个方法只允许角色 admin 的用户来执行，可以添加注解 @RolesAllowed("admin")。

最后一种做法是提供 CDI Bean 来实现 io.quarkus.vertx.http.runtime.security. HttpSecurityPolicy 接口。下面的代码给出了 HttpSecurityPolicy 接口的声明，其中的 checkPermission 方法进行权限检查。该方法的参数 Uni<SecurityIdentity> 表示用户的身份信息，返回值类型 Uni<CheckResult> 中的 CheckResult 表示检查的结果。

```
public interface HttpSecurityPolicy {
  Uni<CheckResult> checkPermission(RoutingContext request,
      Uni<SecurityIdentity> identity,
      AuthorizationRequestContext requestContext);

}
```

10.4　弹性服务

在微服务架构的应用中，每个微服务在运行时可能产生各种不同的问题。当请求方调用响应方的 API 时，可能因为不同的原因导致调用失败。弹性服务的要求是能够处理 API 调用中的不同错误。已经有很多第三方库提供了对弹性服务的支持，包括 Netflix 的 Hystrix、阿里巴巴的 Sentinel 和 Resilience4j 等。

除了这些第三方库之外，MicroProfile 中的 Fault Tolerance 规范提供了一些注解来声明对服务调用的处理。SmallRye 提供了该规范的实现。Quarkus 应用中通过扩展 smallrye-fault-tolerance

来启用该规范的支持。

  注解@Asynchronous 的作用是在另外的线程中执行方法。可以添加注解@Asynchronous 的方法的返回值必须是 java.util.concurrent 包中 Future 或 CompletionStage 对象。推荐使用的是 CompletionStage。这是因为当 Future 表示的任务出错时,并不会触发 Fault Tolerance 规范中的其他操作,比如重试,而 CompletionStage 中的错误会触发其他操作。这使得注解@Asynchronous 可以与其他操作协同使用。下面的代码给出了@Asynchronous 的使用示例。

```
@Asynchronous
public CompletionStage<String> callWithCompletionStage() {
  return CompletableFuture.completedFuture(
      Thread.currentThread().getName());
}
```

▶▶ 10.4.1 调用超时与重试

  在一个微服务内部,当调用其他内部微服务或第三方服务的 API 时,都应该设置超时时间。通过超时设置,可以避免调用请求长时间处于等待状态。超时时间的设置取决于服务之间的服务级别协议(Service-level Agreement,SLA)。每个服务提供者都应该声明它在响应时间上的保证,比如保证 90% 的请求都在 1s 内给出响应。服务消费者根据服务级别协议来设置超时时间,比如如果希望保证 90% 的请求都不超时,那么超时时间应该设置为 1s。

  如果没有服务级别协议,只能根据经验来进行推断,得出一个估计值。更好的做法是利用收集的性能指标数据,从历史记录中推断出比较合理的超时时间。

  过长或过短的超时时间都可能造成问题。当超时时间过长时,没有办法及时对可能阻塞的请求进行处理;如果超时时间过短,当由于服务提供者的负载变大而造成响应时间增加时,本来有些可以成功完成的请求,会由于超时而被提前终止,影响应用的可用性。

  注解@Timeout 的作用是设置方法调用的超时时间。@Timeout 的属性 value 表示超时值,默认是 1000;unit 表示超时值的单元,默认是 ms。当调用超时之后,方法调用会抛出 TimeoutException 异常。如果@Timeout 标注的方法没有添加注解@Asynchronous,当超时发生之后,当前线程会以调用 Thread.interrupt( )方法的方式来中断。中断的作用是通知当前线程停止执行。因为超时已经发生,调用者不再需要方法执行的结果,因此没有继续执行的必要。但是线程中断需要被调用方法的配合,并不总是能起作用。在有些情况下,即便是调用超时,方法执行仍然会继续进行,直到完成。在完成之后会抛出 TimeoutException 异常,而调用结果则被丢弃。

  如果@Timeout 标注的方法添加了注解@Asynchronous,则实际的方法调用在另外的线程中完成。当超时发生之后,该方法所返回的 Future 或 CompletionStage 对象会以 ExecutionException 异常来完成。之前的任务可能仍然在独立的线程中继续进行。

如果@Timeout 与@Retry 一同使用，TimeoutException 异常会触发重试。在每次重试之后会重新计算超时时间。如果@Asynchronous 也一同使用，当由于 TimeoutException 异常重试时，重试会在延迟时间之后立刻在新的线程中进行，尽管之前的尝试仍在进行中。

当 API 调用出错时，一种常见的处理方式是重试。重试在某些情况下是有作用的，比如由于服务器突发的过大负载，或是与依赖的支撑服务的连接出现暂时性的中断。当再次发送请求时，服务器可能已经从故障中恢复，可以正常处理请求。在应用运行时，总是会有各种突发的瞬时性的问题，重试则可以解决这些问题。

只有幂等的请求才可以进行重试，也就是说，重复的请求不会产生副作用。HTTP 中的GET 请求从语义上来说是幂等的，在实现中，也应该避免处理 GET 请求时改变资源的状态。对于 POST、PUT 和 DELETE 这样的请求，是否幂等取决于请求的语义和实现方式。对于非幂等的请求，重试时需要谨慎注意。比如，在进行支付的 API 调用时，如果调用超时，尽管客户端出现错误，实际的支付操作可能已经正常完成。客户端如果进行重试，可能造成重复支付的情况。

注解@Retry 可以设置方法调用的重试策略。@Retry 的属性如表 10-8 所示。

表 10-8　注解@Retry 的属性

属　　性	默　认　值	说　　明
maxRetries	3	最大的重试次数，-1 表示不限次数
delay	0	重试之间的间隔时间
delayUnit	ChronoUnit.MILLIS	delay 的单元
maxDuration	18000	整个重试过程的最长时间
durationUnit	ChronoUnit.MILLIS	maxDuration 的单元
jitter	200	重试之间间隔的随机调整值
jitterDelayUnit	ChronoUnit.MILLIS	jitter 的单元
retryOn		触发重试的异常列表
abortOn		不触发重试的异常列表

这里需要介绍一下属性 jitter 的用法。为了避免重试风暴，每次重试之间的间隔不应该是固定的值，否则，如果一些请求因为目标微服务负载过大而全部重试时，在固定的间隔之后，这些请求又会同时被重试，再次加大负载，其结果很可能是再次失败。属性 jitter 的作用是在不同的重试时间间隔上引入随机性。实际的重试间隔是在属性 delay 值的基础上，加上 [-jitter, jitter] 这个区间上的随机数。比如，如果属性 delay 的值是 1000，而 jitter 的值是 100，那么实际的重试间隔是 900~1100 之间的随机数。

如果添加了@Retry 的方法抛出了异常，则会依次进行如下的处理。

1）检查该异常是否在属性 abortOn 指定的异常列表中。如果在异常列表中，不进行重试，直接抛出异常。

2）检查该异常是否在属性 retryOn 指定的异常列表中。如果在异常列表中，进行重试。

3）抛出该异常。

▶▶ 10.4.2　回退值

注解@Fallback 的作用是为方法指定错误处理器。@Fallback 可以使用两种方法来指定回退值。

第一种做法是声明 FallbackHandler 接口的实现类。FallbackHandler 接口的声明如下所示，类型参数 T 是方法返回值的类型。

```
public interface FallbackHandler<T>{

  T handle(ExecutionContext context);

}
```

ExecutionContext 接口表示方法执行时的上下文。ExecutionContext 中的方法如表 10-9 所示，从中可以获取到方法执行点的相关信息。

表 10-9　ExecutionContext 中的方法

方　　法	说　　明
Method getMethod( )	表示当前的方法
Object[ ] getParameters( )	表示方法的实际调用参数
Throwable getFailure( )	方法调用时产生的异常

下面代码中的 PaymentServiceFallbackHandler 用来处理支付服务中出现的异常。当出现异常时，使用 false 作为返回值。

```
public class PaymentServiceFallbackHandler
    implements FallbackHandler<Boolean> {

  @Override
  public Boolean handle(ExecutionContext context) {
    return false;
  }
}
```

下面代码中 OrderService 的 makePayment 方法上添加了注解@Fallback。当该方法抛出异常时，调用 PaymentServiceFallbackHandler 对象进行处理，得到返回值 false。

```
@ApplicationScoped
public class OrderService {

  @Inject
  @RestClient
  PaymentServiceClient paymentServiceClient;

  @Fallback(PaymentServiceFallbackHandler.class)
  public Boolean makePayment(String orderId) {
    Response response = this.paymentServiceClient.pay(
        new MakePaymentRequest(orderId));
    return response.getStatus() == 200;
  }
}
```

FallbackHandler 的类型参数必须与 @Fallback 所标注方法的返回值相匹配，否则应用无法启动。

第二种做法是使用 @Fallback 的属性 fallbackMethod 来指定一个给出回退值方法的名称。所声明的方法与 @Fallback 所标注的方法要么在同一类中，要么在父类中或是实现的接口中。该方法必须是可访问的。除此之外，两个方法的参数类型必须相同，并且返回值类型必须匹配。

下面的代码给出了属性 fallbackMethod 的用法。

```
@Fallback(fallbackMethod = "handleError")
public Boolean makePayment(String orderId) {
  Response response = this.paymentServiceClient.pay(
      new MakePaymentRequest(orderId));
  return response.getStatus() == 200;
}

private Boolean handleError(String orderId) {
  return false;
}
```

与注解 @Retry 相似的是，@Fallback 也可以指定触发的条件，skipOn 表示不触发回退的异常列表，而 applyOn 表示触发回退的异常列表。当有异常抛出时，按照如下的顺序来进行处理。

1）如果抛出的异常在 skipOn 指定的异常列表中，该异常被抛出。

2）如果抛出的异常在 applyOn 指定的异常列表中，触发回退处理。

3）异常被抛出。

▶▶ 10.4.3 熔断器和隔板

熔断器的概念来自于电气工程领域。熔断器平时处于闭合状态，当电路中的电流过大时，熔断器会打开，从而切断电路，保护电路中的元器件不受影响。在 API 调用中，熔断器可以作为是否允许调用进行的开关。

熔断器可能处于 3 个不同的状态。

- 闭合状态：正常情况下，熔断器处于闭合状态，API 调用可以正常进行。熔断器在一个滑动窗口中记录最近的方法调用的执行结果。当滑动窗口已满时，检查窗口中的方法调用的错误比例，如果错误比例超过指定的阈值，熔断器转移到打开状态。
- 打开状态：当熔断器打开时，所有的方法调用都会直接抛出 CircuitBreakerOpenException 异常。在指定的延迟时间之后，熔断器会转移到半打开状态。
- 半打开状态：允许指定数量的方法调用。如果方法调用中的任何一个出现错误，熔断器转移回打开状态；否则转移到闭合状态。

熔断器负责监控成功和失败的 API 调用的数量。当一段时间内的错误率超过指定的阈值时，这通常意味着响应方处于不可用的状态，新的调用请求也大概率会失败。与其让所有请求因为超时而失败，还不如直接失败。熔断器可以避免服务之间的级联失败。

注解@CircuitBreaker 的属性如表 10-10 所示。

表 10-10　注解@CircuitBreaker 的属性

属　　性	默　认　值	说　　明
requestVolumeThreshold	20	滑动窗口中的方法调用次数
failureRatio	0.5	导致熔断器打开的出错比例
delay	5000	熔断器从打开状态转移到半打开状态的延迟时间
delayUnit	ChronoUnit.MILLIS	属性 delay 的单位
successThreshold	1	熔断器从半打开到闭合状态的成功调用的次数
failOn	Throwable.class	表示方法调用失败的异常列表
skipOn	空列表	不表示方法调用失败的异常列表

下面的代码展示了@CircuitBreaker 的使用示例。属性 requestVolumeThreshold 的值是 6，也就是说滑动窗口中会记录最近的 6 次方法调用的结果。属性 failureRatio 使用的是默认值 0.5，也就是说，如果滑动窗口中有 3 次方法调用的状态是失败，熔断器会转移到打开状态。进入打开状态 2s 之后，熔断器会尝试新的方法调用。属性 successThreshold 的值是 2，也就是说必须有两个连续成功的方法调用，熔断器才会转移到闭合状态。

```
@CircuitBreaker(requestVolumeThreshold = 6,
               successThreshold = 2, delay = 2000L)
public boolean makePayment(String orderId) {
   // 省略代码
}
```

需要注意的是，熔断器的每次状态转移都会重置内部的状态，重新开始累积滑动窗口中的记录。

隔板（Bulkhead）模式的作用是避免系统中一个部分的失败造成级联效果，影响整个系统的稳定性。Bulkhead 的实现方式是限制方法的并发调用数量。

注解@Bulkhead 支持两种不同的限制方式。如果@Bulkhead 标注的方法具有注解@Asynchronous，使用线程池来进行限制；否则，使用信号量来进行限制。

注解@Bulkhead 的属性如表 10-11 所示，其中属性 waitingTaskQueue 只在线程池限制中有效。

表 10-11　注解 @Bulkhead 的属性

属　　性	默　认　值	说　　明
value	10	最大的调用并发数
waitingTaskQueue	10	等待队列的长度

当使用线程池进行限制时，方法调用请求会由线程池中的线程来执行。当线程池已满时，调用请求会被添加到等待队列中。如果等待队列已满，方法调用会抛出 BulkheadException 异常。

下面代码给出了注解@Bulkhead 的使用示例。

```
@Bulkhead(5)
public Boolean makePayment(String orderId) {
   // 省略代码
}


@Asynchronous
@Bulkhead(value = 5, waitingTaskQueue = 10)
public Future<Boolean> makePayment(String orderId) {
   // 省略代码
}
```

MicroProfile Fault Tolerance 规范中的不同注解可以同时使用。实际上，所有这些错误处理组成一个链条，按照顺序依次执行。链条中的顺序从头到尾依次是：@Fallback、@Retry、@CircuitBreaker、@Timeout、@Bulkhead 和实际的方法。客户端代码调用方法时，实际上调用的是这个处理链条。

处理链条中的每个节点会在特定的时间点上调用链条上的下一个节点，并处理调用时产生的错误。链条中处于前方的节点可以处理来自后方节点的错误。比如，如果同时添加了注解 @Fallback、@Retry 和@CircuitBreaker，熔断器产生的 CircuitBreakerOpenException 异常会被@Retry 处理，从而触发重试。如果重试失败，@Fallback 会被触发来提供回退值。如果同时添加了 @CircuitBreaker 和@Bulkhead，在熔断器打开的状态下，方法调用的处理不会进入到@Bulkhead 的处理中。@Bulkhead 中产生的 BulkheadException 异常可以被熔断器计算在内。

10.5 使用服务网格

服务网格（Service Mesh）是随着 Kubernetes 和微服务架构的流行而出现的新技术。服务网格的目的是解决微服务架构中服务之间相互调用时可能存在的各种问题。微服务架构中的服务之间采用进程间通信方式来交互，如 REST 或 gRPC 等。微服务架构的复杂度的一个重要原因是微服务之间的相互调用。为了保证服务调用的健壮性，需要对服务调用时产生的错误进行处理，还可能需要对服务之间的调用添加一些策略，如限制服务被调用的速率，或是添加安全相关的访问控制规则等。这些需求从服务之间的调用而来。所有的微服务架构的应用都有同样的需求。这些横切的需求应该由平台或工具来处理，而不需要应用来实现。应用要做的只是提供相关的配置即可。

对于这些需求，已经有相似的工具来解决服务调用相关的问题，包括 Netflix 的 Hystrix 和上一节介绍的 Eclipse Fault Tolerance 规范。服务网格技术在已有的工具上更进一步，提供了一个完整的解决方案。严格来说，服务网格并不直接依赖 Kubernetes。不过，绝大部分服务网格实现都支持 Kubernetes，有些实现甚至只支持 Kubernetes。Kubernetes 平台提供的能力可以简化服务网格的使用。

❶ 边车容器

Kubernetes 中的 Pod 中的容器通常是紧密耦合的，共同完成应用的功能。如果需要实现横切的功能，则需要在 Pod 中添加与应用自身无关的容器。Pod 中的容器之间共享存储和网络，而横切功能的实现离不开对应用使用的存储和网络的访问。当把横切服务的容器添加到 Pod 中之后，Pod 中就多了与应用无关的容器。这种部署模式称为边车模式。这些容器被称为边车容器。

边车容器在服务网格实现中至关重要。服务网格实现会在每个 Pod 上增加一个新的边车容器作为 Pod 中应用服务的代理。这个容器的代理程序会作为外部调用者和实际服务提供者之间的桥梁。Pod 某个端口上的请求，会首先被服务代理来处理，再转发给实际的应用服务。同样的，应用服务对外的请求，也会首先被服务代理来处理，再转发给实际的接收者。代理边车容器的出现为解决服务调用相关的问题提供了一种新的解决方案。服务调用的自动重试和熔断器模式的实现都可以由服务代理来完成，从而简化应用服务的实现。

❷ 服务代理

服务代理是服务网格技术实现的核心。可以说，服务代理决定了服务网格能力的上限。从作用上来说，服务代理与人们通常所熟悉的 Nginx 和 HAProxy 这样的代理并没有太大的区别。实际上，Nginx 和 HAProxy 同样可以作为服务代理来使用。不过，服务网格通常使用专门为服务间调用开发的服务代理实现。在 OSI 七层模型中，服务代理一般工作在第 3/4 层和第 7 层。

服务代理负责代理服务发出和接收的调用。服务接收和发出的所有调用都需要经过服务代理。服务代理的功能都与服务之间的调用相关。服务代理可以工作在请求层和连接层。以服务 A 和服务 B 为例，当服务 A 调用服务 B 时，服务 A 的代理可以使用负载均衡策略来动态选择实际调用的服务 B 的实例。如果对服务 B 的调用失败，并且该调用是幂等的，服务 A 的代理可以自动进行重试。服务代理可以记录与调用相关的性能指标数据。服务 B 的代理可以根据访问控制的策略决定是否允许服务 A 的调用请求。如果服务 B 当前所接收的请求过多，服务 B 的代理可以拒绝其中某些请求。服务 A 和服务 B 的代理之间可以建立 TLS 连接，并验证对方的身份。

由于服务代理需要处理服务所有接收和发送的请求，对服务代理的性能要求很高，不能增加过长的延迟。因为这样的限制，传统的代理实现不太能满足需求。这也促进了新的服务代理实现的出现，包括 Envoy、Traefik 和 Linkerd 2 等。这些新出现的服务代理对服务之间的调用进行了优化。除了性能之外，服务代理应该占用很少的 CPU 和内存资源。这是因为每个服务实例的 Pod 上都可能运行一个服务代理的容器。当服务数量增加时，服务代理自身的资源开销也会增加。

❸ 服务网格

服务网格技术起源于 Linkerd 项目。从架构上来说，服务网格的实现很简单，由服务代理和管理进程组成。服务代理称为服务网格的数据平面（Data Plane），负责拦截服务之间的调用并进行处理；管理进程称为服务网格的控制平面（Control Plane），负责协调代理并提供 API 来管理和监控服务网格。服务网格的能力由这两个平面的能力共同决定。图 10-6 给出了服务网格的示意图。

服务网格技术的一个优势在于与服务实现使用的技术栈无关。服务代理工作在服务之间调用这个层次。不论服务采用什么编程语言或框架来实现，服务代理都可以产生作用。Kubernetes 的流行，使得在微服务架构实现中使用多语言开发变得很简单。一个微服务应用的不同服务可以使用完全不同的技术栈来实现。这些服务之间的调用都可以由服务代理来处理。

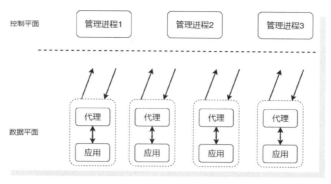

● 图 10-6 服务网格

服务网格技术的另一个优势在于它与应用代码是解耦的。当需要对服务调用相关的策略进行调整时，并不需要修改应用的代码。以服务的访问频率为例，当需要控制对某个服务的调用频率时，可以通过服务网格的控制平面提供的 API 直接进行修改，并不需要对应用做任何改动。这种解耦使得服务网格成为应用运行的平台所提供的能力的一部分，进而促成了新的开源项目和商业产品的出现。

服务网格所能提供的功能非常多。每个服务网格实现所提供的功能也各有不同。

- 服务发现：发现系统中存在的服务及其对应的访问地址。服务网格会在内部维护一个注册表，包含所有发现的服务及其对应的服务端点。

- 负载均衡：每个服务通常都有多个运行的实例。在进行调用时，需要根据某些策略选择处理请求的实例。负载均衡的算法可以很简单，比如循环制（Round Robin）；也可以很复杂，比如根据被调用服务的各个实例的负载情况来动态选择。

- 流量控制：控制请求在服务的不同版本和不同部署之间的分配。

- 超时处理：通过配置来设置服务调用的超时时间。

- 重试：对于幂等的服务调用请求，可以自动进行重试。

- 熔断器：当某个服务的调用在一段时间内频繁出错时，使得服务调用可以快速失败，而不用尝试连接一个已经失败或过载的实例。熔断器可以避免服务的级联失败。

- 错误注入：往系统中引入错误来测试应用的故障恢复能力。

- 双向 TLS：双向 TLS（mutual TLS，mTLS）指的是服务调用者和被调用者的服务代理建立双向 TLS 连接。双向 TLS 连接意味着客户端和服务器都需要认证对方的身份。通过 TLS 连接可以对通信进行加密，防止中间人攻击。

- 用户认证：和不同的用户认证服务进行集成。常用的认证方式包括 JWT 令牌认证，以及与 OpenID Connect 提供者进行集成。

- 访问速率控制：限制服务的调用速度，防止服务因请求过多而崩溃。

- 服务访问控制：限制对服务的访问。限制的方式包括禁止服务、黑名单和白名单等。
- 性能指标数据：收集与服务调用相关的性能指标数据，包括延迟、访问量、错误和饱和度。除此之外，服务网格还收集与自身的控制平面相关的数据。
- 分布式追踪：查看单个请求在服务网格中的处理流程。
- 访问日志：记录每个服务实例所接收到的请求。
- 提供图形化的用户界面，可以查看服务相关的信息，包括收集的性能指标数据、服务调用关系的拓扑图。

目前已经有很多服务网格的实现，包括 Istio、Linkerd、Maesh 和 Consul 等。限于篇幅，本书不对具体的服务网格实现的使用进行介绍。实战应用的源代码中包含了 Istio 相关的内容，可以作为参考。

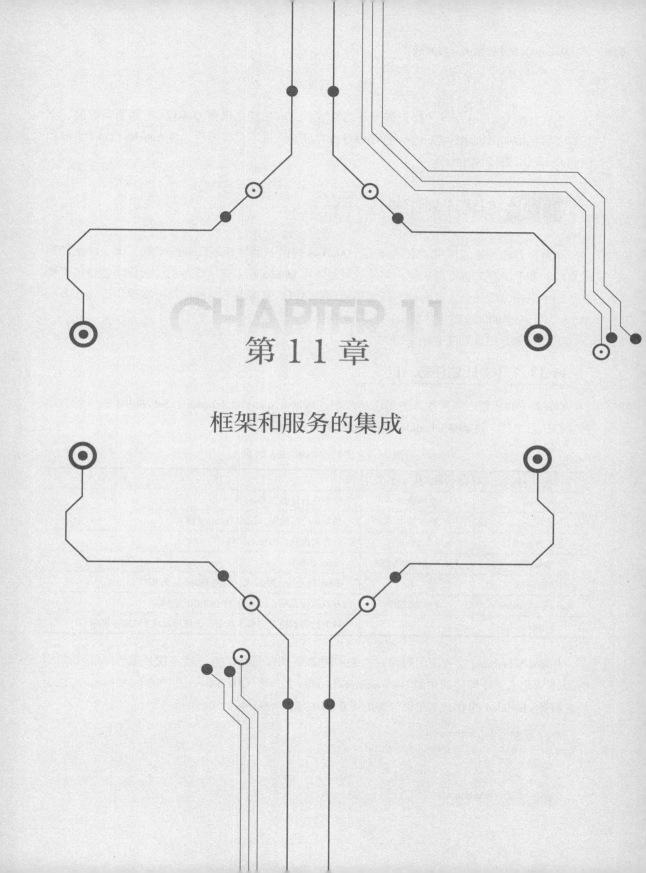

第11章

框架和服务的集成

本章介绍 Quarkus 与其他框架和服务的集成。这些功能是很多 Quarkus 应用所需要的。本章的内容包括如何创建计划任务、创建命令行程序、使用字符串模板、与 Apache Camel 集成和使用 GraphQL 进行 API 组合。

11.1 创建计划任务

执行计划任务是应用中的常见需求。Quarkus 提供了两种计划任务的实现，第一种是使用轻量级的基于内存的调度器实现；另外一种是使用 Quartz 库，支持任务的持久化、创建集群和在代码中直接调度任务。这两种方式使用相同的 API，但是由不同的扩展来实现。计划任务的 API 和基于内存的调度器由扩展 scheduler 来提供。

下面首先介绍计划任务相关的 API。

▶▶ 11.1.1 计划任务 API

Quarkus 的计划任务最基本的用法是使用注解@io.quarkus.scheduler.Scheduled 来声明方法的定期执行方式。注解@Scheduled 的属性如表 11-1 所示。

表 11-1　注解@Scheduled 的用法

属　　性	默　认　值	说　　明
cron	空字符串	任务执行计划的 Cron 表达式
every	空字符串	任务执行的间隔，使用 Duration 格式
delay	0	任务初次执行的延迟时间
delayUnit	TimeUnit.MINUTES	delay 的单位
delayed		delay 的另外一种形式，使用 Duration 格式
concurrentExecution	PROCEED	并发执行策略，可选值 PROCEED 和 SKIP
identity		任务的标识符。如果不指定，将使用随机 UUID 字符串

注解@Scheduled 支持使用两种方式来声明定期执行策略。第一种是使用属性 cron 来声明 Crontab 表达式。下面代码中的 LogMessageScheduler 是一个 CDI Bean，其中的 logMessage 方法上的注解@Scheduled 的含义是在每分钟的第 0、10、20、30、40、50s 执行一次。

```
@ApplicationScoped
public class LogMessageScheduler {

    @Inject
    Logger logger;
```

```
  @Scheduled(cron = "0/10 * * * ?")
  public void logMessage() {
    this.logger.info("This is a log message.");
  }
}
```

可以使用 4 种不同的 Cron 表达式类型，分别是 cron4j、quartz、unix 和 spring，通过配置项 quarkus.scheduler.cron-type 来指定，默认值是 quartz。

另外一种是使用属性 every 来声明每次执行的间隔。间隔的声明使用 ISO8601 规范的 PnDTnHnMn.nS 格式，由 Duration.parse 方法进行解析。如果属性值以数字开头，则自动加上 PT 作为前缀。比如，15s 会被加上 PT 前缀变成 PT15S。因此，上面代码中的注解@Scheduled 可以改成@Scheduled(every = "10s")。

属性 every 和 delayed 都支持从配置中获取值。如果属性值的格式类似"{expr}"，则 expr 会作为配置项的名称。下面代码中的@Scheduled 从配置中获取属性 every 的值。

```
  @Scheduled(every = "{app.log-message.interval}")
```

在使用属性 every 时，第一次执行默认会在任务创建后立刻进行。具体表现是在应用启动后会立刻执行一次。如果不希望立刻执行，可以使用属性 delay 或 delayed 来指定延迟时间。下面代码中的两个@Scheduled 注解的作用相同，都是延迟 5s 后执行。

```
  @Scheduled(every = "10s", delay = 5, delayUnit = TimeUnit.SECONDS)
  @Scheduled(every = "10s", delayed = "5s")
```

由于任务的每次执行都需要耗费一定的时间，在某些情况下，当前的任务执行还未完成，就到了下一次执行的触发时间。是否允许任务的并发执行由属性 concurrentExecution 的值来确定。该属性值的类型是枚举类型 Scheduled.ConcurrentExecution。枚举值 PROCEED 表示允许并发执行，而 SKIP 则表示跳过当前的执行，直到上一次的执行完成为止。当执行被跳过时，类型为 io.quarkus.scheduler.SkippedExecution 的 CDI 事件会被触发。SkippedExecution 对象中包含了任务的标识符和触发时间。

下面的代码展示了跳过并发执行的示例。由于任务的执行需要 3s，而指定的执行间隔是 1s，因此在每 3s 的间隔中，会有两次执行被跳过。

```
  @ApplicationScoped
  public class LongTaskScheduler {

    @Inject
    Logger logger;

    @Scheduled(identity = "long-task",
```

```
    every = "1s", concurrentExecution = ConcurrentExecution.SKIP)
public void longTask() throws InterruptedException {
  Thread.sleep(3000);
}

public void onSkipped(@Observes SkippedExecution execution) {
  this.logger.infov(
      "Skipped execution, trigger id = {0}, fire time = {1}",
      execution.triggerId, execution.fireTime);
  }
}
```

添加注解@Scheduled 的方法必须没有参数，或者只有一个类型为 io.quarkus.scheduler .ScheduledExecution 的参数。ScheduledExecution 接口中包含了当前任务执行的元数据。ScheduledExecution 接口的定义如下所示。

```
public interface ScheduledExecution {

  Trigger getTrigger(); // 任务触发器

  Instant getFireTime(); // 任务触发的时间

  Instant getScheduledFireTime(); // 任务被调度执行的时间

}
```

Trigger 表示任务的触发器，其声明如下所示。

```
public interface Trigger {

  String getId(); // 任务的标识符

  Instant getNextFireTime(); // 任务的下次触发时间

  Instant getPreviousFireTime(); // 任务的上次触发时间

}
```

下面的代码展示了 ScheduledExecution 的用法。

```
@Scheduled(every = "10s")
public void logExecution(ScheduledExecution execution) {
  this.logger.infov("trigger {0} fired at {1}",
      execution.getTrigger().getId(), execution.getFireTime());
}
```

任务的触发由调度器来完成。在默认情况下，当应用启动之后，调度器会自动启动并调度任务。如果希望控制调度器的状态，可以使用注入的 io.quarkus.scheduler.Scheduler 类型的对象。Scheduler 接口的定义如下所示。

```
public interface Scheduler {

    void pause(); // 暂停调度器,停止任务触发

    void resume(); // 恢复调度器

    boolean isRunning(); // 判断调度器是否在运行中

}
```

下面的代码使用 REST API 来控制 Scheduler 的状态，并返回当前的状态。

```
@Path("/scheduler")
public class SchedulerResource {

    @Inject
    Scheduler scheduler;

    @POST
    public String toggleState() {
        if (this.scheduler.isRunning()) {
            this.scheduler.pause();
        } else {
            this.scheduler.resume();
        }
        return this.scheduler.isRunning() ? "Running" : "Paused";
    }

}
```

▶▶ 11.1.2 使用 Quartz

基于内存的任务调度器的内部实现使用 Java 自带的 ScheduledExecutorService。Quarkus 扩展 quarkus-quartz 提供了与 Quartz 库的集成，可以处理更加复杂的任务调度需求。当启用扩展 quarkus-quartz 之后，基于内存的任务调度器会被禁用。

下面代码的作用是通过 REST API 来设置清理任务的执行周期。在下面的代码中，注入的字段 quartz 的类型是 org.quartz.Scheduler。Quartz 使用 JobDetail 来表示需要执行的任务，而 Trigger 则表示任务的触发器。

```
@Path("/cleanup")
public class CleanupResource {

  @Inject
  Scheduler quartz;

  @PUT
  public void updateConfig(CleanupConfig config)
      throws SchedulerException {
    TriggerKey triggerKey = TriggerKey.triggerKey("cleanup");
    Trigger trigger = TriggerBuilder.newTrigger()
        .withIdentity(triggerKey)
        .startNow()
        .withSchedule(
            SimpleScheduleBuilder.simpleSchedule()
                .withIntervalInSeconds(config.getInterval())
                .repeatForever())
        .build();
    if (this.quartz.checkExists(triggerKey)) {
      this.quartz.rescheduleJob(triggerKey, trigger);
    } else {
      JobDetail job = JobBuilder.newJob(CleanupJob.class)
          .withIdentity("cleanupJob").build();
      this.quartz.scheduleJob(job, trigger);
    }
  }

  public static class CleanupJob implements Job {

    @Override
    public void execute(JobExecutionContext context) {
      System.out.println(
          "Clean up started at " + context.getFireTime());
    }
  }
}
```

11.2 实用功能与框架集成

除了业务逻辑相关的内容之外，Quarkus 也需要执行一些通用的任务，比如发送邮件。
Quarkus 为这些任务的执行和与其他框架的集成都提供了支持。本节对这些相关的内容进行介绍。

▶▶ 11.2.1　创建命令行程序

微服务架构的应用中的每个微服务都是持续运行的服务，但是仍然存在一些短暂运行的应用。最典型的场景是与系统运维相关的计划任务或临时需要执行的任务，比如定期的报表生成，或是一次性的数据迁移任务等。

对于计划任务来说，可以使用 11.1 节中介绍的计划任务支持。当计划任务的执行间隔很长时，比如每天凌晨执行一次，11.1 节中的任务调度器并不适合。因为在应用运行起来之后，大部分时间处于闲置状态，真正执行任务的时间很短。这就产生了很大的资源浪费。

更好的做法是利用 Kubernetes 提供的计划任务的支持，创建一个独立的应用来运行任务。在应用启动时执行任务，当任务执行结束后，应用也运行结束。使用 Kubernetes 的资源 CronJob 来定期启动该应用，完成任务的执行。

对于这类短暂运行的任务，可以创建 Quarkus 命令行应用。下面介绍两种创建命令行应用的方式。

第一种做法是实现下面代码中给出的 io.quarkus.runtime.QuarkusApplication 接口，并在实现类上添加注解@io.quarkus.runtime.annotations.QuarkusMain。QuarkusApplication 接口的 run 方法的参数 args 表示运行时提供的命令行参数，而返回值则是应用退出时的状态码。

```
public interface QuarkusApplication {

  int run(String...args) throws Exception;

}
```

下面代码中的 ReportGenerateMain 是一个简单的命令行应用的启动类。

```
@QuarkusMain
public class ReportGenerateMain implements QuarkusApplication {

  @Inject
  ReportingService reportingService;

  @Override
  public int run(String...args) throws Exception {
    this.reportingService.generateReport();
    return 0;
  }

}
```

第二种做法是使用 Java 标准的 main 方法，把注解@QuarkusMain 添加在含有 main 方法的类上。在使用这种方式时，仍然需要创建 QuarkusApplication 接口的实现，也就是下面代码中的 ReportingApplication 类。实际的应用运行由 io.quarkus.runtime.Quarkus 的 run 方法来完成。这种方式的好处是可以直接在 IDE 中运行应用，而不需要使用 Maven 插件的 quarkus：dev 命令。

```
@QuarkusMain
public class ReportGenerateMain {

  public static void main(String[] args) {
    Quarkus.run(ReportingApplication.class, args);
  }
}
```

如果应用中有多个类添加了注解@QuarkusMain，则需要使用属性 name 来为启动类指定唯一的名称。Quarkus 默认选择不带属性 name 的注解@QuarkusMain 标注的类作为启动类。如果找不到这样的@QuarkusMain 注解，则需要通过配置项 quarkus.package.main-class 来指定运行时使用的启动类。配置项 quarkus.package.main-class 的值可以是属性 name 的值，也可以是启动类的全名。如果仍然找不到启动类，Quarkus 会自动生成启动类并运行。实际上，大多数持续运行的 Quarkus 应用都不使用注解@QuarkusMain，而是依靠自动生成的启动类。

下面的代码是一个简单的命令行应用，用来输出应用参数的大写形式。

```
@QuarkusMain(name = "uppercase")
public class ToUpperCaseApp implements QuarkusApplication {

  @Inject
  Logger logger;

  @Override
  public int run(String...args) {
    for (String arg : args) {
      this.logger.info(arg.toUpperCase(Locale.ROOT));
    }
    return 0;
  }
}
```

下面的代码展示了如何在开发模式下运行该应用。系统属性 quarkus.args 用来传递命令行参数。

```
./mvnw quarkus:dev -Dquarkus.package.main-class = uppercase -Dquarkus.args = "hello world"
```

对于命令行应用来说，当 main 方法或是 QuarkusApplication 的 run 方法返回之后，应用就自动结束。如果不希望结束应用，可以使用 io.quarkus.runtime.Quarkus 的 waitForExit 方法来阻塞主线程。当主线程因为调用 waitForExit 方法而阻塞时，可以在另外的线程中调用 asyncExit 或 blockingExit 方法来解锁主线程，使得主线程可以继续运行直到退出。

▶▶11.2.2　使用字符串模板

在 Quarkus 应用中会需要从模板中生成字符串。已有的模板引擎，比如 Handlebars 或 Velocity，并不适用于 Quarkus，尤其是在原生可执行文件中。Quarkus 应用应该使用专门为 Quarkus 设计的 Qute 模板引擎。Qute 尽可能地减少了对反射的使用，从而可以减少原生可执行文件的尺寸。

在 REST API 中使用 Qute 很简单，首先需要添加扩展 resteasy-qute。接着是创建使用 Qute 语法的模板文件，保存在目录 src/main/resources/templates 中。

Qute 模板的语法比较简单。下面的代码给出了订单摘要的模板文件 orderSummary.txt 的内容。从中可以看到，{ } 用来对表达式求值，{#for} 表示 for 循环。

```
Order #{order.id}

{#for item in order.items}
{item.name}  {item.quantity}  {item.price}
{/for}
```

下一步是在代码中使用 Qute 模板。在下面的代码中，字段 orderSummaryTemplate 以依赖注入的方式 io.quarkus.qute.Template 对象来表示订单摘要的模板。注解@Location("orderSummary.txt") 的作用是指定模板文件的路径。在 get 方法中，Template 对象的 data 方法用来提供数据给模板，得到一个表示模板实例的 TemplateInstance 对象。RESTEasy 会自动调用 TemplateInstance 对象的 render 方法来产生模板的执行结果。

```
@Path("/order")
public class OrderResource {

  @Inject
  OrderService orderService;

  @Inject
  @Location("orderSummary.txt")
  Template orderSummaryTemplate;

  @GET
  @Produces(MediaType.TEXT_PLAIN)
  @Path("{id}")
  public TemplateInstance get(@PathParam("id") String orderId) {
```

```
    return this.orderSummaryTemplate
        .data("order", this.orderService.getById(orderId));
  }
}
```

上述使用 Qute 模板的方式虽然比较简单，但是对于模板中的错误，只能在运行时发现。另外一种做法是使用类型安全的模板，可以在构建时对模板进行检查。

下面的代码给出了这种类型安全模板的用法。其中最关键的是注解@io.quarkus.qute.CheckedTemplate 的使用。当把注解@CheckedTemplate 添加在类上之后，类中所有的 static native 方法都可以声明模板。方法的名称是不带扩展名的模板文件的名称。模板文件的路径取决于@CheckedTemplate 标注的类所在的层次。如果该类是顶层类，那么对应的模板文件出现在目录 templates 下；如果该类是内部类，包含它的类的名称会作为模板文件在目录 templates 下的子目录的名称。下面代码中@CheckedTemplate 标注的类是 TypeSafeOrderResource 的内部类，因此 orderSummary 方法对应的模板文件的路径是 templates/TypeSafeOrderResource/orderSummary.txt。也可以使用注解@CheckedTemplate 的属性 basePath 来设置模板路径。

```
@Path("/order2")
public class TypeSafeOrderResource {

  @Inject
  OrderService orderService;

  @CheckedTemplate
  public static class Templates {

    public static native TemplateInstance orderSummary();
  }

  @GET
  @Produces(MediaType.TEXT_PLAIN)
  @Path("{id}")
  public TemplateInstance get(@PathParam("id") String orderId) {
    return Templates.orderSummary()
        .data("order", this.orderService.getById(orderId));
  }
}
```

为了让 Qute 对模板进行验证，可以把模板中会用到的对象声明为模板方法的参数，从而为这些对象指定类型。对上面提到的订单摘要模板来说，order 对象的类型是 Order。修改定义模板的方法，如下面的代码所示，方法 orderSummary 的参数 order 表示模板中可以引用的对象。在添加了所引用对象的类型之后，模板中对该对象的使用方式会被验证，确保不出现类型错误。

```
@CheckedTemplate
public static class Templates {

  public static native TemplateInstance orderSummary(Order order);
}
```

▶▶ 11.2.3　发送邮件

发送邮件是微服务中的常用功能，通常用来发送通知给用户。Quarkus 应用使用扩展 quarkus-mailer 来发送邮件。该扩展提供了两种发送邮件的 API，分别是同步方式的 io. quarkus. mailer. Mailer 和反应式的 io. quarkus. mailer. reactive. ReactiveMailer。Mailer 的实现实际上调用 ReactiveMailer 来完成，只不过从异步调用转换成同步调用。

ReactiveMailer 的接口定义如下所示。参数类型 io. quarkus. mailer. Mail 表示要发送的邮件。

```
public interface ReactiveMailer {

  Uni<Void> send(Mail...mails);
}
```

Mail 是一个简单的 POJO 类，包含了邮件的发件人（from）、收件人（to）、抄送地址（cc）、秘密抄送地址（bcc）、回复地址（replyTo）、主题（subject）、自定义头（headers）、退信地址（bounceAddress）和附件（attachments）等信息。Mail 使用构建器模式，提供了相应的方法来设置这些信息。

下面的代码用来发送最简单的邮件。Mail. withText 方法创建使用纯文本内容的邮件，需要提供收件人地址、主题和内容等基本信息。然后再使用 ReactiveMailer 的 send 方法来发送。

```
@ApplicationScoped
public class SimpleEmailSender {

  @Inject
  ReactiveMailer mailer;

  public Uni<Void> sendOrderConfirmation() {
    Mail mail = Mail.withText("test@example.com",
        "Order confirmed",
        "Your order is confirmed");
    return this.mailer.send(mail);
  }

}
```

邮件中经常需要包含附件，以 POJO 类 io. quarkus. mailer. Attachment 表示。附件可以分成两类：第一类以文件的形式包含在邮件中，可以下载；另外一类则以内联的形式嵌入在邮件中，典型的示例是 HTML 内容的邮件中包含的图片。Mail 对象的 addAttachment 和 addInlineAttachment 方法分别添加这两种不同类型的附件。

为了成功发送邮件，需要添加 SMTP 服务器相关的配置。在开发和测试环境中，SMTP 服务器的安装和配置比较烦琐。为了简化开发和测试，扩展 quarkus-mailer 提供了模拟模式，由配置项 quarkus. mailer. mock 进行启用。在模拟模式下，邮件不会被发送，而是输出在控制台中。在开发和测试模式中，配置项 quarkus. mailer. mock 的默认值为 true。

在开发模式中，可以通过查看控制台消息来判断邮件是否发送；在测试中，可以通过 io. quarkus. mailer. MockMailbox 对象来获取发送的邮件对象。

下面的代码展示了如何使用 MockMailbox 来进行测试。MockMailbox 的 getMessagesSentTo 方法可以获取到发送到指定地址的 Mail 对象。在每次测试之前，使用 MockMailbox 的 clear 方法来清空其中的 Mail 对象。

```
@QuarkusTest
class SimpleEmailSenderTest {

  @Inject
  MockMailbox mailbox;

  @Inject
  SimpleEmailSender emailSender;

  @BeforeEach
  void init() {
    this.mailbox.clear();
  }

  @Test
  void testSendEmail() {
    this.emailSender.sendOrderConfirmation()
        .await().indefinitely();
    List<Mail> mails =
        this.mailbox.getMessagesSentTo("test@example.com");
    assertThat(mails).hasSize(1);
    assertThat(mails.get(0))
        .extracting(Mail::getSubject)
        .isEqualTo("Order confirmed");
  }
}
```

实际发送邮件的 SMTP 服务器的信息由配置项指定。常见的配置项如表 11-2 所示，省略了前缀 quarkus.mailer。

表 11-2　SMTP 相关的配置项

属　　性	默　认　值	说　　明
host	localhost	SMTP 服务器主机名
port		服务器的端口
username		用户名
password		密码
ssl	false	是否启用 SSL 连接
start-tls		连接的 TLS 安全模式，可选值 DISABLED、OPTIONAL 或 REQUIRED
login		连接的登录模式，可选值 DISABLED、OPTIONAL 或 REQUIRED
auth-methods		允许的认证方式

▶▶ 11.2.4　Apache Camel 集成

Apache Camel 是一个流行的数据集成平台。Camel 提供了对 Quarkus 的支持。Camel 提供了 314 个 Quarkus 扩展，其中 92 个只能在 JVM 模式下使用。通过这些扩展，可以在 Quarkus 应用中使用 301 个 Camel 组件。

下面通过一个具体的示例来说明如何使用 Camel 的 Quarkus 扩展。示例中包含两个 Camel 路由：第一个路由发布 REST API 来查询数据库的记录，第二个路由则定期往数据库中插入记录。根据路由的需求，应用中需要添加相应的 Quarkus 扩展。Camel 的 Quarkus 扩展的 groupId 是 org.apache.camel.quarkus。下面代码中给出了文件 pom.xml 中与 Camel 相关的扩展。

```
< dependency >
  < groupId > org.apache.camel.quarkus < /groupId >
  < artifactId > camel-quarkus-rest < /artifactId >
< /dependency >
< dependency >
  < groupId > org.apache.camel.quarkus < /groupId >
  < artifactId > camel-quarkus-jpa < /artifactId >
< /dependency >
< dependency >
  < groupId > org.apache.camel.quarkus < /groupId >
  < artifactId > camel-quarkus-timer < /artifactId >
< /dependency >
```

数据库操作使用的是表示消息通知的 NotificationEntity，如下面的代码所示。注解@Named-

Query 表示命名查询。命名查询 selectAll 的作用是查询全部的 NotificationEntity，并按照字段 createdAt 降序排列。

```java
@Entity
@Table(name = "notifications")
@NamedQuery(name = "selectAll",
    query = "select n from NotificationEntity n order by n.createdAt desc")
public class NotificationEntity {

  @Id
  public String id;

  @Column(name = "created_at")
  public Long createdAt;

  public String title;

  public String content;

  @PrePersist
  public void generateId() {
    if (this.id == null) {
      this.id = UUID.randomUUID().toString();
    }
    if (this.createdAt == null) {
      this.createdAt = System.currentTimeMillis();
    }
  }
}
```

创建 Camel 路由的方式是创建继承自 org.apache.camel.builder.RouteBuilder 的类。在下面的代码中，Routes 类的 configure 方法中包含了创建路由的代码。创建路由使用 RouteBuilder 类中的方法，以 DSL 的形式来声明路由的组成部分。第一个路由的 from 方法声明了消息来源是组件 platform-http 接收到的 HTTP 请求；to 方法声明了消息的接收者是组件 jpa，表示调用 NotificationEntity 上的命名查询 selectAll；JPA 查询的结果以 JSON 格式序列化，作为 HTTP 请求的响应。第二个路由的 from 方法声明了消息来源是组件 timer 定时产生的消息，setBody( ).body 方法的作用是修改消息的内容为新创建的 NotificationEntity 对象。产生的 NotificationEntity 对象传递给 jpa 组件，插入到数据库表中。

```java
public class Routes extends RouteBuilder {

  @Override
```

```
public void configure() {
  this.from("platform-http:/notifications? httpMethodRestrict = GET")
    .to("jpa://notification.NotificationEntity? namedQuery = selectAll")
    .marshal().json();

  this.from("timer://generator? fixedRate = true&period = 5000")
    .setBody()
    .body((message) -> this.createTestNotification())
    .to("jpa://notification.NotificationEntity");
}

private NotificationEntity createTestNotification() {
  NotificationEntity entity = new NotificationEntity();
  entity.title = "Test";
  entity.content = "This is a test message";
  return entity;
}
}
```

11.3 使用 GraphQL 组合 API

在前面的章节中介绍了 REST 和 gRPC 这两种发布 API 的方式。在对外开放 API 时，REST 是目前比较流行的选择。但是 REST 存在一些局限性，使用起来并不是很方便。对于特定的请求，REST API 所对应的响应的结构是固定的。在设计 REST API 时，就已经严格定义了请求和响应的结构，也是 API 的调用者和提供者之间的交互协议。这一点在 OpenAPI 规范中可以清楚地看到。这种结构上的确定性，虽然方便了使用者，但是也带来了一定的局限性。

在大部分情况下，REST API 所返回的数据结构，与使用者对数据的要求并不完全匹配。这会产生两个问题，分别是数据的过多获取（Over-Fetching）和过少获取（Under-Fetching）。

- 过多获取指的是 API 所提供的数据多于使用者的需要。比如餐馆管理 API 在搜索餐馆时可以返回餐馆的全部信息，包括餐馆 ID、名称、描述和地理位置等。某些客户端在界面的显示上只需要 ID 和名称即可，其他的信息都是多余的。过多获取的处理方式相对比较简单，只需要忽略多余的数据即可，但是传输多余的数据也会导致更长时间的网络延迟和内存消耗。这些消耗对移动客户端不能轻易忽略，所影响的不仅仅是流量，还包括电池消耗。

- 过少获取指的是一次 API 调用所提供的数据满足客户端的使用场景。同样使用餐馆管理服务 API 的客户端，在餐馆列表界面中除了显示餐馆的基本信息之外，还需要显示餐馆的特色菜。这需要发送多次 API 请求才能完成。从 API 使用者的角度出发，当然是希望尽量避免多次请求，因为这会极大地影响客户端的性能和用户使用的体验。解决过少获取的一种办法是使用 Backend For Frontend 模式。

① Backend For Frontend 模式

当应用所要支持的客户端种类变多时，使用单一的通用 API 变得不再适用，这是由于不同客户端的差异性造成的。桌面客户端的屏幕大、网速一般有保证；移动客户端屏幕小、网络速度较慢，而且对电池消耗有要求。这就意味着在移动客户端上需要严格控制 API 请求的数量和响应的大小。移动客户端上的用户体验也与 Web 界面有很大差异，满足用户界面需求的 API 也相应地存在很大不同。如果使用单一的 API 为这两类客户端服务，这些差异性会使得 API 的维护成本变高。

Backend For Frontend 模式指的是为每一种类型的前端创建其独有的后端 API。这个 API 专门为该前端设计，完全满足其需求，通常由该前端的团队来维护。这些 API 使用同样的后台服务作为数据来源。

在微服务架构的应用中，这种模式实际上更加适用，因为微服务已经把系统的功能进行了划分，在实现前端需要的 API 时，只需要把微服务的 API 进行整合即可，同时也对前端屏蔽了后端 API 的细节。

Backend For Frontend 模式可以解决一部分的问题，但仍然免不了需要根据客户端的需求，对 API 进行调整和维护。

造成这种问题的根源在于 API 的使用者无法随意地控制 API 返回的数据，当使用者的需求发生变化时，总是需要 API 的提供者首先做出修改，然后使用者再消费新版本的 API。API 的版本化并没有从根本上解决这个问题，只是让 API 的变化更加容易管理。

一个解决这种问题的办法是使用 GraphQL。下面介绍如何使用 GraphQL 来组合不同微服务的 API。

② GraphQL 介绍

GraphQL 的含义是图查询语言（Graph Query Language）。GraphQL 是为 API 设计的查询语言。与 REST 相比，GraphQL 有其特别的优势。

GraphQL 提供了完整的语言来描述 API 所提供的数据模式。模式在 GraphQL 中扮演了重要的作用，类似于 REST API 中的 OpenAPI 规范。有了模式之后，客户端可以方便地查看 API 所提供的查询，以及数据的格式；服务器可以对查询请求进行验证，并根据模式来对查询的执行进行优化。

根据 GraphQL 的模式，客户端发送查询到服务器，服务器验证并执行查询，并返回相应的结果。查询的结果完全由请求来确定，这就意味着客户端对获取的数据有完全的控制。这就解决了之前提到的 REST API 所带来的过多和过少获取的问题。

　　GraphQL 使得 API 的更新变得容易。在 API 的 GraphQL 模式中可以增加新的类型和字段，也可以把已有的字段声明为废弃的。这就避免了 API 的版本化。

　　GraphQL 使用图来描述实体和实体之间的关系。GraphQL 可以自动地处理实体之间的引用关系。在一个查询中可以包含相互引用的多个实体。

　　GraphQL 非常适用于作为微服务架构的应用的 API 接口，可以充分利用已有微服务的 API。GraphQL 最早由 Facebook 开发，目前是 Linux 基金会下开源的规范，支持不同平台上的实现。GraphQL 已经被 Facebook、GitHub、Pinterest、Airbnb、PayPal、Twitter 等公司采用。

　　限于篇幅，本节不对 GraphQL 规范的内容进行具体的介绍。

❸ GraphQL 开发实战

　　MicroProfile GraphQL 规范提供了一种代码优先的方式来创建 GraphQL 服务。开发人员并不需要编写 GraphQL 的模式文件，而是通过注解来进行声明。相应的 GraphQL 模式会由代码自动生成，这就简化了相关的开发。SmallRye 项目提供了该规范的实现，Quarkus 应用使用扩展 smallrye-graphql 来启用 GraphQL 支持。

　　本节介绍如何使用 GraphQL 进行 API 组合。对客户端发送的 API 请求，调用后台的多个微服务的 API，并把得到的数据进行整合，再返回给客户端。API 组合的好处是对微服务 API 的调用发生在系统内部，调用的延迟很小，也免去了客户端的多次调用。

　　该 GraphQL API 的作用是组合餐馆管理和订单管理的 API。在组合时使用餐馆管理服务的 REST 客户端，以及订单管理服务的 gRPC 客户端来分别访问两个 API。该 GraphQL 一共提供 3 个操作，分别是查询餐馆、创建订单和查询订单。完整的代码如下所示。

```java
@GraphQLApi
public class MobileApi {

  @Inject
  @RestClient
  RestaurantServiceClient restaurantServiceClient;

  @Inject
  @GrpcService("order-service")
  OrderServiceBlockingStub orderServiceBlockingStub;

  @Query("searchRestaurants")
  @Description("Search restaurants")
  public FullTextSearchResponse searchRestaurants(
      @Name("request") FullTextSearchWebRequest request) {
    return this.restaurantServiceClient.search(request);
```

```
        }

        @Mutation("createOrder")
        @Description("Create order")
        public CreateOrderResult createOrder(
            @Name("order") CreateOrderInput input) {
          return this.createOrderResult(
            this.orderServiceBlockingStub.createOrder(
              this.createOrderRequest(input)));
        }

        @Query("findOrders")
        @Description("Find orders")
        public List<Order> findOrders(
            @Name("query") FindOrdersInput input) {
          return this.getOrders(this.orderServiceBlockingStub
            .findOrders(this.findOrdersRequest(input)));
        }

        @Name("restaurant")
        public GetRestaurantWebResponse getRestaurant(
            @Source Order order) {
          return this.restaurantServiceClient
            .get(order.getRestaurantId());
        }
    }
}
```

在上述代码中，注解@org.eclipse.microprofile.graphql.GraphQLApi 的作用是声明 GraphQL 的 API 终端。使用依赖注入的方式添加了餐馆服务的 REST 客户端和订单服务的 gRPC 客户端。注解@Query 的作用是声明 GraphQL 查询，唯一的属性表示查询的名称，默认使用的是方法的名称。注解@Description 添加相关的描述信息，会出现在 GraphQL 的模式中。

方法 searchRestaurants 表示查找餐馆的查询，直接使用餐馆服务的 REST 客户端中定义的请求和响应类型来分别作为输入参数和返回值。对应的 GraphQL 模式中的类型根据参数和返回值类型自动生成。

方法 createOrder 上的注解@Mutation 的作用是声明 GraphQL 中的修改操作。在使用上类似于@Query。

一般情况下，查询的类型中只包含对应 Java 类中的字段。比如，findOrders 查询的结果中只包含 Order 类型中的字段。这种简单的方式无法表示不同实体之间的引用关系。以表示订单的 Order 类型为例，订单对象可以与餐馆对象进行关联。上述关联关系由 getRestaurant 方法来建立。方法参数类型是 Order，并且添加了注解@Source。其作用是在 Order 类型上添加名为 restaurant 的字段。当需要解析该字段的实际值时，根据 Order 对象中的字段 restaurantId 来调用餐馆服务的 REST 客户端，来获取餐馆的详细信息。

在 Quarkus 应用启动之后，可以访问 3 个不同的服务。这些服务的路径如表 11-3 所示。

表 11-3　GraphQL 相关的服务

路　　径	说　　明
/graphql	GraphQL 的 API 终端
/graphql/schema.graphql	获取自动生成的 GraphQL 模式
/q/graphql-ui/	GraphQL 开发界面

通过开发界面可以对 GraphQL 服务进行测试。下面代码是查找餐馆的 GraphQL 查询，find-Restaurants 是查询的名称，其中的 searchRestaurants 是调用的 GraphQL 查询的名称，request 是输入参数的名称，相应的值以 JSON 的形式提供。以嵌套字段的形式表示需要返回的字段。

```
query findRestaurants {
  searchRestaurants(request:{query: "牛肉", page: 0, size: 10}) {
    result {
      data {
        id
        name
      }
    }
  }
}
```

下面的代码给出了上述查询的执行结果。从中可以看到返回数据的格式与请求中的格式相匹配。

```
{
  "data": {
    "searchRestaurants": {
      "result": {
        "data": [
          {
            "id": "6d4552c5-cff5-4f2a-ab99-a355047acb6a",
            "name": "我家川菜馆"
          },
          {
            "id": "f9611a0b-b215-4b18-b416-7205c661d555",
            "name": "兰州拉面"
          }
        ]
      }
    }
  }
}
```

下面代码中的 GraphQL 查询使用 mutation 来创建订单，并选择结果中的字段 orderId 作为返回值。

```
mutation createOrder {
  createOrder(order: {
    userId: "user1",
    restaurantId: "6d4552c5-cff5-4f2a-ab99-a355047acb6a",
    items: [
      {
        itemId: "3233ac53-305a-47f1-9819-e3a83a980f5a",
        quantity: 1,
        price: 30
      }
    ]
  }) {
    orderId
  }
}
```

GraphQL 的开发界面执行查询并查看结果，还可以查看 GraphQL 模式的内容。在查询输入界面也提供了代码完成功能。图 11-1 给出了 GraphQL 的开发界面。

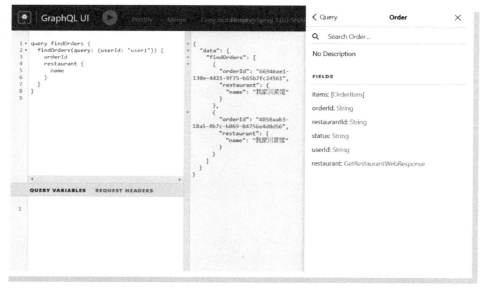

● 图 11-1　GraphQL 的界面